Creo 4.0
模具设计基础、进阶与实例

常旭睿 ◎ 编著

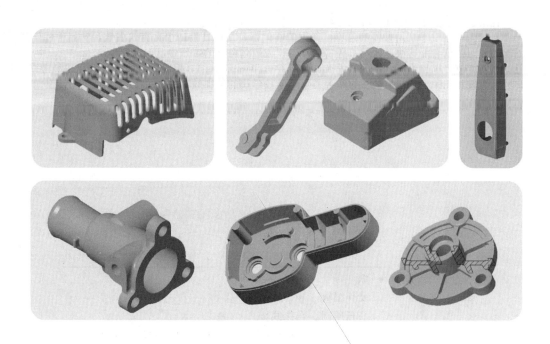

人民邮电出版社

北京

图书在版编目（CIP）数据

Creo 4.0模具设计基础、进阶与实例 / 常旭睿编著
. -- 北京 ：人民邮电出版社，2020.7
ISBN 978-7-115-49620-1

Ⅰ．①C… Ⅱ．①常… Ⅲ．①模具—计算机辅助设计
—应用软件 Ⅳ．①TG760.2-39

中国版本图书馆CIP数据核字(2018)第229444号

内 容 提 要

本书从一个模具设计工程师的角度出发，详尽介绍了模具设计的各种专业知识，并通过大量实例，详细讲解了使用 Creo Parametric 4.0 软件进行模具设计的各种方法和技巧。

全书侧重于实用技能的培养，选用的实例都是在模具设计中具有代表性和实用性的例子。通过本书的学习，读者能够快速入门，并将所学知识应用到自己的工作中。

本书可以作为广大工程技术人员学习 Creo Parametric 4.0 模具设计的自学教程和参考书，也可以作为大专院校相关专业学生的教材和各类培训学校学员的培训教程。

◆ 编　著　常旭睿
　　责任编辑　杨　璐
　　责任印制　马振武

◆ 人民邮电出版社出版发行　　北京市丰台区成寿寺路 11 号
　　邮编　100164　电子邮件　315@ptpress.com.cn
　　网址　https://www.ptpress.com.cn
　　北京市艺辉印刷有限公司印刷

◆ 开本：787×1092　1/16
　　印张：24
　　字数：677 千字　　　　　　　　　　2020 年 7 月第 1 版
　　印数：1 – 2 500 册　　　　　　　　2020 年 7 月北京第 1 次印刷

定价：69.00 元

读者服务热线：(010)81055410　印装质量热线：(010)81055316
反盗版热线：(010)81055315
广告经营许可证：京东工商广登字 20170147 号

前　言

Creo 4.0是美国PTC公司推出的CAD设计软件包，它整合了PTC公司Pro/ENGINEER的参数化技术、CoCreate的直接建模技术和ProductView的三维可视化技术。Parametric是Creo 4.0软件包里最为重要的程序软件。该软件集成了零件设计、曲面设计、钣金件设计、零件组装、二维工程图制作、数控加工、模具设计等功能模块，广泛应用于电子、机械、模具、工业设计、汽车、航空等设计领域。

近年来，我国模具工业发展迅速，已经成为现代工业的基础，许多新产品的开发和生产都离不开模具。Creo Parametric 4.0凭借其强大的三维实体造型和模具设计功能，已经成为我国模具工业中应用较为广泛的设计软件之一。该软件为模具设计提供了很大的功能支持，大大提高了模具设计人员的工作效率，缩短了产品开发周期，增强了模具厂家在市场中的竞争能力。

本书内容和特点

本书以Creo Parametric 4.0中文版为蓝本，结合作者长期应用Creo软件进行模具设计的经验，将模具设计的各种方法和技巧，通过一个个的实例操作，深入浅出地介绍给读者。

在内容安排上，本书以基础知识与实例相结合的形式，详细讲解了模具设计的各种方法与技巧，以增加本书的实用性和可操作性。

在写作方式上，本书紧贴软件的实际操作界面，针对软件中的对话框、操控面板及按钮等进行讲解，使初学者能够直观、准确地操作软件，从而尽快上手。

与市场上同类图书相比，本书具有如下特点。

● 内容丰富，与实践紧密结合。既介绍了模具设计的基础知识，又通过12个综合实例详细讲解了模具设计的各种方法和技巧。

● 语言通俗易懂，讲解清晰，操作步骤详细，读者上手容易。

● 实例经典，技术含量高。每一个实例都倾注了作者多年的实践经验，每一个功能都经过技术认证。

本书约定

● 本书以Windows 7为操作平台来介绍Creo 4.0软件。

● 读者在安装Creo 4.0软件时，必须安装"模具元件目录"选项。否则，将不能使用"自动工件"功能。

● EMX 10.0是一个模具设计外挂，Creo 4.0本身不装载，读者需要单独安装。

本书配套资源说明

本书附有教学资源，包含了书中所有实例源文件和实例结果文件。

● 实例源文件（本书所有实例调用的文件）。读者在学习前，需在D盘新建一个名为"实例源文件"的文件夹，然后将"实例源文件"资源中的所有文件复制到该文件夹中，以方便取用。

● 实例结果文件（本书所有的实例结果文件）。为了便于读者学习，将本书中完成的所有实例文件的结果呈现出来，供读者参考。

本书作者

本书由常旭睿编写。编写过程中虽力求完美，但是疏漏之处在所难免，欢迎广大读者批评指正。

目　录

第1篇　基础知识篇

第3篇 实例提高篇

第1篇

>>

基础知识篇

教学目标 ▶

本篇主要介绍了模具设计的一些基础知识和专业知识，通过本篇的学习，可以让读者快速掌握模具设计的各种方法和技巧，为后面的实例学习打下良好的基础。

主要内容 ▶

本篇主要包括以下内容：

第1章　模具设计专业知识

第2章　零件设计基础知识

第3章　模具设计基础知识

第4章　模具设计高级知识

第1章
▲

模具设计专业知识

对于模具设计人员而言，了解并掌握相关的专业知识是必不可少的，这样才能设计出合理、先进、简单的模具，从而保证铸件的质量。本章将主要介绍设计注射模和压铸模所需的专业知识。

▌1.1　注射模设计专业知识

在各类塑料模具中，注射模的应用较为普遍，下面将简单介绍注射模的一些基本知识。

1.1.1　塑料的分类与基本性能

1. 塑料的分类

塑料是以高分子合成树脂为主要成分，在一定温度和压力下塑造成一定形状，并在常温下能保持既定形状的高分子有机材料。

塑料按受热后表现的性能的不同，可以分为热固性塑料和热塑性塑料两大类。

（1）热固性塑料

热固性塑料的特点是在一定温度下，经过一定时间加热、加压或加入硬化剂后，发生化学反应而硬化。硬化后的塑料化学结构发生变化，其质地坚硬，不溶于溶剂，再次加热也不会软化，如果温度过高则分解。常用的热固性塑料有酚醛、氨基、三聚氰胺和丙烯树脂等。

（2）热塑性塑料

热塑性塑料的特点是受热后发生物态变化，由固体软化或熔化成黏流状态，但冷却后又可变硬成为固体，且过程可以多次反复，塑料本身的分子结构不发生变化。热塑性塑料品种极多，即使同一品种也会因树脂分子量及附加物配比不同，而导致其工艺特性有所不同。

2. 塑料的基本性能

近年来，我国塑料工业生产的发展很快，塑料广泛应用于人们的生活之中，涉及汽车、电子、化工和农业等领域。塑料具有原料广泛、性能优良、易加工成型、价廉物美等优点，已经成为重要的基础材料之一。

塑料的基本性能如下。

● 塑料质轻，一般塑料的密度都在 0.9 ~ 2.3g/cm³ 之间，只有钢铁的 1/8 ~ 1/4、铝的 1/2 左右，而各种泡沫塑料的密度更低，约为 0.01 ~ 0.5g/cm³。按单位质量计算的强度称为比强度，有些增强塑料的比强度接近甚至超过钢材。

● 优异的电绝缘性能。几乎所有的塑料都具有优异的电绝缘性能，如极小的介电损耗和优良的耐电弧特性，这些性能可与陶瓷媲美。

● 优良的化学稳定性能。一般塑料对酸碱等化学药品均有良好的耐腐蚀能力，特别是聚四氟乙烯的耐化学腐蚀性能比黄金还要好。

● 减摩、耐磨性能好。大多数塑料具有优良的减摩、耐磨和自润滑特性。许多工程塑料制造的耐摩擦零件就是利用塑料的这些特性，在耐磨塑料中加入某些固体润滑剂和填料，可降低其摩擦系数或进一步提高其耐磨性能。

● 透光及防护性能。多数塑料都可以作为透明或半透明制品，其中聚苯乙烯和丙烯酸酯类塑料同玻璃一样透明。有机玻璃化学名称为聚甲基丙烯酸甲酯，可用作航空玻璃材料。聚氯乙烯、聚乙烯、聚丙烯等塑料薄膜具有良好的透光和保暖性能，大量用作农用薄膜。塑料具有多种防护性能，因此常用作防护用品，如塑料薄膜、箱、桶及瓶等。

● 减震、消音性能优良。某些塑料柔韧而富于弹性，当它受到外界频繁的机械冲击和振动时，内部产生黏性内耗，将机械能转变成热能，因此，工程上用作减震消音材料。例如，用工程塑料制作的轴承和齿轮可减小噪声，各种泡沫塑料更是广泛使用的优良减震消音材料。

1.1.2　塑料制品的结构设计

塑料制品主要是根据使用要求进行设计的，由于塑料有其特殊的力学性能，因此设计塑料制品时必须充分发挥其性能上的优点，尽量避免其缺点。在满足使用要求的前提下，塑料制品的形状应尽可能做到简化模具结构，符合成型工艺特点。

设计塑料制品时，应注意以下几个因素。

● 了解塑料的力学性能，如强度、刚性、韧性及弹性等。

● 了解塑料的成型工艺性，如流动性、结晶性等。

● 塑料制品的形状应有利于填充、排气、补缩，同时能适应高效冷却硬化（热塑性塑料制品）或快速受热固化（热固性塑料制品）。

● 了解塑料制品在成型后的收缩情况及各向收缩率差异。

● 简化模具结构，并便于加工和装配。

设计人员在设计塑料制品时，首先应根据塑料制品的使用要求，分析塑料制品的主要特点，选出既能满足使用要求，成本又最低的材料。选择好塑料制品的材料后，接下来的工作就是设计塑料制品的几何形状。塑料制品的几何形状与成型方法、模具分型面的选择、能否顺利成型及脱模等有直接的关系。所以在设计塑料制品时应认真考虑，使塑料制品的几何形状能满足其成型工艺要求。

下面将简单介绍在设计塑料制品时应考虑的几个因素。

- 拔模斜度。为了便于塑料制品从模具型腔调取出或从塑料制品中抽出型芯，塑料制品的内、外表面应有足够的拔模斜度。拔模斜度的大小与塑料性能、收缩率的大小及塑料制品的几何形状等有关，一般为 0.5°～1.5°。

- 壁厚。合理的确定塑料制品的壁厚是很重要的，塑料制品的壁厚首先取决于塑料制品的使用要求，如强度、结构和重量等。另外还应尽量使塑料制品的壁厚均匀，避免太薄，否则会使塑料制品变形或产生气泡、凹陷等缺陷。塑料制品的壁厚一般在 1～6mm 范围内，其中以 2～3mm 最常用。

- 加强筋。为了确保塑料制品的强度和刚性，而又不致使塑料制品的壁厚过厚，可以在塑料制品的适当部位设置加强筋。加强筋还可以避免塑料制品的变形，并改善成型过程中塑料流动性。

- 支承面。当塑料制品需要有一个面作为支承面时，以整个面作为支承面是不合理的。在这种情况下，应在设计塑料制品时采用凸边或几个凸起的支脚作为支承面。

- 圆角。为了避免应力集中，提高塑料制品强度，改善塑料制品的流动性及便于脱模，在塑料制品的各面或内部连接处应采用圆弧过渡。另外，塑料制品上的圆角对于模具制造和机械加工，以及提高模具强度，也是必不可少的。在塑料制品结构上无特殊要求时，塑料制品各连接处均应有半径不小于 0.5～1mm 的圆角。

- 孔。塑料制品上常见的孔有通孔、盲孔、螺纹孔等，在设计塑料制品上各种孔的位置时，应不影响塑料制品的强度，并尽量不增加模具制造的难度。孔与孔之间和孔与边缘之间的距离不应太小，否则在装配其他零件时孔的周围易破裂。另外，塑料制品上的螺纹孔采用直接成型时，其精度不能超过 3 级，否则不能满足要求。而在经常装拆和受力较大的部位，则应采用金属的螺纹嵌件。

- 文字、符号及花纹。在塑料制品上需要直接成型文字、符号或装饰塑料制品表面的花纹时，一般应采用凸起的文字、符号或花纹，以便于模具加工制造。

- 嵌件。为了提高塑料制品的机械强度及耐磨性，保证电器性能、尺寸稳定及制造精度等，塑料制品常采用各种形状及材料的嵌件。嵌件主要采用金属材料制作，也可以用玻璃、陶瓷、木材等非金属材料制作。

1.1.3　塑料制品的成型方法

塑料制品的生产是把成型所需的塑料原料装入各种形式的成型模具中，并使之硬化成要求的形状。塑料原料的种类很多，各个生产厂家采用的成型方法也是多种多样的。在一般情况下，热固性塑料主要采用压缩和压注成型，而热塑性塑料主要采用注射和挤出成型。

常用的塑料成型方法有以下几种。

- 压缩成型。压缩成型是根据压制工艺条件先将模具加热至成型温度（一般为 130～180℃），然后将原料放入模具加料腔（或模具型腔）内预热，最后闭合模具并加压。塑料受到加热和加压的作用逐渐软化成黏流状态，在成型压力的作用下流动而充满型腔，经保压一段时间后，塑件逐渐硬化成型。

- 压注成型。压注成型是先将原料放入加料腔内进行加热和加压，使塑料在加料腔内处于热和压力的作用下开始塑化成半溶状态，然后用同样的压力使塑料通过浇注系统挤压进入并流满闭合的模具型腔，继续加热和加压，直到完成塑件的固化而成型。

- 挤出成型。挤出成型是先将放入料斗中的原料通过螺杆的旋转运动送入加热室，在加热室的模具端加热成黏流状态，然后在挤出机的高压和高速作用下，通过具有一定断面形状的机头（口模）和定型模（套）而成型。

- 注射成型。注射成型是先将原料装入加热料筒内加热，使其呈熔融状态，然后在注射机的螺杆或柱塞的推动下进入闭合的模具中，使塑料在模具内硬化成型。

1.1.4　注射成型工艺流程

注射成型在整个塑料制品生产行业中占有非常重要的地位，除了少数几种塑料外，几乎所有的塑料都可以采用注射成型。注射成型具有塑料制品精度高、生产效率高、模具工作条件改善、生产条件较好、生产操作容易等优点。

注射成型工艺流程如图1-1所示。

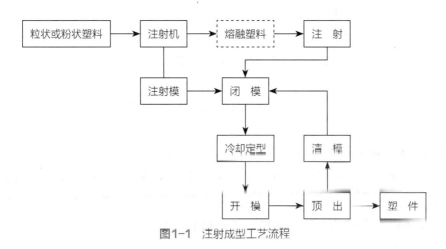

图1-1　注射成型工艺流程

1.1.5　注射模设计简介

注射模主要用来成型热塑性塑料，但近年来也广泛应用于成型热固型塑料制品。设计注射模时，既要考虑熔融塑料的流动性、结晶性等塑料加工工艺要求方面的问题，又要考虑模具制造、装配等模具结构方面的问题，归纳起来大致有以下几个方面。

- 了解熔融塑料的流动性，考虑塑料在流道和型腔各处流动的阻力、流动速度及最大流动长度。
- 通过模具设计来控制塑料在模具内结晶、取向和改善塑料制品的内应力。
- 合理地设计分型面、浇注系统、顶出系统、冷却系统及抽芯机构等。
- 模具的结构应简单合理，便于制造和装配。
- 模具的相关参数及尺寸应与所选用的注射机相匹配，如注射机的最大注射量、锁模力及安装部分的尺等。

1. 注射模的分类

注射模是安装在注射机工作台上进行塑料加工的一种模具，根据注射机型式的不同分为立式注射模、卧式注射模和角式注射模3种类型。

立式和卧式注射模在成型时，进料与开模方向一致，适合在立式和卧式注射机上使用。而角式注射模在成型时，进料方向与开模方向垂直，适合在角式注射机上使用。

2. 注射模的基本结构

注射模的基本结构可沿分型面分为定模和动模两大部分，其中定模通过定位圈或浇口套和定位孔配合，将定模安装并紧固在注射机的定模板上，而动模则紧固在注射机的动模板上。

根据模具上各个部件所起的作用，注射模一般可以分为以下几个部分。

- 成型部分。型腔是直接成型塑料制件的部分，它通常由凸模（成型塑件内部形状）、凹模（成型塑件外部形状）、型芯及镶块等构成。
- 浇注系统。将塑料由注塑机喷嘴引向型腔的流道称为浇注系统，一般由主流道、分流道、浇口及冷料穴等4个部分组成。
- 顶出系统。顶出系统用于从型腔中顶出塑料制品。
- 温度控制系统。为了满足注射工艺对模具温度的要求，模具设有冷却或加热系统。冷却系统一般在模具内开设冷却水道，加热系统则在模具内部或周围安装加热元件。
- 安装部分。安装部分用于将注射模安装在注射机上。
- 基座及导向部分。基座及导向部分用于连接上面各部分，将注射模组成一个整体。

3. 分型面设计

由于分型面直接着影响注射模的结构、加工制造及塑料制品质量等，因此在设计分型面时，必须综合考虑各方面的因素，设计出合理的分型面。

设计分型面时一般应遵循以下几个基本原则。

- 分型面不仅应选择在对塑料制品外观没有影响的位置，而且必须考虑易于清除或修整分型面处所产生的溢料飞边，并尽量避免分型面处产生飞边。
- 应有利于塑料制品的脱模，否则注射模的结构会变得比较复杂。
- 分型面不应影响塑料制品的尺寸精度。
- 应尽量减小塑料制品在分型面上的投影面积，以避免此面积与注射机允许的最大注射面积接近时，可能产生的溢料现象。
- 分型面应尽量与最后才能充填熔体的型腔表壁重合，便于注射成型过程中的排气。
- 应尽量减小拔模斜度带来的塑料制品大小端尺寸的差异。
- 分型面可以使注射模分割成便于加工的零部件，以减小注射模的加工难度。
- 在某些情况下，分型面的位置还与注射机的技术规格有关。

4. 浇注系统设计

浇注系统的作用是将熔融状态的塑料填充到模具型腔内，并在填充及凝固过程中将注射压力传递到塑料制品各部位，从而得到所要求的塑料制品。浇注系统一般由主流道、分流道、浇口及冷料穴4个部分组成。

浇注系统的设计对生产效率和塑料制品的质量有直接的影响，是注射模具设计的一个重要环节。

设计浇注系统时应考虑以下几个因素。

- 塑料成型特性。应适应所用塑料的成型特性的要求，以保证塑料制品质量。
- 塑料制品大小及形状。根据塑料制品大小、形状、壁厚及技术要求等因素，选择分型面的同时应考虑设置浇注系统的形式、进料口数量及位置。要保证塑料制品的正常成型，还应注意防止流料直接冲击嵌件及细长型芯，或型芯受力不均匀。
- 塑料制品型腔数目。应考虑模具是一模一腔或一模多腔，浇注系统需按型腔布局设计。
- 塑料制品外观。应考虑去除及修整进料口方便，同时不影响塑料制品的外观。
- 注射机安装模板大小。塑料制品投影面积较大时，应考虑注射机模板大小是否合适，并应防止模具偏单边开设进料口，造成注射时受力不均。

● 成型效率。在大量生产时，在保证成型质量的前提下，应缩短流程，减小断面面积以缩短填充及冷却时间和成型周期，同时减少浇注系统损耗的塑料。

● 冷料。在注射间隔时间内，喷嘴端部的冷料必须去除，防止注入型腔影响塑料制品质量，故应考虑储存冷料的措施。

浇注系统的设计主要包括主流道的选择、分流道截面形状及尺寸的确定、浇口位置的选择、浇口形式及截面尺寸的确定等，下面将分别介绍。

（1）主流道设计

主流道是指连接注射机喷嘴与分流道的通道，是熔融塑料进入模具时最先经过的一段流道。

在卧式或立式注射机用的模具中，主流道垂直于分型面。为了便于凝料从主流道中脱出，主流道设计成圆锥形，其锥度一般为2°～4°。主流道的小端直径应大于喷嘴直径约1mm，否则主流道中凝料将无法顺利脱出。

主流道与喷嘴接触处多做成半球形的凹坑，二者应严密配合，以避免高压的塑料从缝隙处溢出，一般凹坑的半径应比喷嘴头半径大1～2mm。另外，一般将主流道设计成可以拆卸更换的主流道衬套，以便选用优质钢材进行单独加工和热处理。

（2）分流道设计

分流道是熔融塑料进入型腔前的过渡部分，其作用是通过截面的形状、尺寸大小及方向变化使熔融塑料平稳进入型腔，以保证成型的最佳效果。

设计分流道时一般应遵循以下几个基本原则。

● 熔融塑料流经分流道时的压力及温度损失要小。

● 分流道的固化时间应稍晚于塑料制品的固化时间，以利于压力的传递及保压。

● 能够保证熔融塑料迅速而均匀地进入各个型腔。

● 分流道的长度尽可能短，其容积要小。

● 便于加工制造。

● 每节流道应比下一节流道大20%左右。

常用的分流道的截面形状有圆形或梯形两种。其中圆形截面分流道的表面积与体积之比最小，因此其压力及温度损失小，有利于熔融塑料的流动及传递压力；而梯形截面分流道便于加工，并且其压力及温度损失也不大。

（3）浇口设计

浇口是分流道和型腔之间的连接部分，也是注射模具浇注系统的最后部分。浇口的作用是使从流道来的熔融塑料以较快的速度进入并充满型腔，并且在型腔充满熔融塑料后，浇口能迅速冷却封闭，防止型腔内还未冷却的热料回流。

浇口设计包括浇口截面形状及尺寸的确定、浇口的位置选择等。另外，在设计浇口时，还应考虑便于加工、脱模及去除。常用的浇口形式包括点浇口、直接浇口、侧浇口及潜伏式浇口等。

（4）冷料穴和拉料杆的设计

冷料穴分为主流道冷料穴和分流道冷料穴两种，其位置一般都设计在主流道和分流道的末端。冷料穴可以防止注射成型时冷料进入型腔，以避免塑料制品产生各种缺陷。

拉料杆用于拉出凝固在浇口内的塑料，常用的形式包括Z形、圆锥形及圆柱形等。

5. 排气系统设计

熔融塑料在填充型腔过程中，型腔内除原有的空气外，还有塑料受热而产生的气体。在塑料填充的同时必须把这些气体排出型腔外，否则塑料制品将出现填充不足、气泡及组织疏松等缺陷。

排气槽的功能主要是保证型腔内的各种气体顺利而及时地排出，使熔融塑料流动顺畅，并根据塑料的特性阻止在塑料制品的排气部位产生毛边。

设置排气槽的位置时应考虑以下几个因素。

• 排气槽应尽量开设在型腔最后被充满的地方，如流道和冷料穴的终端，通常需要在试模后才能确定下来。

• 对于成型一些料流速度较小的塑料制品时，在大多数情况下可以利用模具的分型面及活动零件的配合间隙排气，此时可不必另开排气槽。

• 对于较大的模具，为了防止溢料，排气槽宜采用曲线形。

6. 顶出机构设计

在注射成型的每一个循环中，塑料制品必须从模具型腔中脱出，脱出塑料制品的机构称为顶出机构。设计顶出机构时，必须根据塑料制品的形状、复杂程度和注射机顶出结构形式，而采用各种不同类型的顶出机构。

设计顶出机构应考虑以下几个因素。

• 塑料制品脱模后不变形，推力分布均匀，顶出力作用点应尽可能靠近型芯。

• 塑料制品在顶出时不能破碎，推力应设置在塑料制品能够承受较大外力的地方，如筋部、凸缘及壳体侧壁等处，作用面积也应尽可能大一些。

• 顶出塑料制品的位置应尽量设置在塑料制品内部，以避免损伤塑料制品的外观。

• 顶出机构应动作可靠、运动灵活、制造方便及更换容易。

顶出机构按顶出零件类型来分，可以分为顶杆顶出、顶管顶出及推板顶出等类型。下面将简单介绍几种常见的顶出机构。

• 顶杆顶出机构。顶杆顶出是最简单，也是最常用的顶出形式。由于具有顶杆制造简单、更换容易及顶出效果好等优点，因此在生产中广泛应用。

• 顶管顶出机构。顶管顶出是顶出薄壁圆筒形塑料制品的一种特殊形式，其顶出动作与顶杆相同。

• 推板顶出机构。对于薄壁容器、箱体类及表面不允许带有顶出痕迹的塑料制品，一般采用推板顶出脱模机构。推板顶出的特点是顶出力均匀、运动平稳、顶出力大，且不需设置复位装置，因此模具结构简单。

• 活动镶件或凹模脱模机构。有一些塑料制品由于结构形状和所用材料的关系，不能采用顶杆、顶管、推板等顶出机构脱模时，可用成型镶件或凹模带出塑料制品。

7. 侧向分型与抽芯机构设计

当塑料制品上具有与开模方向不同的内外侧孔或侧凹时，塑料制品不能直接脱模，除了在少数情况下可以强制脱模外，一般都需将成型侧孔或侧凹的零件做成活动的，并在塑件脱模前先将活动零件抽出，然后再从模具中顶出塑料制品，完成活动零件抽出和复位的机构称为抽芯机构。

抽芯方式按其动力来源可分为手动、机动、液压或气动三大类型，下面将简单介绍。

• 手动抽芯。模具开模后，活动零件与塑料制品一起取出，在模具外使塑料制品与活动零件分离，或者在开模前依靠人工直接抽拔或通过传动装置抽出活动零件。采用这种抽芯方法的注射模结构简单、制造方便、成本低，但操作不方便、劳动强度大、生产效率低，仅适用于产品试制或小批量生产。

- 机动抽芯。开模时依靠注射机的开模动力，通过传动零件将活动零件抽出。采用机动抽芯的注射模结构比较复杂，但抽出活动零件无须手工操作，减轻了操作者的劳动强度，生产效率高，在生产实践中广泛采用。机动抽芯分为弹簧、斜导柱、弯销、斜滑块等，其中斜导柱抽芯机构结构简单、安全可靠，在生产中应用得较为广泛。

- 液压或气动抽芯。活动零件靠液压或气动系统抽出。由于注射机本身就是使用液体作为动力的，因此采用液压比气动要方便些。液压抽芯不仅传动平稳，而且还可以得到较大的抽拔力和抽拔距离。

8. 加热和冷却系统设计

在注射成型过程中，要求模具的温度保持在一定的范围内，模具温度过高或过低都会影响塑料制品质量，容易产生缩孔、变形等缺陷。设计模具时必须考虑设置加热或冷却装置来调节模具温度。

设置加热或冷却装置时应考虑以下几个因素。

- 根据塑料制品的品种，确定温度调节系统是采用加热方式，还是冷却方式。

- 保持模具温度均匀一致，塑料制品各部分同时冷却，以提高生产效率，保证塑料制品质量。

- 采用较低的模具温度，可以减小塑料制品的成型收缩率。使用快速且大流量通水冷却的方式效果比较好。

- 温度调节系统应尽量结构简单，加工容易且成本低廉。

（1）加热装置的设计

当要求模具温度在80℃以上时，就要设置加热装置。模具加热的方法很多，可以采用热水、热油、热空气及电加热等。由于电加热具有清洁、结构简单及可调节的温度范围大等优点，因此目前应用较为普遍。

（2）冷却装置的设计

模具设置冷却装置的目的是防止塑料制品脱模时变形、缩短成型周期及使结晶性塑料冷凝形成较低的结晶度。冷却形式一般在型腔、型芯等部位合理地设置冷却通道，并通过调节冷却水流量及流速来控制模具温度。冷却水一般为室温冷水，必要时也可以采用强制通水或低温水来加强冷却效率。冷却系统的设计与塑料制品质量及成型效率直接相关，尤其在高速、自动成型时更应重视。

1.1.6　注射模设计的流程

设计注射模时应综合考虑各方面的因素，如保证塑料制品的质量、较短的成型周期、较长的使用寿命及便于加工制造等，设计出合理、先进、简单的模具。

注射模的一般设计流程如下。

（1）了解塑料制品的技术要求

在进行模具设计前，首先需要了解塑料制品的用途、使用情况及工作要求。然后对产品图中塑料制品的形状、尺寸精度及光洁度等进行工艺分析。

（2）选择注射机

为了保证正常生产和获得良好的塑料制品，设计模具时应选择合适的注射机，为此必须了解注射机的性能和安装模具的关系。选择注射机时应考虑注射量、锁模力及注射压力等因素的影响。

（3）型腔数量及型腔排列方式的确定

模具型腔数量主要是依据塑料制品的投影面积、几何形状、尺寸精度及经济效益等来确定。

确定型腔数量后，接下来需要确定型腔的排列（即型腔位置的布置）形式。常用的排列形式有圆形排列、H

形排列、直线形排列及它们的复合排列等。

（4）分型面的确定

分型面的确定是模具设计中的一个重要环节，分型面的位置直接影响着模具使用、加工制造及塑料制品质量等，所以必须选择合理的分型面。

（5）侧向分型与抽芯机构的确定

在设计侧向分型与抽芯机构时，应确保其安全可靠，并尽量避免与顶出机构发生干涉，否则必须在模具上设置先复位装置。

（6）浇注系统的设计

浇注系统的设计包括主流道的选择、分流道截面形状及尺寸确定、浇口位置的选择、浇口截面形状及尺寸的确定等。当采用点浇口时，为了确保点浇口的脱落，还应注意脱浇口装置的设计。

（7）排气系统的设计

排气系统对确保塑料制品的成型质量起着至关重要的作用。在成型一些料流速度较小的塑料制品时，可以利用模具的分型面及活动零件的配合间隙排气，而不必另开排气槽。但当塑料制品采用易于产生气体的塑料及塑料制品具有部分薄壁等时，则必须开设排气槽。

（8）冷却系统的设计

冷却系统的设计是一项比较烦琐的工作，既要考虑冷却效果及冷却的均匀性，又要考虑冷却系统对模具整体结构的影响。

（9）顶出系统的设计

塑料制品的顶出是注射成型过程中的最后一个环节，顶出质量的好坏将最后决定塑料制品的质量，因此必须选择合理的顶出机构。

（10）模架的确定和标准件的选用

设计模具时，应尽可能选用标准模架和标准件，从而减轻工作量、缩短制造周期及降低生产成本。

（11）绘制装配图和零件图

装配图应包括必要的尺寸（如外形尺寸、特征尺寸、配合尺寸及极限尺寸等）及技术要求，并列出完整的零件明细表和标题栏。

零件图上应准确、清晰地表达零件的形状，并标注尺寸、公差、粗糙度及技术要求等。

1.2　压铸模设计专业知识

压铸模在汽车、摩托车、电子等工业中也应用得较为普遍，下面将简单介绍压铸模的一些基本知识。

1.2.1　压力铸造概述

压力铸造是在高压作用下，使液态或半液态金属以较高的速度充填压铸模型腔，并在压力下成型和凝固而获得铸件的方法。高压力和高速度是压铸时熔融合金充填成型过程的两大特点，也是压铸与其他铸造方法最根本的区别所在。

压力铸造与其他铸造方法相比有以下优点。

- 压铸件的尺寸精度高，表面粗糙度值低。

- 材料利用率高。

- 可以生产形状复杂、轮廓清晰、薄壁深腔的金属零件。

- 在压铸件上可以直接嵌铸其他材料的零件。

- 压铸件组织致密，具有较高的强度和硬度。

- 生产效率高。

1.2.2 压力铸造的应用范围及发展

压力铸造是所有铸造方法中生产速度最快的一种方法，广泛应用于汽车、摩托车、电子、航天等工业。其中在汽车和摩托车工业中应用得最为广泛，汽车约占70%，摩托车约占10%。

在普通压铸过程中，模具型腔内的气体以及由压铸涂料产生的气体不能完全排出，这些气体在高压下溶解于金属液，或者形成许多弥散分布在压铸件内的微小气孔。因此，压铸件既不能热处理，也不能在较高的温度下使用。为了消除这种缺陷，提高压铸件的内在质量及应用范围，近年来开发出一些新的压铸技术，如半固态压铸、真空压铸、充氧压铸等。

1. 半固态压铸

半固态压铸是20世纪70年代初由美国麻省理工学院 M. C. Flemings 教授开发的一种新型的金属加工技术。目前，在美国、日本、意大利等国家，半固态压铸已经得到了广泛的应用。半固态压铸成型的方法主要有流变压铸和触变压铸，下面将简单介绍。

（1）流变压铸

将金属液从液相到固相的过程中进行强烈搅动，在一定固相率下直接将所得到半固态金属浆料压铸成型的方法，称为流变压铸。由于直接获得的半固态金属浆料的保存和输送很不方便，故在实际应用中用得很少。

（2）触变压铸

将抽取的半固态金属浆料凝固成铸锭，然后按需要将此金属铸锭切割成一定的小块，再将其重新加热（坯料的二次加热）至金属的半固态区，此时的金属铸锭一般称为半固态合金坯料。利用半固态合金坯料进行压铸成型，这种方法称为触变压铸。由于半固态坯料的加热、输送非常方便，并且易于实现自动化操作，因此触变压铸是当今半固态铸造的主要工艺方法。

半固态压铸的特点如下。

- 由于降低了浇注温度，而且半固态金属在搅拌时已经有50%的熔化潜热散失掉，压铸时模具温度低于普通压铸。所以大大减少了对压室、模具型腔和压铸机组成部分的热冲击，因而可以提高压铸模的使用寿命。

- 由于半固态金属黏度比全液态金属大，内浇道处流速低。因而充填时少喷溅、无湍流、卷入的空气少，对于需要进行热处理的厚壁件也能压铸。

- 由于半固态收缩小，所以压铸件不易出现疏松、缩孔，提高压铸件的质量。

- 半固态金属浆料像软固体一样输送到压室，但压射到内浇道处或薄壁处，由于流动速率提高，使黏度降低，充填性能提高。半固态压铸对薄壁件能良好充填，并可以改善表面质量。

- 可以准确地计量压射金属的质量，取消通常需要的保温炉，从而节约材料及能量，同时还可以改善工作环境。

2. 真空压铸

真空压铸是在压铸过程中应用真空技术，在压铸模中建立真空。真空压铸主要用于生产要求耐压、机械强度高或要求热处理的高质量零件，如传动箱体、气缸体等结构复杂的零件。

真空压铸的特点如下。

- 显著减少了压铸件的气孔，增大了致密度。压铸件可以进行热处理，提高了压铸件的力学性能。
- 消除了气孔造成的表面缺陷，改善了压铸件的表面质量。
- 从模具型腔中抽出空气，降低了充填反压力。可以在提高强度的条件下采用较低的比压，压铸出较薄的压铸件，使压铸件壁厚减小25%～50%。
- 可以减小浇注系统和排气系统尺寸。
- 采用真空压铸法可以提高生产率10%～20%。
- 密封结构较复杂，制造安装较困难，成本较高。

3. 充氧压铸

充氧压铸是指压铸前将氧气充入型腔，以置换出其中的空气，使压铸过程中残留在型腔中的氧气与铝液反应形成三氧化二铝质点，从而消除不充氧时压铸件内部形成的气孔。

充氧压铸的特点如下。

- 消除或减少了压铸件内部气孔，提高了质量。
- 可对充氧压铸件进行热处理，提高了力学性能。
- 充氧压铸件可以在200～300℃的环境中工作。
- 充氧压铸对合金成分烧损甚微。
- 充氧压铸与真空压铸相比，结构简单、操作方便、投资少。

4. 精速密压铸

精速密压铸是精密、快速、密实压铸的简称。这种压铸也称为双冲头压铸，其结构是由两个套在一起的内外压射冲头所组成。在开始压射时，两个压射冲头同时前进，当充填完毕，型腔达到一定压力后，限时开关启动，内压射冲头继续前进，补充压实铸件。

精速密压铸的特点如下。

- 内浇道厚度大于普通压铸，一般为3～5mm，以便于内压射冲头前进时更好地传递压力，提高压铸件致密度。
- 厚壁压铸件各部分强度分布均匀，较普通压铸件强度提高20%以上。压铸件内无气孔和疏松，气密度提高，并可进行焊接和热处理。
- 由于内浇道较厚，必须用专用设备切除。
- 不适合小型压铸机，一般仅应用在合模力为4000～6000kN的压铸机上，并且还要改造压射机构。

5. 黑色金属压铸

由于黑色金属比有色金属熔点高、冷却速度快、凝固范围窄、流动性差，使黑色金属压铸时压室和压铸模的工作条件十分恶劣，压铸模寿命较低，一般材料很难适应要求。此外，在液态下长期保温，黑色金属易于氧化，从而又带来了工艺上的困难。因此，寻求新的压铸模材料，改进压铸工艺就成为发展黑色金属压铸的关键。近年来，由于模具材料的发展使黑色金属压铸进展较快，目前灰铸铁、可锻铸铁、球墨铸铁等黑色金属均可压铸成型。

黑色金属的压铸模设计与有色金属的压铸模设计基本相同,其不同之处如下。

● 为了保证金属液能平稳充填,并在压力下结晶,内浇道尺寸应比压铸有色金属时加宽、加厚。内浇道厚度一般为3~5mm,宽度约占零件浇道所在同一平面的70%,横浇道尽量短。

● 排气槽尽可能地宽而浅,在必须开设溢流槽时,应使溢流槽与型腔的连接通道深一点,甚至与压铸件壁厚一致。

● 由于耐热合金膨胀系数小,所以配合间隙小。

● 为了避免在高温金属液的冲刷下,使推杆顶端变尖而造成压铸件产生毛刺或表面不平整。故在设计时,应尽可能不要把推杆位置设在压铸件部位。

1.2.3 压铸合金的选用

合理的选择压铸合金,是压铸件设计中的一个重要环节。在压铸生产中,常用的压铸合金为铝合金、锌合金、镁合金和铜合金。其中铝合金应用得最为广泛,约占60%~80%,锌合金次之,约占10%~20%。而镁合金随着汽车、电子工业的发展和产品轻量化的要求,现在也应用得较为广泛。

在选择合金时,不仅要考虑所要求的使用性能,如力学、物理和化学等方面的性能,对合金的工艺性也要给予足够的重视。

根据压铸工艺特点,用于压铸的合金应具有以下性能。

● 高温下有足够的强度和可塑性,无热脆性或热脆性小。

● 尽可能小的线收缩率和裂纹倾向,以免压铸件产生裂纹,使压铸件有较高的尺寸精度。

● 结晶温度范围小,防止压铸件产生过多的缩孔和疏松。

● 过热温度不高时有足够的流动性,利于填充复杂型腔,获得表面质量良好的压铸件。

● 与型腔表面产生物理和化学作用的倾向小,以减小粘模和相互合金化。

1.2.4 压铸件的结构设计

压铸件的质量除了受各种工艺因素的影响外,其结构设计的工艺性也是一个十分重要的因素。压铸件结构的合理性和工艺性决定了后续工作是否能够顺利进行,如分型面的选择、浇注系统的设计及推出系统的设计等。

设计人员在设计压铸件时,应充分考虑压铸件在压铸过程中可能出现的不利因素,并加以排除。在设计压铸件时应主要考虑以下几个因素。

● 壁厚。薄壁压铸件的致密性好,可以提高强度和耐磨性。如果增加压铸件的壁厚,其内部气孔、缩孔等缺陷也随之增加,所以在保证压铸件有足够强度和刚度的前提下,应尽量减小壁厚并保持各个截面的壁厚均匀一致。

● 肋。肋主要用于增加零件的强度和刚性,并可以使金属液流路顺畅,消除单纯依靠加大壁厚而引起的气孔、缩孔等缺陷。

● 铸造圆角。在压铸件的壁面与壁面连接处,应该设计成圆角,只有被选定为分型面的部位才不采用圆角连接。铸造圆角有利于金属液的流动,同时又可以避免尖角处产生应力集中而开裂。而对于模具而言,铸造圆角能延长模具的使用寿命。

● 拔模斜度。为了便于顺利脱出模具型腔,压铸件上应该具有一定的拔模斜度。拔模斜度的大小与压铸件的形状有关，如高度、壁厚等。在允许的范围内，尽量采用较大的拔模斜度，以减小所需要的推出力。

● 铸孔设计。压铸件上的孔的直径与深度有一定的关系，小的孔径只能压铸较浅的深度。在设计压铸件时，压铸出的孔的直径不应过小，以免造成型芯弯曲和折断。

● 压铸嵌件。压铸时可以将金属或非金属制件铸入压铸零件上，从而使压铸件的某一部位具有特殊的性质或用途。

1.2.5　压铸模设计简介

压铸模是保证压铸件质量的重要工艺装备，它直接影响着压铸件的形状、尺寸、精度、表面质量等。设计压铸模时，必须全面分析压铸件的结构、了解压铸机及压铸工艺、掌握金属液的填充性能及考虑经济效益等因素，才能设计出切合实际并满足生产要求的压铸模。

设计压铸模时应考虑以下几个基本要求。

● 所生产的压铸件，应符合压铸毛坯图上所规定的形状、尺寸及各项技术要求，特别是要保证高精度和高质量部件达到要求。

● 模具应适合压铸生产工艺的要求，并且技术经济性合理。

● 在保证压铸件质量和安全生产的前提下，应采用先进、合理、简单的结构，使动作准确可靠，构件刚性良好，易损件拆换方便，并有利于延长模具使用寿命。

● 模具上各种零件应满足机械加工工艺和热处理工艺要求。

● 掌握压铸机的技术特征，充分发挥压铸机的最大效能。

● 选用模具零部件时，尽可能推广标准化、通用化及系列化。

1. 压铸模的基本结构

压铸模主要由定模和动模两大部分组成，其中定模固定在压铸机的定模安装板上，并与压铸机的压室连接。动模安装在压铸机的动模移动板上，并随压铸机的动模拖板上移动，完成开模与合模动作。根据模具上各个部件所起的作用，压铸模可以分为以下几个部分。

● 模架。模架是将压铸模各部分按一定规律和位置加以组合和固定，组成完整的压铸模具，并使压铸模能够安装到压铸机上进行工作的构架。包括动模套板、定模套板、导柱、导套、推板、推杆固定板等。

● 成型零件。成型零件是决定压铸件几何形状和尺寸精度的零件。

● 浇注系统。浇注系统是将压室内的金属液导入模具型腔的通道。

● 溢流和排气系统。溢流和排气系统用于排除压室、浇道和型腔中的气体，储存混有气体和被涂料残余物污染的冷金属液。

● 顶出机构。顶出机构用于把压铸件从模具中取出，一般设置在动模上。

● 抽芯机构。抽芯机构是将活动的成型部分自行脱出压铸件的机构。

● 加热和冷却系统。加热和冷却系统用于平衡模具温度，使模具在一定的温度下工作。

2. 分型面设计

分型面设计是压铸模设计中的一项重要内容，合理的分型面不仅能够简化模具的结构，还能大大提高压铸件质量和生产效率。

设计分型面时应注意以下几个因素。

- 开模后，尽可能地使压铸件留在动模上。

- 有利于浇注系统、溢流系统及排气系统的布置。

- 能够保证压铸件的尺寸精度和表面质量。

- 简化模具结构，便于加工制造。

- 考虑压铸合金的性能。

3. 浇注系统设计

金属液在压力作用下充填模具型腔的通道称为浇注系统，它不仅决定了金属液流动的状态，而且还会影响压铸件的质量。设计浇注系统时，不仅要认真分析压铸件的结构特点、技术要求、合金种类及其特性，还要考虑压铸机的类型和特点，这样才能设计出合理的浇注系统。

浇注系统主要由直浇道、横浇道、内浇口和余料等组成，其中内浇口的设计最为重要。内浇口是浇注系统最后的一段，直接与模具型腔相通。内浇口的位置、形状和大小决定了金属液的流速、流向和流态，对压铸件的质量有直接关系。

设计内浇口时应注意以下几个因素。

- 有利于压力的传递，内浇口一般设置在压铸件的厚壁处。

- 有利于型腔的排气，金属液进入型腔后不应立即封闭分型面、溢流槽和排气槽。

- 金属液进入型腔后，应尽量避免直接冲击型芯。

- 内浇口的设置应便于切除。

- 应使金属液充填型腔时的流程尽可能短。

- 采用多股内浇口时，应注意防止金属液进行型腔后从几路汇合、相互冲击，从而产生涡流、裹气及氧化夹渣等缺陷。

- 压铸件上精度、表面粗糙度要求较高，且不加工的部位，不宜设置内浇口。

- 薄壁复杂的压铸件，宜采用较薄的内浇口，以保持较高的充填速度。

4. 溢流系统和排气系统设计

为了提高压铸件的质量，在金属液充填型腔的过程中应尽量排除型腔中的气体，以及混有气体和被涂料残余物污染的冷金属液，这就需要设置溢流及排气系统。

（1）溢流槽设计

溢流槽主要用于排除型腔中的气体，储存混有气体和被涂料残余物污染的冷金属液。

设置溢流槽的位置时应注意以下几个因素。

- 溢流槽的设置有利于排除型腔中的气体，以及混有气体、氧化物等的金属液。

- 应便于从压铸件上去除溢流槽，并尽量不损伤压铸件的外观。

- 注意避免在溢流槽与压铸件之间产生热节。

- 一个溢流槽上不应开设多个溢流口，并且溢流口的宽度不能太宽，以免金属液倒流回型腔。

（2）排气槽设计

排气槽用于从型腔中排出空气及涂料挥发产生的气体，以利于填充，减少压铸件缺陷。排气槽的设置与内浇口的位置及金属液的流态有关。

设置排气槽的位置时应注意以下几个因素。

- 为了使型腔中的气体在压射时，排出尽可能多的金属液，应将排气槽设置在金属液最后填充的部位。
- 排气槽一般与溢流槽配合，设置在溢流槽后端以加强溢流和排气效果。
- 排气槽还可以单独设置在型腔中的某个部位。

5. 推出机构设计

使压铸件从型腔中脱出的机构，称为推出机构。推出机构一般由推出零件（如推杆、推管、卸料板等）、复位零件、限位零件、导向零件及结构零件组成。

在各种推出机构中，推杆推出机构是最常用的一种推出机构。该推出机构主要采用圆形推杆，这种推杆形状简单，便于制造，推杆位置可以根据压铸件对型芯包紧力的大小及推出力是否均匀来确定。

设置推杆推出部位时应注意以下几个因素。

- 推杆应合理分布，使压铸件各部位所受推力均衡。
- 压铸件有深腔和包紧力大的部位，需要布置足够强度的推杆。
- 应尽量避免在压铸件的重要表面和基准面上设置推杆。
- 推杆的推出位置应尽量避免与活动型芯发生干涉。
- 横浇道上也应合理设置推杆，有分流锥时，则在分流锥上也应设置推杆。
- 设置推杆时，应保证型腔有足够的强度。

6. 抽芯机构设计

当压铸件上有与开模方向不同的侧孔或凹凸部位时，压铸件不能直接脱模，必须将成型侧孔或凹凸部位的零件做成活动的。并在压铸件脱模前，先将活动零件抽出，然后再从模具中顶出压铸件，完成活动零件抽出和复位的机构称为抽芯机构。压铸模抽芯机构形式较多，比较常用的有斜销抽芯机构和液压抽芯机构。

设计抽芯机构时应考虑以下几个因素。

- 合理的选择抽芯部位，活动型芯尽量设置在与分型面垂直的动模或定模内，利用开模或推出动作抽出活动型芯。
- 活动型芯应有合理的结构形式。
- 抽芯时应防止压铸件产生变形和位移。
- 活动型芯插入型腔后应有定位面，以保证正确的位置。
- 计算抽芯力是设计抽芯机构构件强度和传动可靠性的依据，由于影响抽芯力大小的因素较多，确定抽芯力时需要做充分的估计。
- 设计抽芯机构时，应考虑压铸机的性能和技术规范。

7. 加热和冷却系统设计

模具温度是影响压铸件质量的一个重要因素，对于形状复杂、质量要求高的压铸件，在压铸过程中，必须将模具温度保持在一定的范围内，才能生产出合格的压铸件。

压铸生产过程中模具的温度由加热和冷却系统进行控制和调节，其作用如下。

- 使压铸模达到较好的热平衡和改善压铸件顺序凝固条件，使压铸件凝固速度均匀，并有利于压力传递，提高压铸件的内部质量。
- 保持压铸合金充填时的流动性，提高压铸件表面质量。
- 稳定压铸件的尺寸精度，改善压铸件的力学性能。

- 提高压铸生产效率。

- 降低模具热交变应力，提高压铸模使用寿命。

（1）加热系统设计

压铸模的加热系统主要用于预热模具，模具的加热方法有火焰加热、电加热装置加热、模具温度控制装置加热。其中电加热装置加热清洁安全、操作方便、模具加热均匀，是目前普遍使用的加热方法。

（2）冷却系统设计

压铸模的冷却系统用于冷却模具，带走压铸生产中金属液传递给模具的过多的热量，使模具保持热平衡。

压铸模的冷却方法主要有水冷、风冷及用传热系数高的合金冷却等，其中水冷的效率高、容易控制，是最常用的冷却方法。该方法是在模具内设置冷却水通道，使冷却水通入模具带走热量。

1.2.6 压铸模设计的流程

压铸模设计比较复杂，不仅要考虑压铸件成型过程中的工艺参数，还要考虑液态金属的流动等因素。

压铸模的一般设计流程如下。

（1）对压铸件进行分析

① 结构分析。设计压铸前，首先需要对压铸件进行结构分析。对于一些不合理的地方，可以同产品设计人员协商，尽可能使压铸件符合压铸工艺要求。

② 尺寸精度分析。对于压铸件上一些尺寸精度较高的地方，压铸上不能保证，则必须留加工余量，以便于后续机械加工。

（2）选择分型面与浇注系统

根据压铸件的结构特点，合理地选择分型面与浇注系统。从而使压铸件具有最佳的压铸成型条件，延长压铸模的使用寿命。

（3）选择压铸机

根据压铸件的形状、大小及实际情况选择合适的压铸机，其中锁模力是选择压铸机时首先需要确定的参数。锁模力主要是为了克服反压力，以锁紧压铸模的分型面，防止金属液飞溅，保证压铸件的尺寸精度。

（4）确定压铸模的结构

在确定压铸模的结构时，应考虑以下因素。

① 模具中的各个零件应该有足够的刚性，以承受锁模力和金属液充填时的反压力，并且不产生变形。

② 尽量避免金属液正面冲刷型芯，如果不能避免，则应该做成镶块式，以便于更换。

③ 合理选择模具镶块的组合形式，避免尖角，以适应热处理的要求。推杆或型芯孔应与镶块边缘保持一定的距离，以保证镶块有足够的强度。另外，模具上易损部分也应采用镶拼结构，以便于更换。

④ 由于成型处采用镶拼后，会在压铸件上留下镶拼痕迹，所以镶拼痕迹不能影响压铸件的外观。

⑤ 模具的大小应与选择的压铸机相对应。

（5）压铸模零件设计

在设计压铸模的零件时，首先应该设计成型零件（如动模、定模、型芯等），然后再逐步设计动模套板、定模套板等结构件。

（6）绘制装配图和零件图

装配图上应将模具各部分结构的形状、大小、装配关系及各个零件所处的位置，按正确的投影、剖视表示清晰，并列出完整的零件明细表、技术要求和标题栏。

零件图上应准确、清晰地表达零件的形状，并标注尺寸、公差、粗糙度及技术要求等。

1.3　本章小结

本章主要介绍了模具设计一些最基本的知识要点，起到抛砖引玉的作用。要详细了解模具设计的专业知识，则必须查阅相关的专业书籍。

通过本章的学习，读者可以了解模具设计的一些专业基础知识，并知道通过查阅专业书籍应该了解哪些具体内容，为后面的学习做好准备。

第2章
▲

零件设计基础知识

模具设计人员在设计模具前，首先需要创建零件的三维模型，这样才能进行后续的工作。本章主要介绍零件设计的基本方法和一些基本的操作，如创建拉伸实体、创建工程特征和创建曲面特征等。

2.1 零件设计的基本方法

Creo 4.0软件包主要包括Parametric、Direct、Simulate、Illustrate、Schematics、View MCAD、View ECAD、Sketch、Layout和Options Modeler等应用程序，其中Parametric是Creo4.0软件包里最为重要的程序软件，它继承了以往Pro/ENGINEER Wildfire强大而灵活的参数化设计功能，并增加了柔性建模等创新功能，可以帮助用户快速、高效地进行产品设计，解决最紧迫的设计挑战，加快产品上市速度和降低成本。

2.1.1 Parametric的特点

Parametric主要具有下面几个特点。

- 三维实体模型。在Parametric中，可以建立产品的真实三维模型，并计算其体积、面积、质量等。
- 单一数据库。Parametric是建立在单一数据库上的，模型中的所有数据都存储到同一个库中。当更改三维模型的尺寸后，其相关的二维工程图、模具设计及数控加工等数据也会自动更改，这样可以保证数据的正确性。
- 基于特征的设计。Parametric以特征作为建模及数据存储的基础，如拉伸、孔、斜度、圆角等。特征是设计的基本单元，可以根据需要对特征进行修改工作，如编辑、编辑定义、重新排序等。
- 参数化设计。Parametric是采用参数化设计的、基于特征的实体模型化系统。它的参数化表现在下面几个方面：
- 特征之间存在相互关系，改变某个特征会引起其他特征的改变；
- 特征的驱动尺寸可以随时改变；

● 可以通过关系式来建立特征之间的关系。

2.1.2　主要功能模块

Parametric软件是一个全方位的三维产品综合开发软件，集成了零件设计、产品装配、数控加工、钣金件设计、模具设计、机构分析、有限元分析、电路布线等功能模块。下面将简单介绍几个常用的功能模块。

● 零件设计模块。零件设计模块是最基本的模块，用于建立产品的三维模型。它是装配、二维工程图、模具设计模块等的基础，其文件名为"*.prt"。

● 钣金件设计模块。钣金件设计模块用于设计基本和复杂的钣金零件，可以使用壁、切口、裂缝、折弯、冲孔、凹槽、拐角止裂槽等标准特征设计钣金零件，其文件名也为"*.prt"。

● 组件设计模块。组件设计模块提供了基本的装配工具，可以将多个零件装配到组件模式中，形成一个组合模型，其文件名为"*.asm"。

● 制造模块。制造模块用于生成数控加工的加工刀具路径和NC程序，支持各种铣床、车床、线切割的加工，其文件名为"*. asm"。

● 模具设计模块。模具设计模块提供了进行模具设计所需的各种工具，利用这些工具可以快速、方便、准确的设计出模具，其文件名为"*. asm"。

● 绘图模块。绘图模块用于快速、准确地生成三维模型的二维工程图，其文件名为"*.drw"。

2.1.3　创建实体特征

模具设计的第一步就是创建零件的三维模型，在零件设计模块中，Parametric提供了强大的实体建模功能来快速创建零件的三维模型。

Parametric是基于特征的三维建模软件，创建零件的三维模型的过程也就是创建多个特征的过程。下面将简单介绍几种基本的特征，除了一些特别复杂的零件外，对于一般的零件来说，使用这几种特征就可以创建零件的三维模型。

提示：在创建零件的三维模型时，必须将拔模斜度和铸造圆角等模具特征考虑进去。

-----

1. 拉伸特征

在所有的特征中，拉伸特征是应用得最多的一种特征，主要用于创建形状比较规则的实体。其原理为在某个平面上绘制一个二维截面，然后使该二维截面沿着垂直于绘图平面的方向生长一个深度，从而得到一个立体特征。

单击"模型"选项卡中"形状"面板上的 按钮，系统弹出如图2-1所示的"拉伸"操控面板。下面将简单介绍该操控面板中常用选项的功能。

图2-1　"拉伸"操控面板

- □按钮：选中该按钮时，系统将创建实体。
- □按钮：选中该按钮时，系统将创建曲面。
- "深度"下拉列表框：该下拉列表框用于选择定义拉伸的深度类型，包括下面6种类型。
- ⊥按钮：直接输入一个数值确定拉伸深度。
- 日按钮：直接输入一个数值，从草绘平面两侧对称拉伸，输入的值为拉伸的总长度。
- ⊥按钮：拉伸到下一个特征的曲面上，即在特征到达第一个曲面时终止拉伸。
- ⊪按钮：拉伸至与所有曲面相交，即在特征到达最后一个曲面时终止拉伸。
- ⊥按钮：拉伸到一个选定的曲面。
- ⊥按钮：拉伸到一个选定的点、曲线、平面或曲面。
- "深度"文本框：该项文本框用于输入拉伸的深度值。如果需要深度参考，则该文本框将起到收集器的作用，并列出参考摘要。
- ╱按钮：该按钮用于改变特征的创建方向。
- ◿按钮：选中该按钮时，系统将激活"切除"功能。
- □按钮：选中该按钮时，系统将创建薄壁实体。
- "放置"下滑面板：单击 放置 按钮，系统弹出"放置"下滑面板，如图2-2所示。在该下滑面板中，可以直接选取已经存在的基准曲线来创建拉伸特征。还可以单击 定义... 按钮，进入草绘模式来创建二维截面。
- "选项"下滑面板：单击 选项 按钮，系统弹出"选项"下滑面板，如图2-3所示。在该下滑面板中，可以创建双侧特征，并定义第1侧和第2侧的深度。在创建拉伸曲面时，还可以选中"封闭端"复选框，以创建闭合的曲面。

图2-2 "放置"下滑面板   图2-3 "选项"下滑面板

2.旋转特征

旋转特征主要用于创建回转体，其原理为在某个平面上绘制一个二维截面，然后使该二维截面以一条中心线为旋转中心轴旋转一个角度，从而得到一个立体特征。

单击"模型"选项卡中"形状"面板上的 旋转 按钮，系统弹出如图2-4所示的"旋转"操控面板。下面将简单介绍该操控面板中常用选项的功能。

- □按钮：选中该按钮时，系统将创建实体。

图2-4 "旋转"操控面板

- ◻按钮：选中该按钮时，系统将创建曲面。
- "轴"收集器：该收集器用于定义旋转轴。
- "角度"下拉列表框：该下拉列表框用于选择定义旋转的角度类型，包括下面3种类型。
- ◻按钮：选择该按钮时，系统从草绘平面以指定角度值旋转截面。如果输入负值，将会改变角度方向。
- ◻按钮：选择该按钮时，系统在草绘平面的两侧上以指定角度值的一半旋转截面。
- ◻按钮：选择该按钮时，系统将截面旋转至一个选定的点、曲线、平面或曲面。
- "角度"文本框：该文本框用于输入旋转的角度值。如果需要深度参考，则该文本框将起到收集器的作用，并列出参考摘要。
- ◻按钮：该按钮用于改变特征的创建方向。
- ◻按钮：选中该按钮时，系统将激活"切除"功能。
- ◻按钮：选中该按钮时，系统将创建薄壁实体。
- "放置"下滑面板：单击 放置 按钮，系统弹出"放置"下滑面板，如图2-5所示。在该下滑面板中，可以定义二维截面及指定旋转轴。要创建旋转特征，必须指定旋转轴。用户可以直接在草绘模式中绘制一条中心线，系统会自动将其作为旋转轴。否则，系统将自动激活"轴"收集器，要求用户选取一条边、轴或坐标系的一个轴以指定旋转轴。
- "选项"下滑面板：单击 选项 按钮，系统弹出"选项"下滑面板，如图2-6所示。在该下滑面板中可以创建双侧特征，并定义第1侧和第2侧的角度。在创建旋转曲面时，还可以选中"封闭端"复选框，以创建闭合的曲面。

图2-5 "放置"下滑面板

图2-6 "选项"下滑面板

3. 扫描特征

扫描建模方法的原理为通过沿指定轨迹扫描二维截面来创建立体特征。

单击"模型"选项卡中"形状"面板上的 扫描（扫描）按钮，系统弹出如图2-7所示的"扫描"操控面板。下面将简单介绍该操控面板中常用选项的功能。

- ◻按钮：选中该按钮时，系统将创建实体。

图2-7 "扫描"操控面板

- $\square$ 按钮:选中该按钮时,系统将创建曲面。
- $\square$ 按钮:单击该按钮,系统将进入草绘模式。
- $\square$ 按钮:选中该按钮时,系统将激活"切除"功能。
- $\square$ 按钮:选中该按钮时,系统将创建薄壁实体。
- $\square$ 按钮:选中该按钮时,系统将创建恒定截面扫描。
- $\square$ 按钮:选中该按钮时,系统将创建可变截面扫描。
- "参考"下滑面板:单击 参考 按钮,系统弹出"参考"下滑面板,如图2-8所示。在该下滑面板中可以选择轨迹,设置定向二维截面的方式。

- "选项"下滑面板:单击 选项 按钮,系统弹出"选项"下滑面板,如图2-9所示。在该下滑面板中可以指定原点轨迹上的点来草绘截面。在创建扫描曲面时,还可以选中"封闭端"复选框,以创建闭合的曲面。

- "相切"下滑面板:单击 相切 按钮,系统弹出"相切"下滑面板,如图2-10所示。在该下滑面板中显示了扫描特征中的轨迹列表,还可以为扫描截面中的相切中心线指定曲面。

图2-8 "参考"下滑面板

图2-9 "选项"下滑面板

图2-10 "相切"下滑面板

4. 混合特征

混合建模方法的原理为将两个或两个以上的二维截面在其顶点处用过渡曲面连接形成一个连续的立体特征。

单击"模型"选项卡中"形状"面板上的 形状▼ 按钮,在弹出下拉列表中单击 ♂ 混合 按钮,系统弹出如图2-11所示的"混合"操控面板。下面将简单介绍该操控面板中常用选项的功能。

- $\square$ 按钮:选中该按钮时,系统将创建实体。
- $\square$ 按钮:选中该按钮时,系统将创建曲面。
- $\square$ 按钮:选中该按钮时,可以使用内部或外部草绘截面创建混合。

图2-11 "混合"操控面板

- $\sim$ 按钮：选中该按钮时，通过使用选定截面来创建混合。
- $\diagup$ 按钮：选中该按钮时，系统将激活"切除"功能。
- $\sqsubset$ 按钮：选中该按钮时，系统将创建薄壁实体。
- "截面"下滑面板：单击 截面 按钮，系统弹出"截面"下滑面板，如图2-12所示。该下滑面板用于定义截面特征，单击 定义... 按钮，可以进入草绘模式创建第一个截面的内部草绘。

图2-12 "截面"下滑面板

- "选项"下滑面板：单击 选项 按钮，系统弹出"选项"下滑面板，如图2-13所示。在该下滑面板中可以定义混合的形式，在创建混合曲面时，还可以选中"封闭端"复选框，以创建闭合的曲面。
- "相切"下滑面板：单击 相切 按钮，系统弹出"相切"下滑面板，如图2-14所示。在该下滑面板中可以定义开始截面和终止截面的条件。

图2-13 "选项"下滑面板　　　　图2-14 "相切"下滑面板

注意：创建混合特征至少需要两个平面截面，并且每个二维截面的图元数必须相等，并且还要保持起始点的位置相同，否则系统将创建扭曲的特征。

2.2 创建工程特征

如果一些形状比较复杂的零件，只建立基本特征是不够的，还需要创建其他特征，如孔特征、倒圆角特征和拔模斜度等。

2.2.1 孔特征

孔特征是一种特殊的拉伸与旋转切除特征，孔特征不需要选择草绘平面与参考，从而提高设计效率。

单击"模型"选项卡中"工程"面板上的 创孔 按钮，系统弹出如图2-15所示的"孔"操控面板。下面将简单介绍该操控面板中常用选项的功能。

图2-15 "孔"操控面板

- U 按钮：该按钮用于创建简单孔。
- 圖 按钮：该按钮用于创建标准孔。
- U 按钮：选中该按钮时，使用预定义的矩形用作钻孔轮廓。
- U 按钮：选中该按钮时，使用标准孔轮廓用作钻孔轮廓。
- ≈ 按钮：选中该按钮时，使用草绘来定义钻孔轮廓。
- "直径"文本框：该文本框用于设置简单孔的直径。
- "深度"下拉列表框：该下拉列表框用于选择孔的深度类型。
- ⊞ 按钮：该按钮用于打开或关闭轻量化孔几何表示。
- "放置"下滑面板：单击 放置 按钮，系统弹出"放置"下滑面板，如图2-16所示。在该下滑面板用于选取孔特征的位置与参考。

图2-16 "放置"下滑面板

- "形状"下滑面板：单击 形状 按钮，系统弹出"形状"下滑面板，如图2-17所示。该下滑面板用于定义孔的类型、直径与深度。

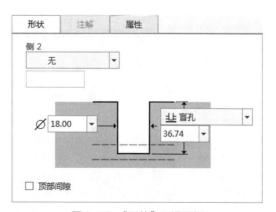

图2-17 "形状"下滑面板

● "注解"下滑面板：单击 注解 按钮，系统弹出"注解"下滑面板，如图2-18所示。在该下滑面板用于显示标准孔的螺纹注解。

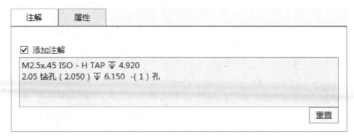

图2-18　"注解"下滑面板

2.2.2　倒圆角特征

倒圆角是一种边处理特征，通过向一条或多条边、边链或在曲面之间的空白处添加半径形成。

单击"模型"选项卡中"工程"面板上的 倒圆角 按钮，系统弹出如图2-19所示的"倒圆角"操控面板。下面将简单介绍该操控面板中常用选项的功能。

图2-19　"倒圆角"操控面板

● ⅏按钮：该按钮用于处理圆角集。
● ⅏按钮：该按钮用于定义倒圆角特征的所有过渡。
● "半径"文本框：该文本框用于设置倒圆角的半径。
● "集"下滑面板：单击 集 按钮，系统弹出"集"下滑面板，如图2-20所示。该下滑面板用于设置圆角的特征及大小。
● "过渡"下滑面板：单击 过渡 按钮，系统弹出"过渡"下滑面板，如图2-21所示。该下滑面用于显示除默认类型外的用户定义的过渡类型。
● "段"下滑面板：单击 段 按钮，系统弹出"段"下滑面板，如图2-22所示。该下滑面板用于查看特征中的所有集合以及查看倒圆角集中的所有倒圆角段。

图2-20　"集"下滑面板　　　图2-21　"过渡"下滑面板　　　图2-22　"段"下滑面板

• "选项"下滑面板：单击 选项 按钮，系统弹出"选项"下滑面板，如图2-23所示。该下滑面板用于设置倒圆角的几何类型。

图2-23 "选项"下滑面板

2.2.3 边倒角特征

边倒角也是一种边处理特征，该特征对边进行斜切削。

单击"模型"选项卡中"工程"面板上的 倒角 按钮，系统弹出如图2-24所示的"倒角"操控面板。下面将简单介绍该操控面板中常用选项的功能。

图2-24 "倒角"操控面板

• 按钮：该按钮用于处理倒角集。

• 按钮：该按钮用于定义倒角特征的所有过渡。

• "标注形式"下拉列表框：该下拉列表框用于设置倒角集的标注形式。

• "值"文本框：该下拉列表框用于设置倒角值。

• "集"下滑面板：单击 集 按钮，系统弹出"集"下滑面板，如图2-25所示。该下滑面板用于选择倒角边及大小。

• "过渡"下滑面板：单击 过渡 按钮，系统弹出"过渡"下滑面板，如图2-21所示。该下滑面板用于显示除默认类型外的用户定义的过渡类型。

• "段"下滑面板：单击 段 按钮，系统弹出"段"下滑面板，如图2-22所示。该下滑面板用于查看特征中的所有集合以及查看倒角集中的所有倒角段。

• "选项"下滑面板：单击 选项 按钮，系统弹出"选项"下滑面板，如图2-23所示。该下滑面板用于设置倒角的几何类型。

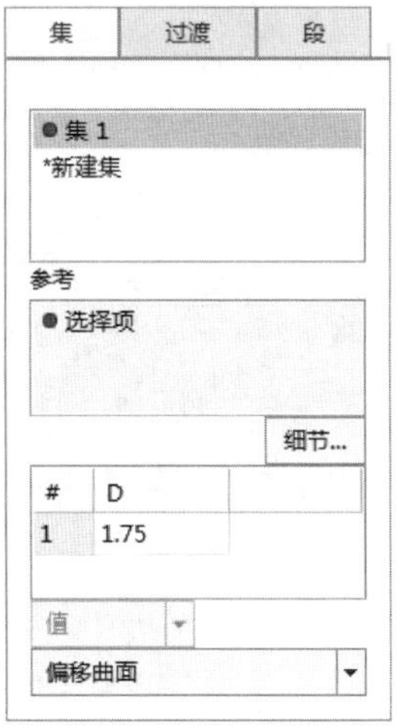

图2-25 "集"下滑面板

2.2.4 拔模特征

拔模特征可以对单个曲面或多个曲面中添加一个介于 $-89.9°$ 和 $+89.9°$ 之间的拔模斜度。

单击"模型"选项卡中"工程"面板上的 拔模 按钮，系统弹出如图2-26所示的"拔模"操控面板。下面将简单介绍该操控面板中常用选项的功能。

图2-26 "拔模"操控面板

- "拔模枢轴"收集器：用来指定拔模曲面上的中性直线或曲线，即曲面绕其旋转的直线或曲线。
- "拖拉方向"收集器：用来指定测量拔模角所用的方向。
- "参考"下滑面板：单击 参考 按钮，系统弹出"参考"下滑面板，如图2-27所示。该下滑面板用于选择拔模曲面、拔模枢轴和拖拉方向。
- "分割"下滑面板：单击 分割 按钮，系统弹出"分割"下滑面板，如图2-28所示。该下滑面板用于设置是否分割拔模曲面。

图2-27 "参考"下滑面板

图2-28 "分割"下滑面板

- "角度"下滑面板：单击 角度 按钮，系统弹出"角度"下滑面板，如图2-29所示。该下滑面板用于设置拔模角度的值。
- "选项"下滑面板：单击 选项 按钮，系统弹出"选项"下滑面板，如图2-30所示。该下滑面板用于定义拔模特征。

图2-29 "角度"下滑面板

图2-30 "选项"下滑面板

2.2.5 壳特征

壳特征用于将实体内部掏空，只留一个特定壁厚的壳。

单击"模型"选项卡中"工程"面板上的 壳 按钮，系统弹出如图2-31所示的"壳"操控面板。下面将简单介绍该操控面板中常用选项的功能。

- "厚度"文本框：该文本框用于设置默认壳厚度的值。
- ╱按钮：该按钮用于改变特征的创建方向。

图2-31 "壳"操控面板

● "参考"下滑面板：单击 参考 按钮，系统弹出"参考"下滑面板，如图2-32所示。该下滑面板用于选取要移除的曲面，还可以为每个曲面指定单独的厚度值。

● "选项"下滑面板：单击 选项 按钮，系统弹出"选项"下滑面板，如图2-33所示。该下滑面板用于选取一个或多个要从壳排除的曲面。

图2-32 "参考"下滑面板

图2-33 "选项"下滑面板

2.2.6 轨迹筋特征

轨迹筋特征是一条轨迹，可包含任意数量和任意形状的段。

单击"模型"选项卡中"工程"面板上的 筋 按钮，系统弹出如图2-34所示的"筋"操控面板。下面将简单介绍该操控面板中常用选项的功能。

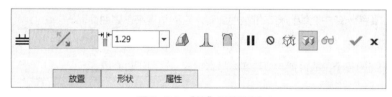

图2-34 "筋"操控面板

● ⚡ 按钮：单击该按钮，可以将深度方向切换至草绘的另一侧。

● "宽度"文本框：该文本框用于设置筋的宽度值。

● 按钮：单击该按钮，可以为筋添加拔模斜度。

● 按钮：单击该按钮，可以在筋的底部边上添加倒圆角。

● 按钮：单击该按钮，可以在筋的顶部边上添加倒圆角。

● "放置"下滑面板：单击 放置 按钮，系统弹出"放置"下滑面板，如图2-35所示。在该下滑面板中，可以直接选取已经存在的基准曲线来创建筋特征。还可以单击 定义 按钮，进入草绘模式来创建二维截面。

●“形状”下滑面板：单击 形状 按钮，系统弹出“形状”下滑面板，如图2-36所示。该下滑面板用于定义筋的倒圆角和拔模角度值，以及预览筋的横截面。

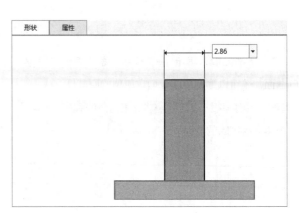

图2-35　“放置”下滑面板　　　　　图2-36　“形状”下滑面板

2.3　创建曲面特征

曲面是一个具有边界、而没有厚度和质量的特征。对于一些形状特别复杂的零件，可以利用Parametric提供的曲面功能来创建，从而提高设计效率。下面将介绍简单介绍几种常用创建曲面特征的方法。

2.3.1　拉伸曲面特征

拉伸曲面是在垂直于草绘平面的方向上，通过将二维截面拉伸到指定深度来创建曲面。

单击“模型”选项卡中“形状”面板上的 按钮，在弹出的“拉伸”操控面板中，单击 按钮，系统将创建曲面特征。拉伸曲面的各个参数设置与拉伸实体基本相似，这里不再介绍。

2.3.2　旋转曲面特征

旋转曲面是通过围绕一条中心线，将二维截面旋转一定的角度来创建曲面。

单击“模型”选项卡中“形状”面板上的 旋转 按钮，在弹出的“旋转”操控面板中，单击 按钮，系统将创建曲面特征。旋转曲面的各个参数设置与旋转实体基本相似，这里不再介绍。

2.3.3　扫描曲面特征

扫描曲面是通过沿指定轨迹扫描二维截面来创建曲面。

单击“模型”选项卡中“形状”面板上的 扫描 按钮，在弹出的“扫描”操控面板中，单击 按钮，系统将创建曲面特征。扫描曲面的各个参数设置与扫描实体基本相似，这里不再介绍。

2.3.4　混合曲面特征

混合曲面是通过连接位于彼此平行的平面中的二维截面来创建曲面。

单击"模型"选项卡中"形状"面板上的 形状▼ 按钮，在弹出的下拉列表中单击 🔗 混合 按钮，在弹出的"混合"操控面板中，单击 按钮，系统将创建曲面特征。混合曲面的各个参数设置与混合实体基本相似，这里不再介绍。

2.3.5 平整曲面特征

平整曲面是通过绘制边界来创建平面曲面。

单击"模型"选项卡中"曲面"面板上的 按钮，系统弹出如图2-37所示的"填充"操控面板。下面将简单介绍该操控面板中常用选项的功能。

● "草绘"收集器：该收集器用于直接选取已经存在的基准曲线，从而创建平面曲面。

● "参考"下滑面板：单击 参考 按钮，系统弹出"参考"下滑面板，如图2-38所示。在该下滑面板中，可以单击 定义... 按钮，进入草绘模式以创建二维截面。还可以直接选取已经存在的基准曲线作为二维截面。

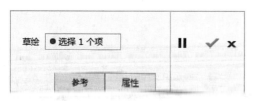

图2-37 "填充"操控面板

图2-38 "参考"下滑面板

2.3.6 边界混合曲面特征

边界混合曲面是使用边线作为边界混合而形成的一种曲面，可以由一个方向上的边线来混合曲面，与可以由一个方向上的边线来混合曲面。

单击"模型"选项卡中"曲面"面板上的 按钮，系统弹出如图2-39所示的"边界混合"操控面板。下面将简单介绍该操控面板中常用选项的功能。

图2-39 "边界混合"操控面板

● "第一方向"收集器：选取第一方向上用于创建混合曲面的曲线或边链参考。

● "第二方向"收集器：选取第二方向上用于创建混合曲面的曲线或边链参考。

● "曲线"下滑面板：单击 曲线 按钮，系统弹出"曲线"下滑面板，如图2-40所示。该下滑面板用于选取创建混合曲面的曲线或边链参考。

● "约束"下滑面板：单击 约束 按钮，系统弹出"约束"

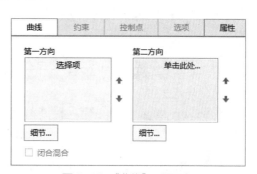

图2-40 "曲线"下滑面板

下滑面板，如图2-41所示。该下滑面板用于设置约束条件，从而控制边界曲面。

• "控制点"下滑面板：单击 控制点 按钮，系统弹出"控制点"下滑面板，如图2-42所示。该下滑面板用于设置控制点，从而控制曲面的形状。

• "选项"下滑面板：单击 选项 按钮，系统弹出"选项"下滑面板，如图2-43所示。该下滑面板用于选择逼近的曲线，从而控制曲面的形状。

图2-41 "约束"下滑面板

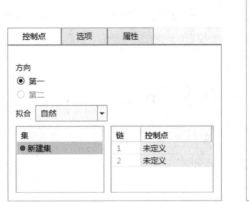

图2-42 "控制点"下滑面板

图2-43 "选项"下滑面板

2.4 编辑曲面

在完成曲面的创建后，对于一些比较复杂的曲面还要对其进行编辑操作，才能达到设计目的。下面将介绍简单介绍几种常用编辑曲面的方法。

2.4.1 延伸曲面

延伸曲面用于将曲面的边界延伸指定的距离或延伸到选定的平面。

选取要延伸的边后，单击"编辑"面板上的 延伸 按钮，系统弹出如图2-44所示的"延伸"操控面板。下面将简单介绍该操控面板中常用选项的功能。

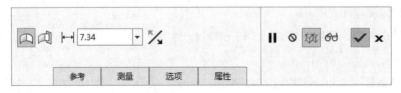

图2-44 "延伸"操控面板

• 按钮：选中该按钮时，系统沿原始曲面延伸曲面边界边链。

• 按钮：选中该按钮时，系统将沿与指定平面垂直的方向延伸边界边链至指定平面。

- "距离"文本框：该文本框用于输入延伸的距离值。

- 按钮：该按钮用于改变与边界边链相关的延伸方向。

- "参考"下滑面板：单击 参考 按钮，系统弹出"参考"下滑面板，如图2-45所示。在该下滑面板中，显示了当前边界边链的类型。

- "测量"下滑面板：单击 测量 按钮，系统弹出"测量"下滑面板，如图2-46所示。在该下滑面板中，可以通过沿选定的边链添加并调整测量点来创建可变延伸。

图2-45 "参考"下滑面板

- "选项"下滑面板：单击 选项 按钮，系统弹出"选项"下滑面板，如图2-47所示。在该下滑面板中，可以选择延伸方法。

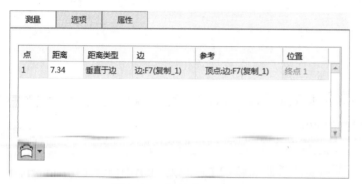

图2-46 "测量"下滑面板

图2-47 "选项"下滑面板

2.4.2 修剪曲面

修剪曲面用于去除曲面的多余部分。

选取要修剪的曲面特征后，单击"编辑"面板上的 修剪 按钮，系统弹出如图2-48所示的"修剪"操控面板。下面将简单介绍该操控面板中常用选项的功能。

图2-48 "修剪"操控面板

- "修剪对象"收集器：该收集器用于添加、移除或重定义修剪对象。

- 按钮：该按钮用于指定修剪后要保留的曲面部分。

- 按钮：该按钮用于激活"侧面影像修剪"功能。使用该功能可以沿着参考零件的侧影投影轮廓修剪分型曲面。

- "参考"下滑面板：单击 参考 按钮，系统弹出"参考"下滑面板，如图2-49所示，在该下滑面板中显示了修剪的曲面和修剪对象。

- "选项"下滑面板：单击 选项 按钮，系统弹出"选项"下滑面板，如图2-50所示。在该下滑面板中，可以指定是否保留修剪曲面和激活"薄修剪"功能等。

图2-49 "参考"下滑面板

图2-50 "选项"下滑面板

2.4.3 合并曲面

合并曲面用于将两个曲面特征合并为一个曲面特征。

选取要合并的两个曲面特征后,单击"编辑"面板上的 按钮,系统弹出如图2-51所示的"合并"操控面板。下面将简单介绍该操控面板中常用选项的功能。

图2-51 "合并"操控面板

图2-52 "参考"下滑面板

- 按钮:该按钮用于改变第一个面组要包括在合并曲面中的部分。
- 按钮:该按钮用于改变第二个面组要包括在合并曲面中的部分。
- "参考"下滑面板:单击 参考 按钮,系统弹出"参考"下滑面板,如图2-52所示。在该下滑面板中列出了所选取的面组,其中顶部的面组为主面组,底部的面组为次面组。
- "选项"下滑面板:单击 选项 按钮,系统弹出"选项"下滑面板,如图2-53所示。在该下滑面板中,可以指定合并曲面的方式。

图2-53 "选项"下滑面板

2.4.4 实体化曲面

实体化曲面用于是将曲面特征转换为实体几何。

选取要实体化的曲面特征后，单击"编辑"面板上的  按钮，系统弹出如图2-54所示的"实体化"操控面板。下面将简单介绍该操控面板中常用选项的功能。

- ☐ 按钮：该按钮用于将选取的曲面创建实体体积块。
- ◪ 按钮：该按钮用于移除选取的曲面内侧或外侧的材料。

图2-54 "实体化"操控面板

- ⬚ 按钮：该按钮用于将选取的曲面修补到实体上。
- ◪ 按钮：该按钮用于更改实体化特征的材料方向。
- "参考"下滑面板：单击 参考 按钮，系统弹出"参考"下滑面板，如图2-55所示，在该下滑面板中显示了要实体化的曲面。

图2-55 "参考"下滑面板

2.5　本章小结

本章简单介绍了使用Parametric软件进行零件设计时，读者需要掌握的一些基础知识。对于初学者而言，应该熟练掌握本章的知识，为后面章节的学习打下坚实的基础。

第3章
▲

模具设计基础知识

本章主要介绍了模具设计的一些基础知识，如模具设计模块界面、模具设计专业术语、模具设计的流程、模具设计工具、模具检测等。

3.1 基本操作

在设计模具前，首先需要掌握Parametric的一些基本操作，下面将分别介绍。

3.1.1 设置工作目录

启动Parametric后，系统将在默认的目录中查找和保存文件，该默认的目录就称为工作目录。

1. 设置当前工作目录

用户开始一个新工作时，首先需要新建一个目录，然后将该目录设置为当前工件目录，以确保所有的文件保存在正确的位置。

设置当前工件目录的操作步骤如下。

① 单击窗口顶部的"文件"→"管理会话"→"选择工作目录"命令，打开"选择工作目录"对话框，然后改变目录到指定的目录中，如图3-1所示。

② 单击该对话框底部的 确定 按钮，即可将指定的目录设置为当前进程中的工作目录。

提示：在Parametric中，建议用户使用带有滚轮的三键式鼠标，这样可以通过单击鼠标中键来代替 确定 按钮，从而提高设计效率。另外，按住鼠标中键不放，并移动鼠标可以任意旋转模型。

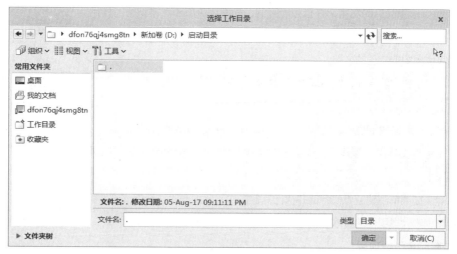

图3-1 "选择工作目录"对话框

2. 设置默认的工作目录

当用户退出Parametric程序后，系统不会保存当前的工作目录设置。下次再启动时，系统仍将使用默认的工作目录。

用户可以设置启动Parametric时默认的工作目录，其操作步骤如下。

① 在桌面上的Parametric程序快捷方式图标上单击鼠标右键，在弹出的快捷菜单中单击"属性"命令，打开"Parametric属性"对话框，如图3-2所示。

② 在"起始设置"文本框中输入起始位置的路径（如"D:\启动目录"），单击对话框底部的 确定 按钮，即可将指定的目录设置为启动Parametric时默认的工作目录。

图3-2 "Parametric属性"对话框

图3-3 模型树

3.1.2 设置模型树

在模具设计模块中，模型树中是一个包括所有零件文件、基准平面及坐标系的列表。在默认的情况下，模

型树位于Parametric主窗口的左侧,并且是展开的,如图3-3所示。模型树的作用如下:

- 重命名模型树中的特征的名称。
- 重新排序模型树中的特征,但不能将子项特征排在父项特征的前面。
- 选取特征、零件或组件。
- 按项目类型或状态过滤显示,比如显示或隐藏基准特征、隐含特征等。
- 右键单击组件文件中的零件,并在弹出的快捷菜单中单击 🖥 按钮,则可以进

图3-4 "设置"菜单

入零件设计模块中。

- 使用右键快捷菜单创建或修改特征并执行其他操作,比如删除或重定义零件特征等。
- 显示特征、零件或组件的显示或再生状态(如隐藏、隐含)。

1. 显示或隐藏模型树项目

在模具设计模块中,默认的情况下模型树会显示"组件名称""模具元件""特征"等项目,但不会显示"注释""隐含的对象""包络元件"等项目。用户可以将这些项目显示出来,其操作步骤如下。

① 单击导航器窗口中的 🔢 按钮,在弹出的如图3-4所示的"设置"菜单中单击"树过滤器"命令,打开"模型树项"对话框,如图3-5所示。

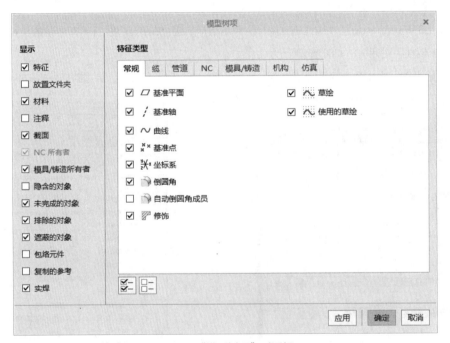

图3-5 "模型树项"对话框

② 在该对话框中,选中"注释""隐含的对象""包络元件"等项目的复选框。单击对话框底部的 确定 按钮,即可以在模型树窗口中显示"注释""隐含的对象""包络元件"等项目。

2. 保存模型树配置

可将当前模型树配置保存到文件中,以便随时调用此配置文件。单击如图3-4所示的"设置"菜单中"保存设置文件"命令,弹出如图3-6所示的"保存模型树配置"对话框。在该对话框中,可以将当前配置保存为文件。

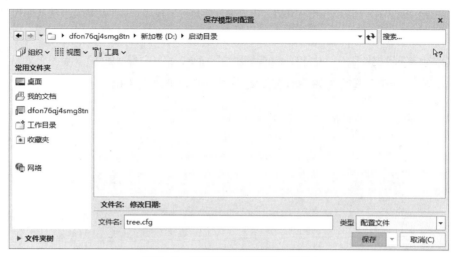

图 3-6　"保存模型树配置"对话框

在默认的情况下，系统使用的省模板是"inlbs_mfg_mold"，即使用英寸（in）、磅（lb）、秒（s）作为设计单位，但在国家标准中使用的是毫米（mm）、牛顿（N）、秒（s）等作为设计单位，所以应该使用"mmns_mfg_mold"模板作为模具设计的模板。

使用"mmns_mfg_mold"模板进入模具设计模块的操作步骤如下。

① 单击窗口顶部的工具栏上的 按钮，打开"新建"对话框。选中"类型"选项组中的"制造"单选按钮、"子类型"选项组中的"模具型腔"单选按钮。

② 接受默认的文件名"mfg0001"，取消选中"使用默认模板"复选框，如图 3-7 所示。单击对话框底部的 确定 按钮，打开"新文件选项"对话框。

③ 在该对话框中选择"mmns_mfg_mold"模板，如图 3-8 所示。单击对话框底部的 确定 按钮，进入模具设计模块。

图 3-7　"新建"对话框

图 3-8　"新文件选项"对话框

用户还可以使用默认的"inlbs_mfg_mold"模板进入模具设计模块，然后将单位系统改变为"毫米牛顿秒（mmNs）"，其操作步骤如下。

① 单击窗口顶部的"文件"→"准备"→"模型属性"命令，打开"模型属性"对话框，如图3-9所示。单击"材料"选项组中"单位"选项右边的 更改 按钮，打开"单位管理器"对话框。

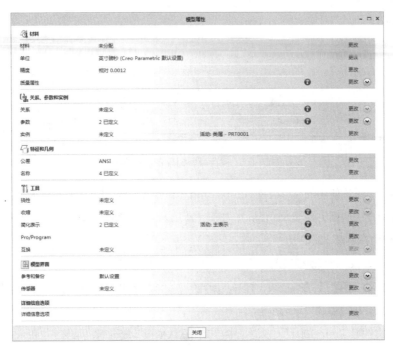

图3-9　"模型属性"对话框

② 在该对话框中，选中"毫米牛顿秒（mmNs）"单位系统，如图3-10所示。单击对话框中的 ◆设置(S)... 按钮，打开如图3-11所示的"更改模型单位"对话框。

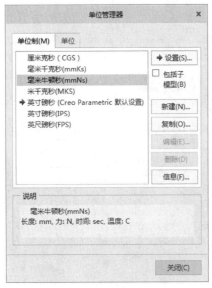

图3-10　"单位管理器"对话框

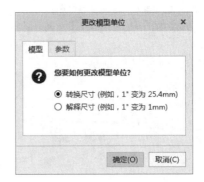

图3-11　"更改模型单位"对话框

③接受该对话框中默认的选项，单击对话框底部的 确定(O) 按钮，返回"单位管理器"对话框。此时，"毫米牛顿秒（mmNs）"单位系统的前面会显示一个箭头，表示该单位系统为当前单位系统。

④单击该对话框底部的 关闭(C) 按钮，返回"模型属性"对话框。单击对话框底部的 关闭 按钮，退出对话框。

3.1.3　设置精度

在默认的情况下，系统使用的是相对精度。但在模具设计过程中，应该使用绝对精度，并且还要保持参考模型、工件和模具组件的绝对精度相同，这对于几何计算相当重要。要启用绝对精度功能，必须将配置选项"enable_absolute_accuracy"的值设置为"yes"，其操作步骤如下。

① 单击窗口顶部的"文件"→"选项"命令，打开"Creo Parametric选项"对话框。单击底部的 配置编辑器 按钮，切换到"查看并管理Creo Parametric选项"，如图3-12所示。

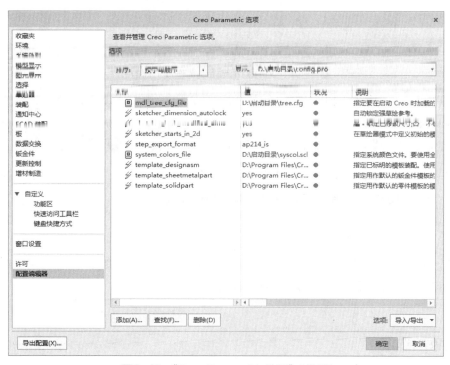

图3-12　"Creo Parametric选项"对话框

② 单击对话框底部的 添加(A)... 按钮，打开"添加选项"对话框。在"选项名称"文本框中输入文字"enable_absolute_accuracy"，此时，在"选项值"编辑框会显示"no"选项，表示没有启用绝对精度功能，如图3-13所示。

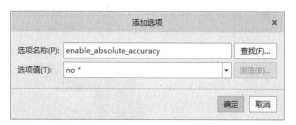

图3-13　"添加选项"对话框

③ 单击"选项值"编辑框右侧的 ▾ 按钮，并在打开的下拉列表中选择"yes"选项。单击对话框底部的 确定 按钮，返回到"Creo Parametric选项"对话框。此时"enable_absolute_accuracy"选项和值会出现在"选项"显示选项组中，如图3-14所示。

图3-14 "Creo Parametric选项"对话框

④ 单击该对话框底部的 确定 按钮，退出对话框。此时，系统将启用绝对精度功能。

启用绝对精度后，当组件模型精度和参考模型精度之间存在差异时，系统会在将参考模型添加到模具组件时弹出如图3-15所示的"警告"对话框，提示用户是否接受将组件模型的精度设置为和参考模型精度相同。

图3-15 "警告"对话框

注意：在一般情况下，建议用户接受将组件模型的精度设置为和参考模型精度相同，这样可以避免在后续分割工件操作时，可能因为精度问题而导致操作失败的情况发生。

3.1.4 对象的选取

在Parametric中，许多命令（如复制）需要首先选取对象，才能执行。用户可以在图形窗口中，直接用鼠标左键来选取对象，将光标移动到模型上时，系统会预选加亮对象，并在光标附近出现一个方框，显示被加亮对象的名称及特征号，如图3-16所示。此时，单击鼠标左键，即可选取对象。

图3-16 预选加亮对象

如果要同时选取多个对象，则可以按住"Ctrl"键，并用鼠标左键单击需要选取的对象，即可将其选取。而要取消选取的对象，也可以按住"Ctrl"键，并用鼠标左键单击需要取消选取的对象，即可将其取消。

除了直接用鼠标左键来选取对象外，Parametric还提供了多种选取对象的方法，下面将分别介绍。

1. 过滤器

Parametric提供了如图3-17所示的多种过滤器来快速选取所需对象，过滤器位于状态栏的右侧。每个过滤器都会缩小可选对象类型的范围，利用这一点可轻松地选取所需对象。比如，如果选择了"几何"过滤器，则只能选取面、边等对象，而其他特征则不能被选取。

图3-17 过滤器

2. 在模型树中选取对象

在模型树中，用户可以直接单击特征或零件来快速选取对象。该方法在当选取的特征或零件在图形窗口中不可见时，尤其好用。

在模型树中同样可以按住"Ctrl"键，并用鼠标左键单击多个对象，即可同时选取多个对象。还可以选取某个范围内的所有对象，其操作步骤为首先单击所需范围内的第一个对象，然后按住"Shift"键，并单击该范围内的最后一个对象，即可选中该范围内的所有对象。

3. 查询选取对象

对于隐藏的对象，或是选取处有多个项目可供选择，要准确选取需要的项目时，则显得比较困难。此时，可以使用查询选取的方法来选取需要的对象，其操作步骤如下。

① 在需要选取的对象附近单击鼠标右键，系统会依次加亮显示可以选取的所有对象。

② 当所需的对象加亮显示时，单击鼠标左键，即可选取该对象。

- -

提示：如果系统没有加亮显示所需的对象，则表示单击鼠标右键的位置不对。用户可以在其他位置重新单击鼠标右键，直到系统加亮显示所需的对象。

4. 从列表中选取对象

除了可以使用查询选取对象的方法来选取隐藏的对象外，还可以使用从列表中选取对象的方法来选取隐藏的对象，其操作步骤如下。

① 在需要选取的对象附近单击鼠标右键，并按住不放，打开如图3-18所示的快捷菜单。单击按钮，打开"从列表中拾取"对话框，如图3-19所示，其中列出了可以选取的所有对象。

图3-18 快捷菜单

图3-19 "从列表中拾取"对话框

② 在列表中选取所需的对象后，单击对话框底部的 确定(O) 按钮，即可选取所需的对象。

3.1.5 遮蔽对象

在模具设计过程中，有时为了便于操作需要将分型曲面、模具体积块和模具元件等遮蔽，使其不显示在图形窗口中。此时，用户可以直接在模型树中用鼠标左键单击需要遮蔽的元件或特征，并在弹出的如图3-20所示的操作面板中单击 遮蔽 按钮，即可将其遮蔽。

图3-20 操作面板

另外，Parametric还提供了一个"遮蔽和取消遮蔽"对话框，用来管理图形窗口中各个对象的显示与否。单击"图形"工具栏上的 按钮，系统弹出如图3-21所示的"遮蔽和取消遮蔽"对话框。

下面将详细介绍该对话框中各个选项的功能。

a."遮蔽"选项卡：在该选项卡中，可以隐藏选中的元件、分型面和体积块。

● "可见元件"列表：在该列表中显示了所有可见的元件。如果用户切换到"分型面"过滤类型，则在该列表中显示所有的分型面；切换到"体积块"过滤类型，则在该列表中显示所有的体积块。

● ▷按钮：单击该按钮，可以在图形窗口或模型树中选取对象。

● ≣按钮：单击该按钮，将选取所有对象。

● ≣按钮：单击该按钮，将取消选取所有对象。

● 遮蔽 按钮：单击该按钮，可以将选中的对象隐藏。

● "过滤"选项组：在该选项组中，可以选择过滤类型以及控制在列表中显示的元件类型。

● 分型面 按钮：单击该按钮，将切换到"分型面"过滤类型。

● 体积块 按钮：单击该按钮，将切换到"模具体积块"过滤类型。

● 元件 按钮：单击该按钮，将切换到"模具元件"过滤类型。

● ☑按钮：单击该按钮，将选取所有元件类型。

● ▥按钮：单击该按钮，将取消选取所有元件类型。

图3-21 "遮蔽和取消遮蔽"对话框

b."取消遮蔽"选项卡：单击"取消遮蔽"按钮，切换到"取消遮蔽"选项卡，如图3-22所示。在该选项卡中，可以显示选中的元件、分型面和体积块。

● "遮蔽的元件"列表：在该列表中显示了所有遮蔽的元件。

● 取消遮蔽 按钮：单击该按钮，可以将选中的对象显示出来。

3.1.6 文件管理

在Parametric中，一个典型的模具文件主要包括下面几个文件：

● EX5.ASM：模具过程文件，包含了模具过程的信息。

● EX5.PRT：设计零件文件。

图3-22 "取消遮蔽"选项卡

- EX5_REF.PRT：参考零件文件。
- EX5_WRK.PRT：工件模型文件。
- CORE.PRT：动模文件。
- CAVITY.PRT：定模文件。
- MOLDING.PRT：模拟生成的铸件文件。

在Parametric中新建文件、打开文件等操作同其他Windows应用程序类似，这里就不介绍了。下面将简单介绍在Parametric中一些特殊的文件操作。

1. 重命名文件

在Parametric中，用户可以更改当前文件的名称，其操作步骤如下。

① 单击窗口顶部的"文件"→"管理文件"→"重命名"命令，系统弹出如图3-23所示的"重命名"对话框。

② 在"新名称"文本框中，输入新的文件名称。单击对话框底部的 确定 按钮，即可更改当前文件的名称。

提示：用户在重命名包含在某个组件中的零件文件时，必须将组件文件打开，并且还要将其重新保存一下，否则，在下次打开组件文件时，会找不到更改名称后的零件文件。

---

2. 拭除内存中的文件

在Parametric中打开一个文件后，系统会将该文件保存在内存中。当关闭了文件后，该文件不再显示在窗口中，但仍存在于内存中。Parametric提供了一个"拭除"命令，用于从内存中删除文件。

（1）从内存中拭除当前的文件

可以将打开的文件从内存中拭除，其操作步骤如下。

① 单击窗口顶部的"文件"→"管理会话"→"拭除当前"命令，打开"拭除确认"对话框，如图3-24所示。

图3-23 "重命名"对话框

图3-24 "拭除确认"对话框

② 单击对话框底部的 是 按钮，即可关闭当前文件，并从内存中将其拭除。

（2）从内存中拭除关闭的文件

可以将关闭的文件从内存中拭除，其操作步骤如下。

① 单击窗口顶部的"文件"→"管理会话"→"拭除未显示的"命令，打开"拭除未显示的"对话框，如图

3-25所示。

② 单击对话框底部的 <img_btn> 按钮，即可从内存中拭除关闭的文件。

提示：当包括该文件的组件或绘图仍处于活动状态时，不能拭除该文件。另外关闭文件后，如果没有将其从内存拭除，当再次打开该文件时，系统会自动打开存在于内存中的版本，而不是保存在硬盘上的文件。

图3-25　"拭除未显示的"对话框

3. 删除文件

（1）删除文件的旧版本

在Parametric中每次保存文件时，系统会在内存中创建该文件的新版本，并将上一版本保存在硬盘中，并为保存的文件的每一个版本进行连续编号（如prt0001.prt.1、prt0001.prt.2、prt0001.prt.3等）。

可以将旧版本的文件从硬盘中删除，只保留最新版本，其操作步骤如下。

① 单击窗口顶部的工具栏上的 按钮，打开"文件打开"对话框。在对话框中的"文件"列表中选中要删除的文件，单击对话框底部的 按钮，将其打开。

② 单击窗口顶部的"文件"→"管理文件"→"删除旧版本"命令，系统弹出如图3-26所示的"删除旧版本"对话框。

③ 单击对话框底部的 按钮，即可将该文件的所有旧版本文件删除。

Parametric还提供一个"purge"命令，用于清除当前工作目录中所有文件的旧版本，其操作步骤如下。

① 单击窗口顶部的"文件"→"管理会话"→"选择工作目录"命令，打开"选取工作目录"对话框。改变目录到要清除的文件所在的目录。单击对话框底部的 按钮，即可将文件所在的目录设置为当前进程中的工作目录。

② 单击窗口顶部的"实用工具"面板上的 按钮，在弹出的下拉列表中单击"打开系统窗口"命令，如图3-27所示。

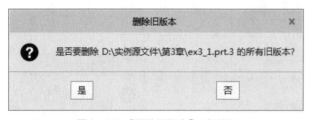

图3-26　"删除旧版本"对话框

图3-27　"实用工具"下拉列表

③ 在打开的系统窗口中输入"purge"命令，如图3-28所示，并按"Enter"键确认，即可清除当前工作目录中所有文件的旧版本。

（2）删除文件的所有版本

可以将文件的所有版本从硬盘中删除，其操作步骤如下。

① 单击"快速访问"工具栏上的 按钮，打开"文件打开"对话框。在对话框中的"文件"列表中选中要删除的文件，单击对话框底部的 按钮，将其打开。

② 单击窗口顶部的"文件"→"管理文件"→"删除所有版本"命令，系统弹出如图3-29所示的"删除所有确认"对话框。单击对话框底部的 是(Y) 按钮，即可将该文件的所有版本删除。

图3-28 输入命令

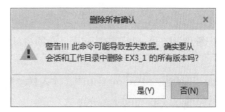

图3-29 "删除所有确认"对话框

提示：删除操作与拭除操作的区别在于，删除操作是从硬盘中删除文件，用户需要特别小心，而拭除操作并不会从硬盘中删除任何文件。

1. 打开旧版本文件

在Parametric中打开一个文件时，系统会自动打开该文件的最新版本。可以打开该文件的旧版本文件，其操作步骤如下。

① 单击"快速访问"工具栏上的 按钮，打开"文件打开"对话框。单击对话框中的 工具 按钮，打开如图3-30所示的"工具"菜单。

② 单击该菜单中的"所有版本"命令，系统会将当前目录中文件的所有版本显示出来，如图3-31所示。在"文件"列表中选中所需的旧版本文件，单击对话框底部的 打开 按钮，即可将其打开。

图3-30 "工具"菜单

图3-31 显示所有版本文件

5. 输入其他格式的文件

在Parametric中，可以将创建的零件模型转换为通用格式的文件（如IGES、STEP等），然后在其他CAD软件中打开；同样，对于在其他CAD软件中创建的零件模型，也可以将其转换为通用格式的文件，然后在Parametric打开。这样可以实现数据共享，避免重复劳动。

提示：对于转换的文档，由于几何算法和精度设置的不同，一般都存在未修剪的面、重叠的面或曲面间有间隙，它们统称为破面。对于这些破面，必须将其修补完整，并转换为实体特征，这样才能用于模具设计。

下面首先介绍在Parametric中，输入其他格式的方法。

（1）直接输入其他格式的文件

在Parametric中，可以直接输入其他格式的文件，其操作步骤如下。

① 单击"快速访问"工具栏上的  按钮，打开"文件打开"对话框。通过"类型"下拉列表框选择所需的格式，如图3-32所示。

② 在"文件"列表中选中所需的文件，单击对话框底部的 导入 按钮，打开"导入新模型"对话框，如图3-33所示。

图3-32 "文件打开"对话框　　　　　　　　图3-33 "导入新模型"对话框

③ 在"轮廓"选项组中，选中"使用模板"复选框，单击对话框底部的 确定 按钮，退出对话框。此时，在图形窗口中会显示输入的模型。

提示：如果不选中"使用模板"复选框，系统不会创建任何基准平面和视角等，不便于后续操作。

（2）通过共享数据输入其他格式的文件

用户还可以在零件设计模块中，输入其他格式的文件，其操作步骤如下。

① 单击"快速访问"工具栏上的 □ 按钮，打开"新建"对话框。此时，系统会自动选中"类型"选项组中的"零件"单选按钮、"子类型"选项组中的"实体"单选按钮，并生成默认文件名"prt0001"。

② 单击该对话框底部的 确定 按钮，进入零件设计模块。单击"模型"选项卡中"获取数据"面板上的 获取数据▼ 按钮，在弹出下拉列表中单击 📥 导入 按钮，系统弹出"打开"对话框。此时，系统会自动选择"类型"下拉列表框中的"所有文件"选项，如图3-34所示。

图3-34 "打开"对话框

③ 在"文件"列表中选中所需的文件，单击对话框底部的 导入 按钮，打开"文件"对话框，如图3-35所示。

④ 接受该对话框中默认的设置，单击对话框底部的 确定 按钮，系统弹出"导入"操控面板。接受该操控面板中默认的设置，单击右侧的 ✔ 按钮，退出操控面板。

提示：对于输入的文件，如果没有破面，系统会自动将其转换为实体。如果存在破面，则将其转换为曲面。

----

6. 输出其他格式的文件

在Parametric中，可以将创建的零件模型转换为其他格式的文件，其操作步骤如下。

① 单击窗口顶部的"文件"→"另存为"→"保存副本"命令，打开"保存副本"对话框。

② 单击主菜单中的"文件"→"保存副本"命令，通过"类型"下拉列表框选择所需的格式，如图3-36所示。单击该对话框底部的 确定 按钮，退出对话框。

图3-35 "文件"对话框

图3-36 "保存副本"对话框

3.2 模具设计概述

在零件设计模块中创建好零件的三维模型后，就可以在模具设计模块中进行模具设计了。Parametric提供了专门用于模具设计的模具设计模块，在该模块中，系统提供了方便实用的模具设计及分析工具。利用这些工具可以快速、方便地完成模具设计工作。

3.2.1 模具设计模块界面

启动Parametric后，系统进入如图3-37所示的基本界面。此时，可以根据需要进入相应的模块。

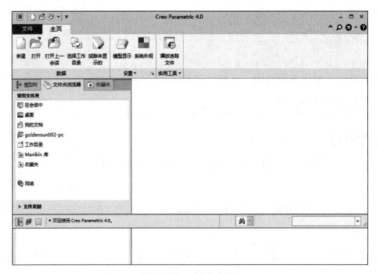

图3-37 基本界面

进入模具设计模块的操作步骤如下。

① 单击"快速访问"工具栏上的 按钮，打开"新建"对话框。选中"类型"选项组中的"制造"单选按钮、"子类型"选项组中的"模具型腔"单选按钮，如图3-38所示。

② 接受默认的文件名"mfg0001"，单击对话框底部的 确定 按钮，进入模具设计模块。

进入模具设计模块后，用户界面主要由文件菜单、工具栏、功能区、图形窗口、状态栏和模型树组成，如图3-39所示。

图3-38 "新建"对话框

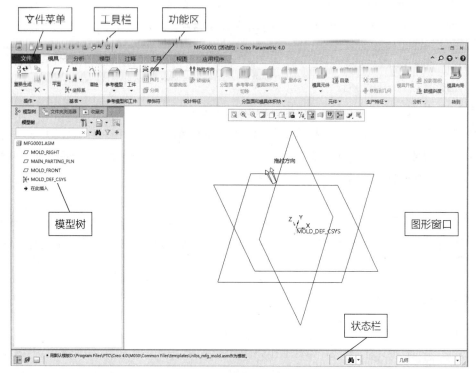

图3-39 模具设计模块界面

● 文件菜单。文件菜单位于窗口左上角，单击 文件 按钮，系统将打开一个菜单。该菜单包括管理文件、管理会话和选项等命令，如图3-40所示。

● 工具栏。工具栏位于窗口的顶部，它包括了一些常用的按钮，如用于打开和保存文件、撤销、重做、重新生成、关闭窗口、切换窗口等功能的按钮。

● 功能区。功能区包括多个选项卡，在每个选项卡上，相关的命令按钮分组在一起。

图 3-40　文件菜单

- 图形窗口。图形窗口是显示三维模型、基准平面、坐标系等的区域。在图形窗口中还有一个双组箭头，用来表示默认的拖拉方向，即开模方向。
- 状态栏。状态栏位于窗口的底部，可以控制导航区和浏览器的显示，显示与窗口中工作相关的消息。在状态栏的右侧还有一个"过滤器"下拉列表框，显示了当前使用的过滤器类型。
- 模型树。在模具设计模块中，模型树中是一个包括所有零件文件、基准平面及坐标系的列表。模型树会在根目录下显示组件文件名称，并在名称下显示所包括的零件文件列表。

注意：在默认的情况下，模型树位于窗口的左侧，并且是展开的，用户可以关闭模型树。但在一般情况下，建议用户展开模型树，以便快速选取元件或特征，并进行右键操作（如编辑定义、遮蔽等），从而提高工作效率。

3.2.2　模具设计专业术语

在使用 Parametric 软件设计模具前，我们首先需要了解一些专业术语。

- 设计零件：在设计模具前，首先需要设计出零件的外形，产生一个设计零件，设计零件是模具设计的基础和依据，在一般情况下，应该在零件设计模块中创建零件的三维模型，并添加拔模斜度、圆角等铸造特征。
- 参考零件：参考零件是将设计零件装配到模具设计模块中时，系统自动生成的零件模型。此时参考零件代替了设计零件，成为模具组件中的元件。用户可以向参考零件添加其他特征，这些特征并不会影响设计零件；而在设计零件中进行的任何改变，都会反映在参考零件中。
- 工件：工件即我们工程上所称的毛坯，它是直接参与铸件成型的模具元件的总体积。由于其形状较简单，一般都在模具设计模块中直接创建。
- 收缩率：由于铸件在冷却和固化时会产生收缩，冷却后其尺寸一般都小于模具尺寸。所以在设计模具时，必须将铸件收缩量补偿到模具相应的尺寸中去，这样才能得到符合尺寸要求的铸件。

● 分型曲面：分型曲面是一种曲面特征，主要用来分割工件或模具体积块。分型曲面可以由单个曲面组成，还可以由多个单一的曲面特征经过合并、修剪、延伸等操作完成。

● 模具体积块：模具体积块是一个占有体积、但是没有质量的封闭曲面面组。它不是一个实体，必须将其抽取为模具元件，才能成为实体零件。

● 模具元件：对于创建的模具体积块，还必须用实体材料填充这些模具体积块以产生模具元件，使其成为一个实体零件。

● 铸件：将模具体积块抽取为模具元件后，就可以模拟创建一个铸件。通过观察铸件，来检验所生成的铸件是否与设计零件一致。

3.3 模具设计的基本流程

在模具设计模块中进行模具设计的基本流程如下。

1. 创建模具模型

模具模型包括参考零件和工件两部分。在一般情况下，参考零件在零件设计模块中创建，然后将其装配到模具设计模块中，而工件则直接在模具设计模块中创建。

2. 拔模检测和厚度检测

在进行模具设计前，应根据开模方向对参考零件的拔模斜度和厚度进行检测。对于检测出不合理的地方，则需要更改零件设计。

3. 设置收缩率

由于铸件在冷却和固化时会产生收缩，所以必须加大参考零件的尺寸。

4. 创建分型曲面或模具体积块

分型曲面是一种曲面特征，主要用来分割工件。创建分型曲面时，需要用到曲面设计的各种功能。

模具体积块是没有质量的封闭曲面面组，也可以用来分割工件。

5. 分割工件

利用创建的分型曲面或模具体积块将工件分割成为单独的模具体积块。

6. 创建模具元件

由于模具体积块是没有质量的封闭曲面面组，必须将其抽取为模具元件，使其成为实体零件。

7. 创建浇注系统、顶出系统和冷却系统

可以利用组件特征来创建浇注系统、顶出系统和冷却系统。

8. 创建铸件

可以模拟创建一个铸件，用来检查模具设计的正确性。

9. 仿真开模

可以定义打开模具的步骤，并对每一步骤进行是否与静态零件相干涉的检测。

10. 创建其他部件

可以在模具设计模块或组件设计模块中创建模架、滑块等其他部件。

11. 创建二维工程图

可以创建模具的二维装配图，以及包括尺寸、公差等的零件图，以便于加工制造。

3.4 模具设计工具

在模具设计过程中，分模是模具设计中的一个重要步骤，几乎占据了模具设计的大半时间。Parametric 提供了强大的模具设计工具用于分模，下面将分别介绍。

3.4.1 装配参考零件

在模具设计模块中，模具设计的第一个步骤就是创建模具模型，模具模型包括参考零件和工件两部分。在模具设计过程中，参考零件一般都是采用通过装配设计零件的方法来创建。

单击"模具"选项卡中"参考模型和工件"面板上的 按钮，系统弹出如图3-41所示的"布局"对话框和"打开"对话框，并要求用户选取参考零件。下面将详细介绍"布局"对话框中各个选项的功能。

- "参考模型"选项：该选项用于选取参考零件。在默认的情况下，系统会自动选择 按钮，弹出"打开"对话框。在对话框中选取参考零件，并单击对话框底部的 打开 按钮，系统弹出如图3-42所示的"创建参考模型"对话框。在该对话框中，可以使用下面3种方法创建参考模型。

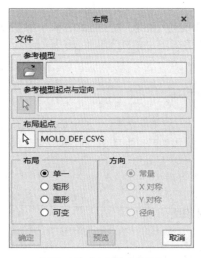

图3-41 "布局"对话框

图3-42 "创建参考模型"对话框

- 按参考合并：选择该选项时，系统会复制一个与设计零件相同的零件作为参考零件。
- 同一模型：选择该选项时，系统会将选中的设计零件作为参考零件。此时，它们成为相同模型。
- 继承：选择该选项时创建的参考零件，继承了设计零件中的所有几何和特征信息。

注意：在一般情况下，建议用户选择"按参考合并"选项来创建参考模型。这样可以向参考零件添加拔模斜度、圆角等铸造特征，但这些特征并不会影响设计零件。

- "参考模型起点与定向"选项：该选项用于指定参考零件的起点与方向。在默认的情况下，系统会自动选

取参考零件中的第一个坐标系为参考零件的原点。单击 🔁 按钮，系统弹出如图
3-43所示的"得到坐标系"菜单，并自动打开另一个窗口，以显示参考零件。此
时，用户可以选取参考零件中其他的坐标系，用于指定参考零件的起点与方向。

图3-43 "得到坐标系"菜单

  用户还可以单击"获得坐标系类型"菜单中的"动态"命令，系统弹出如图
3-44所示的"参考模型方向"对话框。下面将简单介绍该对话框中常用选项的
功能。

- "调整坐标系"选项组：该选项组用于改变参考零件的位置和方向。
- "投影面积"选项：该选项用于根据当前方向计算投影面积。单击 更新 按钮，系统将自动计算面积。
- "拔模检查"选项：该选项用于对参考零件进行简单的拔模检测。
- "边界框"列表：该列表显示了参考零件的最大尺寸。
- "布局起点"选项：该选项用于指定布局起点。在默认的情况下，系统会自动选取"MOLD_DEF_CSYS"坐标系为模具原点。
- "布局"选项组：该选项组用于指定布局方式。用户可以选择下面4种布局方式：
- 单一：该选项为默认的布局方式，用于创建单个参考零件。
- 矩形：选中该选项时，系统弹出如图3-45所示的矩形布局界面。用户可以指定X和Y方向上参考零件的总数，以及相应的增量值。

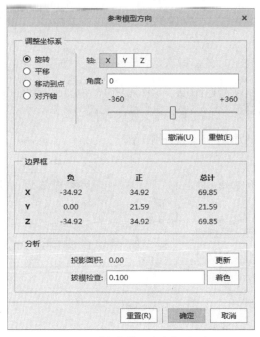

图3-44 "参考模型方向"对话框

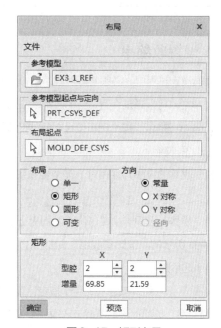

图3-45 矩形布局

- 圆形：选中该选项时，系统弹出如图3-46所示的圆形布局界面。用户可以指定参考零件的总数、半径、起始角度及增量值。
- 可变：选中该选项时，系统弹出如图3-47所示的可变布局界面。用户可以定义阵列表，在X和Y方向放置多个参考零件。

图3-46　圆形布局

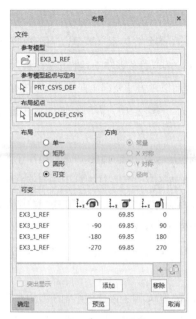

图3-47　可变布局

注意：用户还可以在"元件放置"操控面板中设置约束条件来装配参考零件，其方法将在后面的章节中具体介绍。

3.4.2　设置收缩率

在模具设计过程中，必须将铸件收缩量补偿到模具相应的尺寸中去，这样才能得到符合尺寸要求的铸件。在Parametric中，可以通过设置适当的收缩率来增大参考零件的尺寸，从而增大模具尺寸。

Parametric提供了按比例和按尺寸两种设置收缩率的方法，下面将分别介绍。

1. 按比例收缩

按比例收缩的方法允许相对于某个坐标系按比例收缩零件几何形状。

单击"模具"选项卡中"修饰符"面板上的  按钮，系统弹出如图3-48所示的"按比例收缩"对话框。下面将详细介绍该对话框中各个选项的功能。

- "公式"选项组：该选项组用于指定计算收缩的公式。
- "坐标系"选项：该选项用于选取一个坐标系，以用于收缩特征。在默认的情况下，系统会自动选择 按钮，要求用户可以选取坐标系。
- "类型"选项组：该选项组用于指定收缩的类型，包括下面两个选项。
- 各向同性：选中该选项时，可以对X、Y和Z方向设置相同

图3-48　"按比例收缩"对话框

的收缩率。取消选中该选项时，可以对X、Y和Z方向指定不同的收缩率。

● 前参考：选中该选项时，收缩不会创建新几何体但会更改现有几何体，从而使全部现有参考继续保持为模型的一部分。反之，系统会为要在其上应用收缩的零件创建新几何体。

● "收缩率"文本框：该文本框用于输入收缩率的值。

2. 按尺寸收缩

按尺寸收缩的方法允许为所有模型尺寸设置一个收缩系数，还可以为个别尺寸指定收缩系数。

单击"模具"选项卡中"修饰符"面板上的 按钮右侧的按钮，在弹出的下拉列表中单击 按尺寸收缩 按钮，系统弹出如图3-49所示的"确认"菜单。单击菜单中的"确认"命令，系统弹出如图3-50所示的"按尺寸收缩"对话框。下面将详细介绍该对话框中各个选项的功能。

图3-49　"确认"菜单　　　　　　图3-50　"按尺寸收缩"对话框

● "公式"选项组：该选项组用于指定计算收缩的公式，包括下面两个选项。

● 按钮：选中该按钮时，表示在原始的零件几何体上收缩。该选项为默认的选项。

● 按钮：选中该按钮时，表示在最后成型件的基础上收缩。

● "收缩选项"选项：该选项用于控制是否将收缩应用到设计零件中。在默认的情况下，系统会自动选中"更改设计零件尺寸"复选框，将收缩应用到设计零件中。

● "收缩率"选项组：该选项组用于选取要应用收缩特征的尺寸、特征等。

● 按钮：单击该按钮，可以选取要应用收缩的零件中的尺寸。所选尺寸会显示在"收缩率"列表中。可以在"比率"列中，为尺寸指定一个收缩率，或在"终值"列中，指定收缩尺寸所具有的值。

● 按钮：单击该按钮，可以选取要应用收缩的零件中的特征。所选特征的全部尺寸会分别作为独立的行显示在"收缩率"列表中。可以在"比率"列中，为尺寸指定一个收缩率，或在"终值"列中，指定收缩尺寸所具有的值。

● 按钮：单击该按钮，可以在显示尺寸的数字值或符号名称之间切换。

● "收缩率"列表：该列表用于显示用户选取的尺寸，并设置收缩率。可以在该列表中的"所有尺寸"行中输入一个收缩率，将收缩应用到零件中的所有尺寸。

● 按钮：单击该按钮，可以在"收缩尺寸"列表中添加新行。

● 按钮：单击该按钮，可以将在"收缩尺寸"列表中选中的行删除。

● 按钮：单击该按钮，系统弹出"清除收缩"菜单，并列出应用收缩的所有尺寸。用户可以选中相应的复选框，以清除应用到该尺寸的收缩。

3. 查看收缩信息

设置收缩率后，用户还可以查看收缩信息，以免输入错误的收缩值。单击"模具"选项卡中"分析"面板上的 分析▼ 按钮，在弹出下拉列表中单击 收缩信息 按钮，系统弹出如图1-51所示的信息窗口。该窗口显示了当前的收缩信息，如收缩方式、收缩公式、收缩因子等。

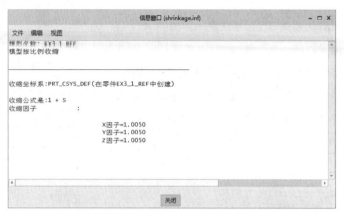

图3-51　信息窗口

3.4.3　创建工件

将参考零件装配到模具组件中，并设置收缩率后，接下来就可以创建工件了。在一般情况下，应该直接在模具设计模块中创建工件。这是因为工件的形状一般都比较简单，并且还可以确保其精度和组件模型的精度保持相同。

Parametric提供了自动和手工两种创建工件的方法，下面将分别介绍。

3.4.3.1　自动创建工件

使用Parametric提供的"自动工件"功能，可以通过根据参考模型的大小和位置来快速创建工件。

注意：用户在安装Parametric软件时，需要选择"Mold Component Catalog"选项，才能使用"自动工件"功能。

单击"模具"选项卡中"参考模型和工件"面板上的 按钮，系统弹出如图3-52所示的"自动工件"对话框。下面将详细介绍该对话框中各个选项的功能。

● "工件名"文本框：该文本框用于指定工件的名称。在默认的情况下，系统自动生成工件的名称。

● "参考模型"选项：该选项用于选取参考零件。在默认的情况下，系统会自动选取参考零件。

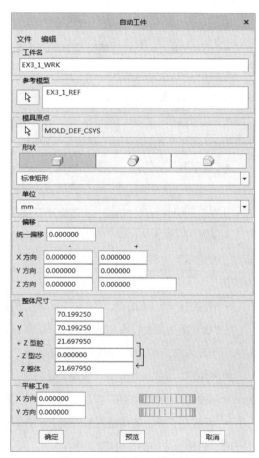

图3-52　"自动工件"对话框

- "模具原点"选项：该选项用于选取坐标系以确定工件方向。在默认的情况下，系统会自动选择 按钮，要求用户可以选取坐标系。选取坐标系后，系统将在参考零件周围显示矩形边界框，并根据参考零件的大小自动生成工件的初始尺寸。
  - "形状"选项组：该选项组用于指定工件的形状，包含下面3个按钮。
    - 按钮：该按钮用于创建标准矩形工件，该选项为默认的选项。
    - 按钮：该按钮用于创建标准圆柱形工件。
    - 按钮：该按钮用于创建自定义工件。
  - "单位"下拉列表框：该下拉列表框用于选择工件的单位，包含"mm（毫米）"和"in（英寸）"两个选项。
  - "偏移"选项：该选项用于指定要添加到工件尺寸中的偏距值。用户可以指定统一的偏距值，还可以分别指定X、Y和Z方向上的偏距值。
    - "整体尺寸"选项：该选项用于指定工件的外形尺寸。
    - "平移工件"选项：在该选项中，可以相对于模具组件坐标系来移动工件坐标系的X和Y方向。

▶ 实例3-1

下面将通过一个实例，让读者掌握使用定位参考零件功能装配参考零件、使用按比例收缩功能设置收缩率和自动创建工件的方法。

✳ 实例开始

1. 设置工作目录

① 单击窗口顶部的"文件"→"管理会话"→"选择工作目录"命令，打开"选择工作目录"对话框。改变目录到"ex3_1.prt"文件所在的目录（如"D:\实例源文件\第3章\实例3-1"）。

② 单击该对话框底部的 确定 按钮，即可将"ex3_1.prt"文件所在的目录设置为当前进程中的工作目录。

2. 设置配置文件

① 单击窗口顶部的"文件"→"选项"命令，打开"Creo Parametric 选项"对话框。单击底部的 配置编辑器 按钮，切换到"查看并管理Creo Parametric选项"。

② 单击对话框底部的 添加(A)... 按钮，打开"添加选项"对话框。在"选项名称"文本框中输入文字"enable_absolute_accuracy"，此时，在"选项值"编辑框会显示"no"选项，表示没有启用绝对精度功能，如图3-53所示。

图3-53　"添加选项"对话框

③ 单击"选项值"编辑框右侧的 按钮，并在打开的下拉列表中选择"yes"选项。单击对话框底部的 确定 按

钮，返回到"Creo Parametric选项"对话框。此时"enable_absolute_accuracy"选项和值会出现在"选项"显示选项组中，如图3-54所示。

图3-54 设置选项

④ 单击该对话框底部的 确定 按钮，退出对话框。此时，系统将启用绝对精度功能。这样在装配参考零件过程中，可以将组件模型的精度设置为和参考模型精度相同。

- -

注意：将"enable_absolute_accuracy"选项的值设置为"yes"后，只要用户不退出Parametric，系统会一直启用绝对精度功能。如果用户退出Parametric，然后重新启动，则系统将不会启用绝对精度功能。此时，用户需要重新启用绝对精度功能。

3. 新建模具文件

① 单击"快速访问"工具栏上的 按钮，打开"新建"对话框。选中"类型"选项组中的"制造"单选按钮、"子类型"选项组中的"模具型腔"单选按钮。

② 在"名称"文本框中输入文件名"ex3_1"，取消选中"使用默认模板"复选框，如图3-55所示。单击对话框底部的 确定 按钮，打开"新文件选项"对话框。

③ 在该对话框中选择"mmns_mfg_mold"模板，如图3-56所示。单击对话框底部的 确定 按钮，进入模具设计模块。

4. 装配参考零件

① 单击"模具"选项卡中"参考模型和工件"面板上的 按钮，系统弹出"布局"对话框和"打开"对话框。

图3-55 "新建"对话框

② 在"打开"对话框中，系统会自动选中"ex3_1.prt"文件。单击对话框底部的 打开 按钮，打开如图 3-57 所示的"创建参考模型"对话框。

图 3-56 "新文件选项"对话框

图 3-57 "创建参考模型"对话框

③ 接受该对话框中默认的设置，单击对话框底部的 确定 按钮，返回"布局"对话框，如图 3-58 所示。单击对话框底部的 预览 按钮，参考零件在图形窗口中的位置如图 3-59 所示。从图中可以看出该零件的位置不对，需要重新调整。

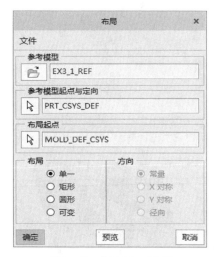

图 3-58 "布局"对话框

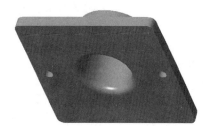

图 3-59 错误位置

④ 单击"参考模型起点与定向"选项中的 按钮，系统弹出如图 3-60 所示的"获得坐标系类型"菜单，并打开另外一个窗口，如图 3-61 所示。单击"获得坐标系类型"菜单中的"动态"命令，打开"参考模型方向"对话框。

图3-60 "获得坐标系类型"菜单

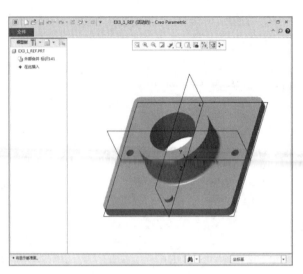

图3-61 打开的窗口

⑤ 在"调整坐标系"选项组中的"角度"文本框中输入数值"90",如图3-62所示,并按"Enter"确认。单击"调整坐标系"选项组中的 z 按钮,在"角度"文本框中输入数值"90",并按"Enter"确认。接受其他选项默认的设置,单击对话框底部的 确定 按钮,返回"布局"对话框。

⑥ 单击该对话框底部的 预览 按钮,参考零件在图形窗口中的位置如图3-63所示。从图中可以看出该零件的位置现在是正确的。

图3-62 "参考模型方向"对话框

图3-63 正确位置

⑦ 在"布局"选项组中选中"矩形"单选按钮、"定向"选项组中选中"Y对称"单选按钮,并设置如图3-64所示的参数。单击对话框底部的 预览 按钮,此时,参考零件在图形窗口中的位置如图3-65所示。

图3-64　矩形布局

图3-65　布局的参考零件

⑧ 单击该对话框底部的 确定 按钮，退出对话框。系统弹出如图3-66所示的"警告"对话框，单击对话框底部的 确定 按钮，接受绝对精度值的设置。单击如图3-67所示的"型腔布置"菜单中的"完成/返回"命令，关闭该菜单。

图3-66　"警告"对话框

图3-67　"型腔布置"菜单

5. 设置收缩率

① 单击"模具"选项卡中"修饰符"面板上的 按钮，此时，系统将要求用户选择一个用于设置收缩的参考零件。在图形窗口中选取任意一个参考零件，打开"按比例收缩"对话框。此时，系统将自动选择"坐标系"选项中的 按钮，要求用户选取坐标系。

② 在图形窗口中选取"PRT_CSYS_DEF"坐标系，然后在"收缩率"文本框中输入收缩值"0.005"，如图3-68所示。接受其他选项默认的设置，单击对话框底部的 按钮，退出对话框。此时，系统将收缩应用到所有的参考零件上。

注意：对于一模多腔模具（包括多个相同的参考零件）而言，在设置收缩率时，系统将要求用户选择一个用于设置收缩的参考零件。而将

图3-68　"按比例收缩"对话框

收缩应用到某个参考零件上时，系统同时也将该收缩率应用到所有相同的参考零件上。而对于一模多型模具（包括多个不同的参考零件）而言，系统只能将收缩应用到所选的参考零件上。所以，用户必须分别设置这些参考零件的收缩率。

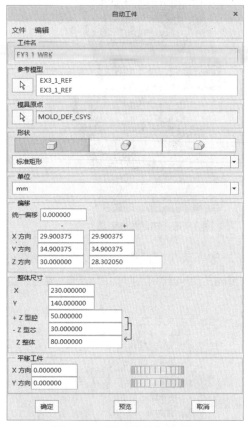

图3-69 "自动工件"对话框

6. 创建工件

① 单击"模具"选项卡中"参考模型和工件"面板上的 按钮，打开"自动工件"对话框。此时，系统将自动选择"坐标系"选项中的 按钮，要求用户选取坐标系。

② 在图形窗口中选取"MOLD_DEF_CSYS"坐标系为模具原点，然后在"整体尺寸"和"平移工件"选项组中输入如图3-69所示的尺寸，并接受其他选项默认的设置。单击对话框底部的 按钮，退出对话框。此时，创建的工件如图3-70所示。

提示：对于创建的工件，系统将以绿色显示，以便与其他元件区别。

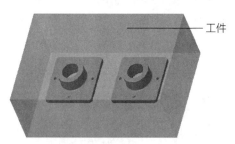

工件

图3-70 自动创建的工件

✳ **实例结束**

3.4.3.2 手工创建工件

Parametric提供的"自动工件"功能，只能创建矩形、圆柱形等形状简单的工件。而对于一些形状比较复杂的工件，则只能手工创建。

▶ 实例3-2

下面将通过一个实例，让读者掌握通过在"元件放置"操控面板中设置约束条件来装配参考零件、使用按比例收缩功能设置收缩率和手工创建工件的方法。

✳ **实例开始**

1. 设置工作目录

① 单击窗口顶部的"文件"→"管理会话"→"选择工作目录"命令，打开"选择工作目录"对话框。改变

目录到"ex3_2.prt"文件所在的目录（如"D:\实例源文件\第3章\实例3-2"）。

② 单击该对话框底部的 确定 按钮，即可将"ex3_2.prt"文件所在的目录设置为当前进程中的工作目录。

2. 设置配置文件

① 单击窗口顶部的"文件"→"选项"命令，打开"Creo Parametric选项"对话框。单击底部的 配置编辑器 按钮，切换到"查看并管理Creo Parametric选项"。

② 单击对话框底部的 添加(A)... 按钮，打开"添加选项"对话框。在"选项名称"文本框中输入文字"enable_absolute_accuracy"，此时，在"选项值"编辑框会显示"no"选项，表示没有启用绝对精度功能。

③ 单击"选项值"编辑框右侧的▾按钮，并在打开的下拉列表中选择"yes"选项。单击对话框底部的 确定 按钮，返回到"Creo Parametric选项"对话框。此时"enable_absolute_accuracy"选项和值会出现在"选项"显示选项组中。

④ 单击该对话框底部的 确定 按钮，退出对话框。此时，系统将启用绝对精度功能。这样在装配参考零件过程中，可以将组件模型的精度设置为和参考模型精度相同。

注意：如果用户已经启用了绝对精度功能，则本步骤可以省略。

---

3. 新建模具文件

① 单击"快速访问"工具栏上的□按钮，打开"新建"对话框。选中"类型"选项组中的"制造"单选按钮、"子类型"选项组中的"模具型腔"单选按钮。

② 在"名称"文本框中输入文件名"ex3_2"，取消选中"使用默认模板"复选框，单击对话框底部的 确定 按钮，打开"新文件选项"对话框。

③ 在该对话框中选择"mmns_mfg_mold"模板，单击对话框底部的 确定 按钮，进入模具设计模块。

4. 装配参考零件

① 单击"模具"选项卡中"参考模型和工件"面板上的 参考模型 按钮，在弹出下拉列表中单击 ☐ 组装参考模型 按钮，打开"打开"对话框。

② 在该对话框中，系统会自动选中"ex3_2.prt"文件。单击对话框底部的 打开 按钮，打开"元件放置"操控面板。

③ 在图形窗口中，按住鼠标右键，并在弹出的快捷菜单中单击"默认约束"命令，如图3-71所示。单击操控面板右侧的✓按钮，完成元件放置操作。此时，系统将打开"创建参考模型"对话框。

④ 改变参考模型的公用名称为"ex3_2_ref"，然后单击对话框底部的 确定 按钮，退出对话框。

⑤ 系统弹出如图3-72所示的"警告"对话框，单击对话框底部的 确定 按钮，接受绝对精度值的设置。此时，装配的参考零件如图3-73所示。

5. 设置收缩率

① 单击"模具"选项卡中"修饰符"面板上的 ☰ 收缩 按钮，打开"按比例收缩"对话框。此时，系统将自动选择"坐标系"选项中的 ▷ 按钮，要求用户选取坐标系。

图3-71 快捷菜单

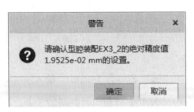

图3-72　"警告"对话框

图3-73　参考零件

② 在图形窗口中选取"PRT_CSYS_DEF"坐标系，然后在"收缩率"文本框中输入收缩值"0.005"。单击对话框底部的 ✔ 按钮，退出对话框。

6. 创建工件

① 单击"模具"选项卡中"参考模型和工件"面板上的 工件 按钮，在弹出下拉列表中单击 □ 创建工件 按钮，打开"元件创建"对话框。

② 在"名称"文本框中，输入工件的名称"ex3_2_wrk"，如图3-74所示。然后单击对话框底部的 确定(O) 按钮，打开"创建选项"对话框，如图3-75所示。

图3-74　"创建元件"对话框

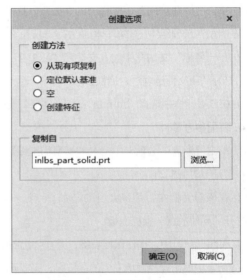

图3-75　"创建选项"对话框

③ 单击"复制自"选项组中的 浏览... 按钮，打开"选取模板"对话框。改变目录到"mmns_part_solid.prt"模板文件所在的目录（如"D:\Program Files\PTC\Creo 4.0\M020\Common Files\templates"）。

④ 在"文件"列表中选中"mmns_part_solid.prt"模板文件，单击对话框底部的 打开 按钮，返回"创建选项"对话框。此时，系统会将"mmns_part_solid.prt"模板文件指定给模具元件。

⑤ 单击该对话框底部的 确定(O) 按钮，打开"元件放置"操控面板。在图形窗口中，按住鼠标右键，并在弹出的快捷菜单中单击"默认约束"命令。单击操控面板右侧的 ✔ 按钮，完成元件放置操作。

⑥ 在模型树中单击"EX3_2_WRK.PRT"元件，系统弹出如图3-76所示的快捷面板，然后单击 ◇ 按钮，进

入零件设计界面。

⑦ 单击"形状"面板上的按钮，打开"拉伸"操控面板。在图形窗口中选取图工件的"TOP"基准平面为草绘平面，系统将自动进入草绘模式。

⑧ 绘制如图3-77所示的二维截面，并单击"草绘器工具"工具栏上的✓按钮，完成草绘操作，返回"拉伸"操控面板。

图3-76 快捷面板

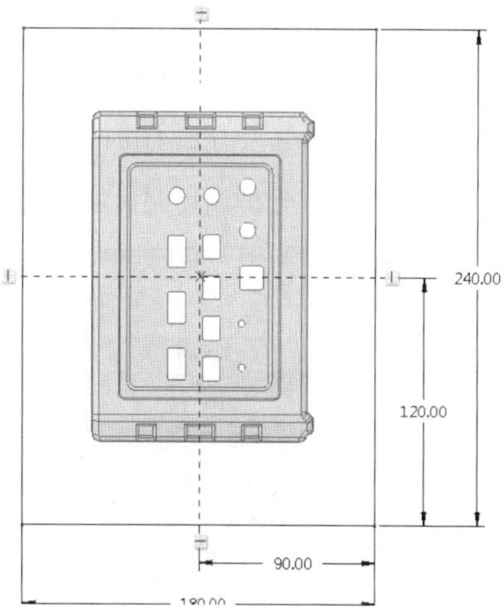

图3-77 二维截面

⑨ 在"深度"文本框中，输入深度值"45"，并按"Enter"键确认。然后单击 选项 按钮，在弹出的"选项"下滑面板中选择"侧2"的深度类型为 盲孔，并在其右侧的"深度"文本框中输入深度值"25"，如图3-78所示。

⑩ 单击操控面板右侧的✓按钮，完成拉伸操作，此时，创建的工件如图3-79所示。

图3-78 "选项"下滑面板

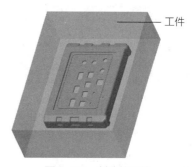

图3-79 创建的工件

⑪ 在模型树中单击"EX8.ASM"组件，并在弹出的快捷面板中单击◇按钮，返回模具设计模块主界面。

✴ **实例结束**

3.4.4　创建分型曲面

在Parametric中，分型曲面是一种曲面特征，主要用来分割工件或模具体积块。Parametric不仅提供了智能分模功能（阴影曲面和裙边曲面），还提供了强大的曲面功能用于创建分型曲面。创建分型曲面时，应该根据产品的形状及结构，灵活地运用各种曲面功能来创建出正确、合理的分型曲面。要创建一个合理的分型曲面，必须要有足够的模具设计与制造经验，如便于脱模、便于制造及分型曲面的痕迹不影响塑件或铸件的外观等。

在Parametric中，要成功创建分型曲面，必须遵循以下两个基本原则：

- 分型曲面必须与工件或模具体积块完全相交；
- 分型曲面自身不能相交。

从Creo Parametric 4.0开始，创建分型曲面的操作界面有了较大的改进，以便于提高设计效率。单击"模具"选项卡中"分型面和模具体积块"面板上的▢按钮，进入分型曲面设计界面，如图3-80所示。设计好分型曲面后，单击"编辑"面板上的✓按钮，系统将退出分型曲面设计界面，返回模具设计模块主界面。

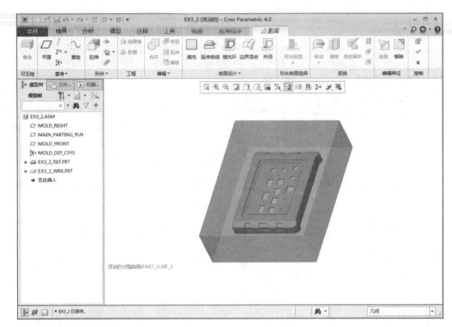

图3-80　分型曲面设计界面

▶ **实例3-3**

下面将通过一个实例，让读者掌握创建分型曲面的方法。

✱ **实例开始**

1. 设置工作目录

① 单击窗口顶部的"文件"→"管理会话"→"选择工作目录"命令，打开"选择工作目录"对话框。改变目录到"ex3_3.asm"文件所在的目录（如"D:\实例源文件\第3章\实例3-3"）。

② 单击该对话框底部的 确定 按钮，即可将"ex3_3.asm"文件所在的目录设置为当前进程中的工作目录。

2. 打开模具文件

① 单击"快速访问"工具栏上的▢按钮，打开"文件打开"对话框。

② 在该对话框中的"文件"列表中，选中"ex3_3.asm"文件，然后单击对话框底部的 打开 按钮，进入模具设计模块。

3. 创建分型曲面

（1）复制分型曲面

① 单击"模具"选项卡中"分型面和模具体积块"面板上的▢按钮，进入分型曲面设计界面。

② 在图形窗口中单击鼠标右键，在弹出的快捷菜单中选择"属性"命令，打开"属性"对话框。在"名称"文本框中输入分型曲面的名称"main"，如图3-81所示。单击对话框底部的 确定 按钮，退出对话框。

③ 在模型树中单击"EX3_3_WRK.PRT"元件，系统弹出如图3-82所示的快捷面板，然后单击 遮蔽 按钮，遮蔽工件。

图3-81　"属性"对话框

图3-82　快捷面板

注意：本步骤主要是为了便于选取参考零件上的表面，因此将工件暂时隐藏。用户还可以将基准平面、基准轴、基准点、坐标系隐藏，使窗口显示得更加清楚。

④ 在图形窗口中选取图3-83中的内表面为种子面，此时被选中的表面呈红色。

⑤ 单击 模具 按钮，切换到"模具"选项卡。单击"编辑"面板上的 复制 按钮，然后单击"编辑"面板上的 粘贴 ▼ 按钮，打开"复制曲面"操控面板。

⑥ 按住"Shift"键，并在图形窗口中选取图3-84中的平面为第一组边界面。松开"Shift"键，旋转参考零件至如图3-85所示的位置，然后按住"Shift"键，并选取图中的平面为第二组边界面。

⑦ 松开"Shift"键，完成种子和边界曲面集的定义。此时，系统将构建一个种子和边界曲面集，如图3-86所示。单击该操控面板右侧的 ✓ 按钮，完成复制曲面操作。

图3-83　选取种子面

图3-84　选取第一组边界面

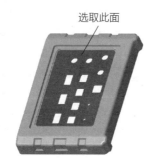

图3-85　选取第二组边界面

图3-86　种子和边界曲面集

（2）创建关闭曲面

① 单击 分型面 按钮，切换到"分型面"选项卡。在图形窗口中，被选中的面呈红色。

② 单击"曲面设计"面板上的 按钮，打开"关闭"操控面板。然后选中"封闭所有内环"复选框，如图3-87所示。单击操控面板右侧的 ✓ 按钮，完成创建关闭曲面操作。此时，在模型树中系统会自动选中"关闭1"特征。

图3-87　"关闭"操控面板

（3）第一次合并曲面

① 按住"Ctrl"键，并在模型树中选中"复制1"特征。单击"编辑"面板上的■按钮，打开"合并"操控面板。单击对话栏中的 ■参考■ 按钮，打开"参考"下滑面板。

② 在该下滑面板的"面组"收集器中选中"面组：F7（MAIN）"，单击■按钮，使"面组：F7（MAIN）"位于收集器顶部，成为主面组，如图3-88所示。单击操控面板右侧的✓按钮，完成合并曲面操作。

（4）创建平整曲面

① 在模型树中单击"EX14_WRK.PRT"元件，并在弹出的快捷面板中单击 ●取消遮蔽 按钮，将其显示出来。

② 单击"曲面设计"面板上的■按钮，打开"填充"操控面板。

③ 单击对话栏中的 ■参考■ 按钮，并在弹出的"参考"下滑面板中单击 ■定义...■ 按钮，打开"草绘"对话框。

④ 在图形窗口中选取"MAIN_PARTING_PLN"基准平面为草绘平面，系统将自动选取"MOLD_RIGHT"基准平面为"右"参考平面。单击对话框底部的 ■草绘■ 按钮，进入草绘模式。

⑤ 绘制如图3-89所示的二维截面，单击"草绘器工具"工具栏上的■按钮，完成草绘操作，返回"填充"操控面板。单击操控面板右侧的✓按钮，完成创建平整曲面操作。此时，在模型树中，系统会自动选中"填充1"特征。

图3-88　"参考"下滑面板

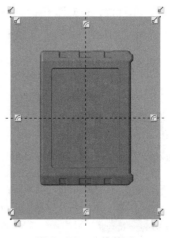

图3-89　二维截面

（5）第二次合并曲面

① 按住"Ctrl"键，并在模型树中选中"复制1"特征。单击"编辑"面板上的■按钮，打开"合并"操控面板。单击对话栏中的 ■参考■ 按钮，打开"参考"下滑面板。

② 在该下滑面板的"面组"收集器中选中"面组：F7（MAIN）"，单击■按钮，使"面组：F7（MAIN）"位于收集器顶部，成为主面组。

③ 单击对话栏中的 [选项] 按钮，打开"选项"下滑面板。单击"联接"单选按钮，如图3-90所示。

④ 单击对话栏中的 按钮，改变第二个面组要包括在合并曲面中的部分。单击操控面板右侧的 按钮，完成合并曲面操作。

（6）着色分型曲面

① 单击"图形"工具栏上的 按钮，系统弹出如图3-91所示的"继续体积块选项"菜单，并将创建的分型曲面单独显示在图形窗口中，如图3-92所示。单击"继续体积块选项"菜单中的"完成/返回"命令，关闭该菜单。

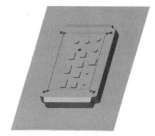

图3-90　"选项"下滑面板　　　图3-91　"继续体积块"选取菜单　　　图3-92　着色的分型曲面

② 单击"编辑"面板上的 按钮，完成分型曲面的创建操作。此时，系统将返回模具设计模块主界面。

★ **实例结束**

3.4.5　创建模具体积块

模具体积块是一个占有体积，但是没有质量的封闭曲面面组。它不是一个实体，必须将其抽取为模具元件，才能成为实体零件。

Parametric提供了下面两种创建模具体积块的方法。

• 分割：利用分型曲面分割工件或已经存在的模具体积块，从而得到模具体积块。使用该方法创建模具体积块时，必须确保用于分割的分型曲面是正确的，否则将造成分割的失败。

• 直接创建：利用"聚合""草绘"及"滑块"功能来直接创建模具体积块。使用该方法创建模具体积块时，由于不需要创建分型曲面，所以可以节省创建分型曲面的时间。

利用分型曲面分割工件，从而得到模具体积块，这是一种最常用的创建模具体积块的方法。在分割工件前，必须将工件和分型曲面处于显示状态，才能分割工件。当利用分型曲面分割工件时，系统会计算工件材料的总体积，然后减去所有的参考零件的几何体积以及用于创建浇口、流道、注入口的模具组件特征体积。随后系统计算分型曲面一边的工件体积，并将其转变成模具体积块。接着系统对分型曲面另一边上的剩余体积重复此过程。这样，在分割操作结束时，会生成两个模具体积块。

3.4.6　创建模具元件

创建好模具体积块后，还必须用实体材料填充这些模具体积块以产生模具元件，使其成为一个实体零件，这一自动执行的过程称为抽取。只要创建了正确的模具体积块，则抽取模具元件就是一个相当简单的步骤。

单击"模具"选项卡中"元件"面板上的 ⬛ 按钮，系统弹出如图3-93所示的"创建模具元件"对话框。下面将详细介绍该对话框中常用选项的功能。

图3-93 "创建模具元件"对话框

- ⬛ 按钮：单击该按钮，可以在图形窗口中选取一个模具体积块。
- ⬛ 按钮：单击该按钮，可以选取所有的模具体积块。
- ⬛ 按钮：单击该按钮，可以取消选取所有的模具体积块。
- "高级"选项组：单击"高级"选项前面的三角形符号，系统弹出"高级"选项组。在该选项组中不仅可以为抽取的模具元件指定新名称，还可以指定模板文件，使抽取的模具元件具有Parametric零件所具有的基准特征、视角等。

- -
注意：在抽取模具体积块时，建议用户将模板文件指定给模具元件，否则将来对模具元件修改时，将没有任何基准平面、坐标系等可供使用。
- -

将模具体积块抽取为模具元件后，这些模具元件就成为实体零件，并且显示在模型树中。但是，此时抽取的模具元件仅保存在内存中，并没有保存到硬盘中，必须将整个模具设计文件保存，这样才会保存到硬盘中。

3.4.7 创建铸件

在Parametric中，可以模拟创建一个铸件，以检查模具设计的正确性。如果系统提示不能生成铸件，则表示先前的分模过程有错误，或者参考零件有几何交错的现象。铸件为单一实体特征的零件文件，并不包含任何基准平面和坐标系，可以用于模流分析。

3.4.8 仿真开模

模具设计完成后，可以通过定义模具元件的移动方向与距离来模拟模具的开模动作，同时还可以检测模具元件之间是否存在干涉现象。

单击"模具"选项卡中"元件"面板上的 按钮，系统弹出如图3-94所示的"模具开模"菜单。下面将简单介绍该菜单中的各个命令选项的功能。

- 定义步骤：该选项用于定义模拟开模的步骤。单击该选项，系统弹出如图3-95所示的"定义步骤"菜单。下面将详细介绍该菜单中的各个命令选项的功能。

- 定义移动：该选项用于通过选取模具元件，并指定方向及移动距离值来定义一个移动。
- 删除：该选项用于删除先前定义的移动。
- 拔模检查：该选项用于执行一个移动的拔模检测。
- 干涉：该选项用于检查一个移动的干涉。
- 删除：该选项用于逐个删除模拟开模的步骤。
- 全部删除：该选项用于一次性删除所有模拟开模的步骤。
- 修改：该选项用于修改模拟开模的步骤。
- 修改尺寸：该选项用于修改模拟开模时模具元件移动的距离值。
- 重新排序：该选项用于重新定义模拟开模的顺序。
- 分解：该选项用于观察模拟开模的过程。单击该命令后，系统弹出如图3-96所示的"逐步"菜单。下面将详细介绍该菜单中的各个命令选项的功能。

- 打开下一个：该选项用于逐个观察模拟开模的过程。
- 全部用动画演示：该选项用于动画演示开模过程。

图3-94 "模具开模"菜单

图3-95 "定义步骤"菜单

图3-96 "逐步"菜单

▶ **实例3-4**

下面通过一个实例，让读者掌握分割模具体积块、创建模具元件、创建铸件和仿真开模的方法。

✳ **实例开始**

1. 设置工作目录

① 单击窗口顶部的"文件"→"管理会话"→"选择工作目录"命令，打开"选择工作目录"对话框。改变

目录到"ex3_4.asm"文件所在的目录（如"D:\实例源文件\第3章\实例3-4"）。

② 单击该对话框底部的 确定 按钮，即可将"ex3_4.asm"文件所在的目录设置为当前进程中的工作目录。

2. 打开模具文件

① 单击"快速访问"工具栏上的 按钮，打开"文件打开"对话框。

② 在该对话框中的"文件"列表中，选中"ex3_4.asm"文件，然后单击对话框底部的 打开 按钮，进入模具设计模块。

3. 分割工件和模具体积块

① 单击"模具"选项卡中"分型面和模具体积块"面板上的 按钮，打开"参考零件切除"操控面板。此时，系统会自动选取工件和参考零件。单击该操控面板右侧的 按钮，完成参考零件切除操作。此时，系统会自动选取"参考零件切除1"特征。

② 单击"模具"选项卡中"分型面和模具体积块"面板上的 模具体积块 按钮，在弹出下拉列表中单击 体积块分割 按钮，打开"体积块分割"操控面板。

③ 单击 收集器，在图形窗口中选取图3-97中的"MAIN"分型曲面。单击对话栏中的 体积块 按钮，打开"体积块"下滑面板。改变"体积块：1"的名称为"CORE"、"体积块：2"的名称为"CAVITY"，如图3-98所示。单击右侧的 按钮，完成分割体积块操作。

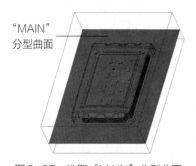

图3-97　选取"MAIN"分型曲面

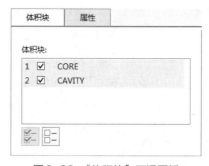

图3-98　"体积块"下滑面板

4. 创建模具元件

① 单击"模具"选项卡中"元件"面板上的 按钮，打开"创建模具元件"对话框。单击 按钮，选中所有模具体积块。

② 单击"高级"选项组前面的三角形符号，在弹出的"高级"选项组中单击 按钮，选中所有模具体积块。

③ 单击"复制自"选项组中的 按钮，打开"选择模板"对话框。改变目录到"mmns_part_solid.prt"模板文件所在的目录（如"D:\Program Files\PTC\Creo 4.0\M020\Common Files\templates"）。

④ 在"文件"列表中选中"mmns_part_solid.prt"模板文件，单击对话框底部的 打开 按钮，返回"创建模具元件"对话框。此时，系统会将"mmns_part_solid.prt"模板文件指定给模具元件。

⑤ 单击该对话框底部的 确定 按钮，此时，系统将自动将模具体积块抽取为模具元件，并退出对话框。

5. 创建铸件

① 单击"模具"选项卡中"元件"面板上的 创建制模 按钮，在弹出的文本框中输入铸件名称"molding"，并

单击右侧的☑按钮。

② 接受铸件默认的公用名称"molding"，并单击消息区右侧的☑按钮，完成创建铸件操作。

6. 仿真开模

（1）定义开模步骤

a. 移动"CAVITY"元件

① 单击"图形"工具栏上的☑按钮，打开"遮蔽和取消遮蔽"对话框。按住"Ctrl"键，并在"可见元件"列表中选中"EX3_4_REF"和"EX3_4_WRK"元件，如图3-99所示，然后单击☑按钮，将其遮蔽。

② 单击"过滤"选项组中的☑分型面按钮，切换到"分型面"过滤类型。单击☑按钮，选中"MAIN"分型曲面，如图3-100所示，然后单击☑按钮，将其遮蔽。单击对话框底部的☑按钮，退出对话框

图3-99 遮蔽模具元件

图3-100 遮蔽分型曲面

注意：用户还可以将曲线、基准平面、基准轴、基准点和坐标系隐藏，以使窗口显示得更加清楚。

---

③ 单击"模具"选项卡中"元件"面板上的☑按钮，在弹出"模具开模"菜单中单击"定义步骤"→"定义移动"命令。此时，系统要求用户选取要移动的模具元件。

④ 在图形窗口中选取图3-101中的"CAVITY"元件，并单击"选取"对话框中的☑按钮。此时，系统要求用户选取一条直边、轴或面来定义模具元件移动的方向。

⑤ 在图形窗口中选取图3-101中的面，此时在图形窗口中会出现一个红色箭头，表示移动的方向。在弹出的文本框中输入数值"150"，单击右侧的☑按钮，返回"定义步骤"菜单。

⑥ 单击"定义步骤"菜单中的"完成"命令，返回"模具开模"菜单。此时，"CAVITY"元件将向上移动。

参考面

"CAVITY"元件

图3-101 移动"CAVITY"元件

b.移动"MOLDING"元件

① 单击"模具开模"菜单中的"定义步骤"→"定义移动"命令，在图形窗口中选取图3-102中的"MOL-DING"元件，并单击"选取"对话框中的 确定 按钮。

② 在图形窗口中选取图3-102中的面，在弹出的文本框中输入数值"40"，然后单击右侧的 ✓ 按钮，返回"定义步骤"菜单。

③ 单击"定义步骤"菜单中的"完成"命令，返回"模具开模"菜单。此时，"MOLDING"元件将向上移动。

（2）打开模具

① 单击"模具开模"菜单中的"分解"命令，系统弹出如图3-103所示的"逐步"菜单。此时，所有的模具元件将回到移动前的位置。

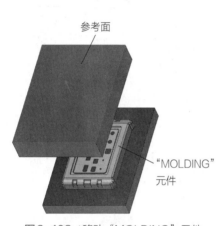

图3-102 移动"MOLDING"元件

图3-103 "逐步"菜单

② 单击"逐步"菜单中的"打开下一个"命令，系统将打开定模，如图3-104所示。

③ 再次单击"逐步"菜单中的"打开下一个"命令，系统将打开铸件，如图3-105所示。

图3-104 打开定模

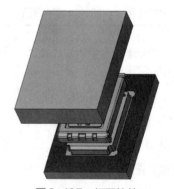

图3-105 打开铸件

④ 单击"模具开模"菜单中的"完成/返回"命令，关闭菜单。此时，所有的模具元件又将回到移动前的位置。

✳ **实例结束**

3.5 模具检测

在设计模具前，需要对参考零件进行一些必要检测（如拔模斜度、厚度等），并确认其符合设计要求后，才能用于模具设计。

3.5.1 拔模分析

为了便于从模具型腔中顺利脱模，铸件上必须有拔模斜度。利用Parametric提供的拔模检测功能，可以快速检测参考零件的拔模斜度是否符合要求。

单击"模具"选项卡中"分析"面板上的 拔模斜度 按钮，系统弹出如图3-106所示的"拔模斜度分析"对话框。下面将简单介绍该对话框中各个选项的功能。

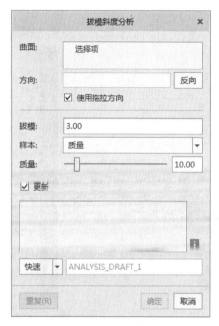

图3-106 "拔模斜度分析"对话框

• "曲面"收集器：该收集器用于选择要进行拔模分析的曲面或零件。

• "方向"收集器：该收集器用于选择要用于拔模分析的方向。

• "使用拖动方向"复选框：选中该选项时，系统将使用默认的拖拉方向用于拔模分析的方向。如果需要改变拖动方向，则单击 反向 按钮即可。

• "拔模"文本框：该文本框用于输入拔模角度值。

• "样本"下拉列表框：该选项下拉列表框用于设置出图分辨率，默认的选项是质量。

▶ **实例3-5**

下面通过一个实例，让读者掌握对参考零件进行拔模的方法。

✱ **实例开始**

1. 设置工作目录

① 单击窗口顶部的"文件"→"管理会话"→"选择工作目录"命令，打开"选择工作目录"对话框。改变目录到"ex3_5.asm"文件所在的目录（如"D:\实例源文件\第3章\实例3-5"）。

② 单击该对话框底部的 确定 按钮，即可将"ex3_5.asm"文件所在的目录设置为当前进程中的工作目录。

2. 打开模具文件

① 单击"快速访问"工具栏上的 按钮，打开"文件打开"对话框。

② 在该对话框中的"文件"列表中，选中"ex3_5.asm"文件，然后单击对话框底部的 打开 按钮，进入模具设计模块。

3. 拔模分析

① 单击"模具"选项卡中"分析"面板上的 拔模斜度 按钮，打开"拔模斜度分析"对话框。此时，系统要求用

户选取进行拔模分析的零件。

② 单击状态栏中的"过滤器"下拉列表框右侧的 · 按钮，并在打开的列表中选择"元件"选项，将其设置为当前过滤器。

③ 在图形窗口中选取参考零件，此时，系统将自动进行计算，完成后将显示结果，并弹出"颜色比例"对话框。在"拔模角度"文本框中输入角度值"3.1"，并按"Enter"键确认。此时，系统又将自动更新计算，并显示如图3-107所示的结果。

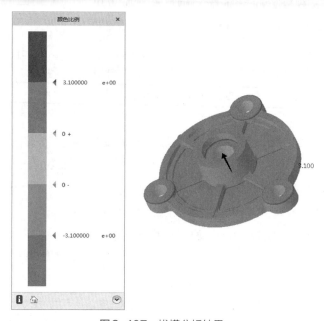

图3-107　拔模分析结果

注意：由于参考零件的最大拔模斜度为3°，所以输入的拔模角度要比3°稍微大点，才能得到正确的检测结果。

✳ 实例结束

3.5.2 厚度检测

对于铸件来说，合理的厚度也很重要，并且还要尽量保证均匀的壁厚，以免在收缩时产生变形。利用Parametric提供的厚度检测功能，可以检测铸件的厚度是否符合要求。

1.3D厚度检测

单击"模具"选项卡中"分析"面板上的 ⬛厚度 按钮，系统弹出如图3-108所示的"测量：3D深度"对话框。下面将简单介绍该对话框中各个选项的功能。

- "参考"收集器：该收集器用于选择要进行厚度检测的零件。

- "最小"文本框：该收集器用于输入最小厚度值。

- "最大"文本框：该收集器用于输入最大厚度值。

- "公差"文本框：该收集器用于输入公差值。

- "使用后处理"复选框：选中该筛选复选框时，系统将对结果进行后处理来提高质量和精度。
- "结果"列表：该列表用于显示检测结果。
- 计算 按钮：单击该按钮，系统将进行厚度检测。

2. 截面厚度检测

单击"模具"选项卡中"分析"面板上的 分析▾ 按钮，在弹出下拉列表中单击 截面厚度 按钮，系统弹出如图3-109所示"模型分析"对话框。下面将简单介绍该对话框中各个选项的功能。

图3-108 "测量：3D深度"对话框

图3-109 "模型分析"对话框

- "定义"选项：该选项用于选取参考零件。
- "设置厚度检查"选项组：该选项组指定检查的方法及选取平面。在默认的情况下，系统会自动选中 平面 按钮，表示默认的检查方法为平面。用户还可以单击 层切面 按钮，切换到层切面检查方法。
- "厚度"选项组：该选项组用于输入检查的最大和最小厚度值。
- "结果"列表：该列表用于显示检测结果。
- 计算 按钮：单击该按钮，系统将进行厚度检测。

▶ 实例3-6

下面通过一个实例，让读者掌握对参考零件进行厚度检测的方法。

✳ 实例开始

1. 设置工作目录

① 单击窗口顶部的"文件"→"管理会话"→"选择工作目录"命令，打开"选择工作目录"对话框。改变目录到"ex3_5.asm"文件所在的目录（如"D:\实例源文件\第3章\实例3-5"）。

② 单击该对话框底部的 确定 按钮，即可将"ex3_5.asm"文件所在的目录设置为当前进程中的工作目录。

2. 打开模具文件

① 单击"快速访问"工具栏上的 按钮，打开"文件打开"对话框。

② 在该对话框中的"文件"列表中，选中"ex3_6.asm"文件，然后单击对话框底部的 打开 按钮，进入模具设计模块。

3. 3D厚度检测

① 单击"模具"选项卡中"分析"面板上的 厚度 按钮，打开"测量：3D深度"对话框。此时，系统要求用户选取进行厚度检测的零件。

② 在图形窗口中选取参考零件，然后输入检测的最大厚度值"9"，最大厚度值"3"。单击对话框底部的 计算 按钮，系统将自动更新计算，并显示如图3-110所示的结果。

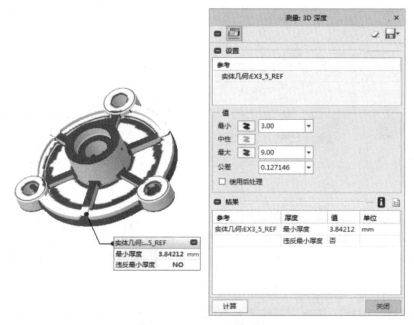

图3-110　3D厚度检测结果

4. 平面检测

① 单击"模具"选项卡中"分析"面板上的 分析▼ 按钮，在弹出下拉列表中单击 截面厚度 按钮，打开"模型分析"对话框。此时，系统要求用户选取进行厚度检测的零件。

② 在图形窗口中选取参考零件，系统弹出如图3-111所示的"设置平面"菜单。在图形窗口中选取"MOLD_FRONT"基准平面为检查平面，然后单击"设置平面"菜单中的"确认"命令。此时，系统将自动进行计算，完成后将显示结果。

图3-111　"设置平面"菜单

③ 在"厚度"选项组中的"最大"文本框中输入检测的最大厚度值"8"，然后选中"最小"复选框，并输入最小厚度值"3"。单击对话框底部的 计算 按钮，系统将自动更新计算，并显示如图3-112所示的结果。

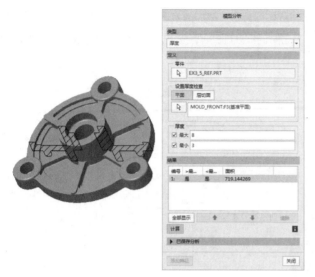

图3-112 平面厚度检测结果　　　　　　　　　图3-113 选取边

5.层切面检测

① 单击"基准"面板上的 按钮，打开"基准点"对话框。在图形窗口中选取图3-113中的圆弧边1，输入偏移值"0.5"，并按"Enter"键确认。此时，系统将创建一个基准点。

② 单击对话框中的 选项，然后在图形窗口中选取图3-113中的圆弧边2，输入偏移值"0.5"，并按"Enter"键确认。此时，系统又将创建一个基准点，如图3-114所示。单击对话框底部的 确定 按钮，退出对话框。

③ 单击"设置厚度检查"选项组中的 层切面 按钮，切换到层切面检测界面。在图形窗口中选取刚创建的点1为起点、点2为终点，系统弹出如图3-115所示的"一般选择方向"菜单。

④ 在图形窗口中选取"MOLD_FRONT"基准平面为层切面方向参考平面，系统弹出如图3-116所示的"方向"菜单，并在"MOLD_ FRONT"基准平面上显示一个红色箭头，表示层切面方向。单击该菜单中的"反向"命令，改变层切面方向。

图3-114 "基准点"对话框　　　图3-115 "一般选择方向"菜单　　图3-116 "方向"菜单

⑤ 单击"方向"菜单中的"确定"命令，返回对话框。在"层切面方向"选项组中的"层切面偏距"文本框中输入偏距值"10"，并按"Enter"键确认。单击对话框底部的 计算 按钮，系统将自动更新计算，并显示如图3-117所示的结果。

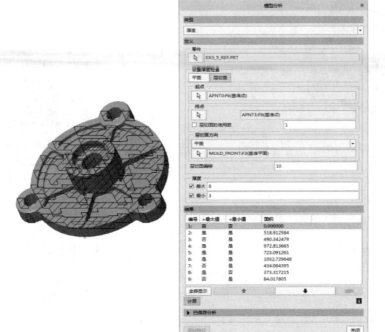

图3-117　层切面厚度检测结果

✱ **实例结束**

3.5.3　计算投影面积

在模具设计过程中，经常需要计算铸件的投影面积。利用Parametric提供的计算投影面积功能，可以快速计算参考零件的投影面积。单击"模具"选项卡中"分析"面板上的 投影面积 按钮，系统弹出如图3-118所示的"测量"对话框。在默认的情况下，系统会自动选取需要测量的参考零件和投影方向，并计算出参考零件的投影面积。

图3-118　"测量"对话框

3.5.4　分型面检测

对于创建的分型曲面，可以对其进行检测，以确定是否存在错误。如果检测出分型曲面有错误，则必须修改分型曲面，否则在后续的分割操作中会失败。

图 3-119　"零件曲面检测"菜单

Parametric 提供了专门的分型面检测功能，用于检测分型曲面。单击"模具"选项卡中"分析"面板上的 分析 按钮，在弹出下拉列表中单击 分型面检查 按钮，打开"模型分析"对话框。系统弹出如图 3-119 所示的"零件曲面检测"菜单。该菜单包括下面两个命令选项：

- 自相交检测：该选项用于检测分型曲面是否自交。

- 轮廓检查：该选项用于检测分型曲面是否封闭。

3.6　模具特征

模具特征是添加到模具元件中的特定特征，在模具设计模块中，既可以创建标准的特征，如切除材料、孔等，还可以创建专门用于模具的特殊特征，下面将分别介绍。

3.6.1　水线特征

为了保持模具工作时的温度，设计模具时必须设计冷却系统。利用 Parametric 提供的水线特征功能，可以快速创建冷却孔。

单击"模具"选项卡中"生产特征"面板上的 水线 按钮，系统弹出如图 3-120 所示的"水线"对话框。下面将简单介绍该对话框中各个选项的功能。

- 名称：该选项用于指定水线的名称。在默认的情况下，系统会自动生成水线的名称。

- 直径：该选项用于指定冷却水孔的大小。

- 回路：该选项用于创建水线的路径。双击该选项，系统弹出如图 3-121 所示"设置草绘平面"菜单。利用该菜单，可以使用上一个特征的草绘平面，还可以重新选取草绘平面。

- 结束条件：该选项用于定义冷却水孔的末端形状与大小。双击该选项，系统弹出如图 3-122 所示"尺寸界线末端"菜单。选取等高线路径的末端后，单击该菜单中的"完成/返回"命令，系统弹出如图 3-123 所示的"规定端部"菜单，该菜单包括下面 4 个命令选项。

图 3-120　"水线"对话框

图 3-121　"设置草绘平面"菜单

图 3-122　"尺寸界线末端"菜单

- 无：选择该选项时，冷却水孔在指定端点处停止。
- 盲孔：选择该选项时，冷却水孔从指定端点处延伸一段距离。
- 通过：选择该选项时，冷却水孔从指定端点处延伸至工件的表面，即创建一个通孔。
- 通过w/沉孔：选择该选项时，除了可以创建一个通孔外，还可以创建一个沉孔。
- 求交零件：该选项用于选取与冷却小孔相交的模具元件。双击该选项，系统弹出"相交元件"对话框，该对话框主要用于选取相交的模具元件。

图3-123 "规定端部"菜单

▶ 实例3-7

下面通过一个实例，让读者掌握创建冷却水孔的方法。

✳ 实例开始

1. 设置工作目录

① 单击窗口顶部的"文件"→"管理会话"→"选择工作目录"命令，打开"选择工作目录"对话框。改变目录到"ex3_7.asm"文件所在的目录（如"D:\实例源文件\第3章\实例3-7"）。

② 单击该对话框底部的 确定 按钮，即可将"ex3_7.asm"文件所在的目录设置为当前进程中的工作目录。

2. 打开模具文件

① 单击"快速访问"工具栏上的 按钮，打开"文件打开"对话框。

② 在该对话框中的"文件"列表中，选中"ex3_7.asm"文件，然后单击对话框底部的 打开 按钮，进入模具设计模块。

3. 创建冷却水孔

① 单击"模具"选项卡中"生产特征"面板上的 水线 按钮，打开"水线"对话框。在消息区的文本框中输入冷却水孔直径"6"，并单击右侧的 按钮，系统弹出"设置草绘平面"菜单。

② 单击"基准"面板上的 按钮，打开"基准平面"对话框。在图形窗口中选取"MAIN_PARTING_PLN"基准平面作为创建基准平面的参考，接受默认的约束类型"偏移"。

③ 在"平移"文本框中输入偏移距离"-15"，并按"Enter"键确认，如图3-124所示。单击对话框底部的 确定 按钮，退出对话框。系统将自动选取刚创建的平面为草绘平面，并弹出如图3-125所示的"草绘视图"菜单。

图3-124 "基准平面"对话框

图3-125 "草绘视图"菜单

④ 单击该菜单中的"默认"命令，进入草绘模式。绘制如图3-126所示的二维截面，并单击"草绘器工具"工具栏上的✔按钮，完成草绘操作。系统将弹出"相交元件"对话框，单击对话框中的 自动添加(A) 按钮，此时，系统会自动选取"CORE"元件，如图3-127所示。

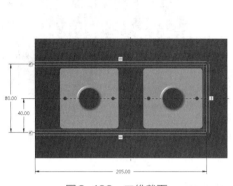

图3-126 二维截面　　　　　　　　　　图3-127 "相交元件"对话框

⑤ 单击该对话框底部的 确定(O) 按钮，返回"水线"对话框。单击对话框底部的 预览 按钮，此时，创建的冷却水孔如图3-128所示。

⑥ 在该对话框中选取"结束条件"选项，系统弹出"尺寸界线末端"菜单，并要求用户选取水线路径的末端。在靠近图3-129中的线段1的右端点处单击，并单击"选取"对话框中的 确定 按钮，系统弹出"规定端部"菜单。

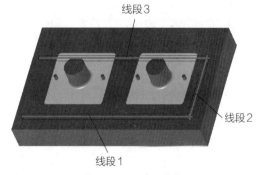

图3-128 预览创建的冷却水孔　　　　　　图3-129 选取线段

⑦ 单击"规定端部"菜单中的"盲孔"→"完成/返回"命令，然后在消息区的文本框中输入盲孔深度"5"，并单击右侧的✔按钮。此时系统将返回"尺寸界线末端"菜单，并要求用户选取线路径的末端。

⑧ 在靠近图3-129中的线段2的下端点处单击，并单击"选取"对话框中的 确定 按钮，系统弹出"规定端部"菜单。

⑨ 单击"规定端部"菜单中的"盲孔"→"完成/返回"命令，然后接受默认的盲孔深度值"5"，并单击右侧的✔按钮。此时系统又返回"尺寸界线末端"菜单，并要求用户选取水线路径的末端。

⑩ 在靠近图3-129中的线段2的上端点处单击，并单击"选取"对话框中的 确定 按钮，系统弹出"规定端部"菜单。

⑪ 单击"规定端部"菜单中的"通过"→"完成/返回"命令，此时系统又返回"尺寸界线末端"菜单，并要求用户选取水线路径的末端。

⑫ 在靠近图3-129中的线段3的右端点处单击，并单击"选取"对话框中的 确定 按钮，系统弹出"规定端部"菜单。

⑬ 单击"规定端部"菜单中的"盲孔"→"完成/返回"命令，然后接受默认的盲孔深度值"5"，并单击右侧的 ✔ 按钮。此时系统又返回"尺寸界线末端"菜单，并要求用户选取水线路径的末端。

⑭ 单击"尺寸界线末端"菜单中的"完成/返回"命令，返回"水线"对话框。单击对话框底部的 确定 按钮，完成冷却水孔的创建操作。此时，创建的冷却水孔如图3-130所示。

图3-130 创建的冷却水孔

✴ **实例结束**

3.6.2 流道特征

在模具设计过程中，浇注系统的设计是一个重要的环节。利用Parametric提供的流道特征功能，可以快速创建注射模的浇注系统。

- -

注意：流道特征主要用于创建注射模的浇注系统，由于压铸模的浇注系统与注射模不一样，所以只能通过创建标准特征的方法来创建。

- -

单击"模具"选项卡中"生产特征"面板上的 ✴流道 按钮，系统弹出如图3-131所示的"流道"对话框。下面将简单介绍该对话框中各个选项的功能。

- 名称：该选项用于指定流道的名称。在默认的情况下，系统自动生成流道的名称。
- 形状：该选项用于指定流道的形状。双击该选项，系统弹出如图3-132所示"形状"菜单。在该菜单中，系统提供了下面5种流道形状。

图3-131 "流道"对话框

图3-132 "形状"菜单

- 倒圆角：选择该选项时，将生成圆形流道。用户只需指定直径值，即可创建流道。

- 半倒圆角：选择该选项时，将生成半圆形流道。用户同样只需指定直径值，即可创建流道。
- 六边形：选择该选项时，将生成六边形流道。用户只需指定流道宽度值，即可创建流道。
- 梯形：选择该选项时，将生成梯形流道。该流道的设定较为复杂，用户需指定流道宽度、流道深度、流道侧角度及流道拐角半径值，才能创建流道。
- 圆角梯形：选择该选项时，将生成倒圆角梯形流道。用户需指定流道直径和流道侧角度值，才能创建流道。
- 默认大小：该选项用于指定流道的尺寸。
- 流动路径：该选项用于创建流道的路径。双击该选项，系统弹出"设置草绘平面"菜单。利用该菜单，可以使用上一个特征的草绘平面，还可以重新选取草绘平面。
- 方向：该选项用于定义流道产生的方向。
- 段大小：该选项用于修改某一段流道的尺寸。
- 求交零件：该选项用于选取与水线相交的模具元件。双击该选项，系统弹出"相交元件"对话框，该对话框主要用于选取相交的模具元件。

▶ 实例3-8

下面通过一个实例，让读者掌握创建流道的方法。

✳ 实例开始

1. 设置工作目录

① 单击窗口顶部的"文件"→"管理会话"→"选择工作目录"命令，打开"选择工作目录"对话框。改变目录到"ex3_8.asm"文件所在的目录（如"D:\实例源文件\第3章\实例3-8"）。

② 单击该对话框底部的 确定 按钮，即可将"ex3_8.asm"文件所在的目录设置为当前进程中的工作目录。

2. 打开模具文件

① 单击"快速访问"工具栏上的 按钮，打开"文件打开"对话框。

② 在该对话框中的"文件"列表中，选中"ex3_8.asm"文件，然后单击对话框底部的 打开 按钮，进入模具设计模块。

3. 创建浇注系统

（1）创建注入口

① 单击 模型 按钮，切换到"模型"选项卡。单击"切口和曲面"面板上的 旋转 按钮，打开"旋转"操控面板。在图形窗口中选取"MOLD_FRONT"基准平面为草绘平面，系统将自动进入草绘模式。

② 绘制如图3-133所示的二维截面，并单击"草绘器工具"工具栏上的 按钮，完成草绘操作，返回"旋转"操控面板。单击操控面板右侧的 按钮，完成创建注入口操作。

（2）创建流道

① 单击 模具 按钮，切换到"模具"选项卡。单击"生产特征"面板上的 流道 按钮，打开"流道"对话框。

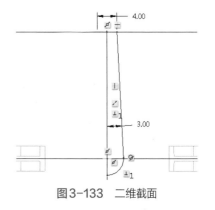

图3-133　二维截面

② 在弹出的"形状"菜单中单击"倒圆角"命令，在消息区的文本框中接受默认的流道直径"5"，然后单击右侧的 ✓ 按钮。此时，系统弹出"设置草绘平面"菜单，并要求用户选取草绘平面。

③ 在图形窗口中选取基准平面"MAIN_PARTING_PLN"为草绘平面，然后在弹出的"方向"菜单中单击"确定"→"默认"命令，进入草绘模式。

④ 绘制如图3-134所示的二维截面，并单击"草绘器工具"工具栏上的 ✓ 按钮，完成草绘操作。

⑤ 系统将弹出"元件相交"对话框，单击对话框中的 自动添加(A) 按钮，此时系统将自动添加"CORE.PRT"和"CAVITY.PRT"元件。单击对话框底部的 确定(O) 按钮，返回"流道"对话框。

⑥ 单击该对话框底部的 确定 按钮，完成流道的创建操作。

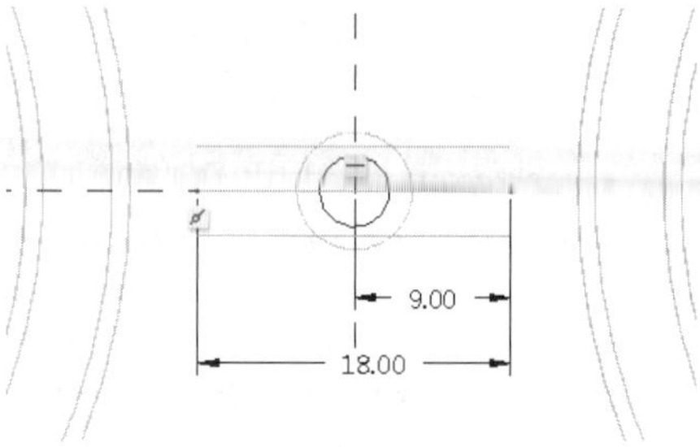

（3）创建浇口

① 单击"生产特征"面板上的 ✳流道 按钮，打开"流道"对话框。

② 在弹出的"形状"菜单中单击"梯形"命令，然后在消息区的文本框中输入流道宽度"2"，并单击右侧的 ✓ 按钮。

③ 在消息区的文本框中输入流道深度"1"，并单击右侧的 ✓ 按钮。

④ 在消息区的文本框中输入流道侧角度"10"，并单击右侧的 ✓ 按钮。

⑤ 在消息区的文本框中输入流道拐角半径"0.2"，并单击右侧的 ✓ 按钮。

⑥ 在弹出的"设置草绘平面"菜单中单击"使用先前的"→"确定"命令，进入草绘模式。

⑦ 绘制如图3-135所示的二维截面，并单击"草绘器工具"工具栏上的 ✓ 按钮，完成草绘操作。

⑧ 系统将弹出"元件相交"对话框，单击对话框中的 自动添加(A) 按钮，此时系统将自动添加"CORE.PRT"和"CAVITY.PRT"元件。单击对话框底部的 确定(O) 按钮，返回"流道"对话框。

⑨ 单击对话框底部的 确定 按钮，完成流道的创建操作。

4.创建铸件

① 单击"模具"选项卡中"元件"面板上的 创建制模 按钮，在弹出的文本框中输入铸件名称"molding"，并单击右侧的 ✓ 按钮。

② 接受铸件默认的公用名称"molding"，并单击消息区右侧的 ✓ 按钮，完成创建铸件操作。此时，创建的铸件如图3-136所示。

图3-134　二维截面

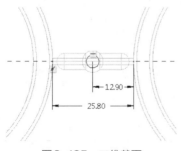

图3-135　二维截面

图3-136　创建的铸件

✳ **实例结束**

3.6.3　顶杆孔特征

顶杆孔特征是一个特别的孔特征，它可以在模具组件中创建一个穿过多个模具元件的间隙孔，而且还可以在不同的模具元件中指定不同的孔径。

单击"模具"选项卡中"生产特征"面板上的 生产特征▾ 按钮，在弹出的下拉列表中单击 顶杆孔 按钮，系统弹出如图3-137所示的"顶杆孔：直"对话框。下面将简单介绍该对话框中各个选项的功能。

● 位置类型：该选项用于指定放置的类型。在默认的情况下，系统会自动选择该选项，并弹出如图3-138所示的"放置"菜单，该菜单包括下面4个命令选项。

● 线性：选择该选项时，可以在两个平面的线性偏移处放置参考。该选项为系统默认的选项。

● 径向：选择该选项时，可以在轴的径向偏移处及平面的某个角度处放置参考。

● 同轴：选择该选项时，可以与某一个轴同轴放置参考。

● 点上：选择该选项时，可以在基准点上放置参考。该选项主要用于同时创建多个顶针孔。

图3-137　"顶杆孔：直"对话框

图3-138　"放置"菜单

● 放置参考：该选项用于为所选择的位置类型设置选择相应的参考。

● 方向：该选项用于定义顶针孔产生的方向。

● 求交零件：该选项用于选取与顶杆孔相交的模具元件。双击该选项，系统弹出"相交元件"对话框，该对话框主要用于选取相交的模具元件。

● 沉孔：该选项用于设置顶针孔沉孔的直径和深度。

注意：对于顶针孔、水线及流道特征，除了可以利用Parametric提供的模具特征来创建外。用户还可以利用一般的孔或切除特征来创建，但是这样会降低设计效率。

▶ **实例3-9**

下面通过一个实例，让读者掌握创建顶杆孔的方法。

✷ **实例开始**

1. 设置工作目录

① 单击窗口顶部的"文件"→"管理会话"→"选择工作目录"命令，打开"选择工作目录"对话框。改变目录到"ex3_9.asm"文件所在的目录（如"D:\实例源文件\第3章\实例3-9"）。

② 单击该对话框底部的 确定 按钮，即可将"ex3_9.asm"文件所在的目录设置为当前进程中的工作目录。

2. 打开模具文件

① 单击"快速访问"工具栏上的 按钮，打开"文件打开"对话框。

② 在该对话框中的"文件"列表中，选中"ex3_9.asm"文件，然后单击对话框底部的 打开 按钮，进入模具设计模块。

3. 创建顶杆孔

① 单击"基准"面板上的 按钮，打开"草绘"对话框。在图形窗口中选取"MAIN_PARTING_PLN"基准平面为草绘平面，系统将自动选取"MOLD_RIGHT"基准平面为"右"参考平面。单击对话框底部的 草绘 按钮，进入草绘模式。

② 绘制如图3-139所示的基准点，并单击"草绘器工具"工具栏上的 按钮，完成草绘操作。

③ 单击"模具"选项卡中"生产特征"面板上的 生产特征▼ 按钮，在弹出下拉列表中单击 顶杆孔 按钮，打开"顶杆孔：直"对话框。

④ 在弹出的"放置"菜单中单击"点上"→"完成"命令，系统弹出如图3-140所示的"一般点选取"菜单，并要求用户选取基准点。按住"Ctrl"键，并在图形窗口中选取刚创建的6个基准点。

⑤ 单击"一般点选取"菜单中的"完成"命令，此时系统要求用户选取放置平面。然后旋转模型至如图3-141所示的位置，并在图形窗口中选取图中推杆固定板的底面为放置平面，系统弹出"方向"菜单。此时，在图形窗口中会出现一个红色箭头，表示顶杆孔创建的方向。

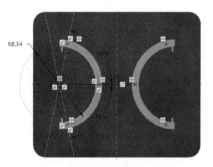

图3-139　基准点

图3-140　"一般点选取"菜单

放置平面

图3-141　选取放置平面

⑥ 单击"方向"菜单中的"确定"命令，打开"相交元件"对话框。然后单击对话框中的 自动添加(A) 按钮，此时，系统加亮显示选中的"CORE"元件。在消息区的文本框中输入直径"3"，并单击右侧的 按钮。

⑦ 此时，系统会加亮显示选中的"CORE_PLATE"元件，在消息区的文本框中输入直径"4"，并单击右侧的 按钮。

⑧ 此时，系统会加亮显示选中的"EJECTOR_PLATE"元件，在消息区的文本框中输入直径"4"，并单击右侧的 按钮，返回"相交元件"对话框。在对话框中，显示了相交的模具元件及其直径值，如图3-142所示。

⑨ 单击该对话框底部的 确定(O) 按钮，然后在消息区的文本框中输入沉孔直径"9"，并单击右侧的 按钮。

⑩ 在消息区的文本框中输入沉孔深度"5"，并单击右侧的 按钮，返回"顶杆孔：直"对话框。

⑪ 单击对话框底部的 确定 按钮，完成顶针孔的创建操作。此时，创建的顶针孔如图3-143所示。

图 3-142　"相交元件"对话框

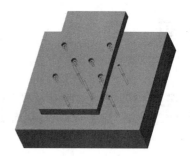

图 3-143　创建的顶针孔

✳ 实例结束

3.7　本章小结

　　本章主要介绍了使用 Parametric 软件设计模具时，读者需要掌握的一些基础知识。对于初学者而言，本章的知识尤为重要，必须熟练掌握，为后面章节的学习打开坚实的基础。

第4章
▲

模具设计高级知识

通过上一章的学习，读者可以对模具设计的过程有一个基本的了解，并初步掌握模具设计的方法。本章将主要介绍模具设计的一些高级知识，如创建分型曲面的方法、直接创建模具体积块的方法、在组件模块中分模等，从而提高模具设计水平。

4.1 创建分型曲面的方法

在模具设计过程中，创建分型曲面是一个相当重要的步骤，下面将介绍几种常用的创建分型曲面的方法。

4.1.1 创建拉伸曲面

对于一些比较简单的分型曲面，可以使用"拉伸""旋转""填充"等工具来创建。下面首先介绍使用"拉伸"工具来创建拉伸曲面的方法。

单击"模型"选项卡中"形状"面板上的█按钮，系统弹出如图4-1所示的"拉伸"操控面板。下面将简单介绍该操控面板中常用选项的功能。

图4-1 "拉伸"操控面板

- "深度"下拉列表框：该下拉列表框用于选择定义拉伸曲面的深度类型，包括以下3种类型。
- █按钮：选择该选项时，直接输入一个数值确定拉伸深度。如果输入负值，将会改变深度方向。
- █按钮：选择该选项时，直接输入一个数值，从草绘平面两侧对称拉伸，输入的值为拉伸的总长度。

- 📐按钮：选择该选项时，拉伸到下一个特征的曲面上，即在特征到达第一个曲面时终止拉伸。
- "深度"文本框：该项文本框用于输入拉伸的深度值。如果需要深度参考，则该文本框将起到收集器的作用，并列出参考摘要。
- 📐按钮：该按钮用于改变特征的创建方向。

- -

注意：在对话栏中还有一个📐按钮用于激活"曲面修剪"功能。如果拉伸曲面是第一个曲面特征，此时该按钮将不可用；如果在创建拉伸曲面之前，已经创建了其他曲面特征，则该按钮将可用，并且在"深度"下拉列表框中还会多出以下两种深度类型。

📐按钮：选择该选项时，系统在特征到达第一个曲面时将其终止。

📐按钮：拉选择该选项时，系统在特征到达最后一个曲面时将其终止。

- "放置"下滑面板：单击 放置 按钮，系统弹出"放置"下滑面板，如图4-2所示。在该下滑面板中，单击 定义... 按钮，进入草绘模式以创建二维截面。

- -

注意：在修改拉伸曲面操作时，"放置"下滑面板中的 ~~定义~~ 按钮将变成 ~~编辑~~ 按钮，单击该按钮即可直接进入草绘模式。

- "选项"下滑面板：单击 选项 按钮，系统弹出"选项"下滑面板，如图4-3所示。在该下滑面板中，可以创建双侧特征，并定义第1侧和第2侧的深度。还可以选中"封闭端"复选框，以创建闭合的曲面。

图4-2 "放置"下滑面板

图4-3 "选项"下滑面板

- -

注意：要创建闭合的拉伸曲面，其二维截面必须闭合。

▶ **实例4-1**

下面通过一个实例，让读者掌握通过创建拉伸曲面来建立分型曲面的方法。

- -

✳ **实例开始**

1. 设置工作目录

① 单击窗口顶部的"文件"→"管理会话"→"选择工作目录"命令，打开"选择工作目录"对话框。改变

目录到"ex4_1.asm"文件所在的目录（如"D:\实例源文件\第4章\实例4-1"）。

② 单击该对话框底部的 确定 按钮，即可将"ex4_1.asm"文件所在的目录设置为当前进程中的工作目录。

2. 打开模具文件

① 单击"快速访问"工具栏上的 按钮，打开"文件打开"对话框。

② 在该对话框中的"文件"列表中，选中"ex4_1.asm"文件，然后单击对话框底部的 打开 按钮，进入模具设计模块。

3. 创建分型曲面

① 单击"模具"选项卡中"分型面和模具体积块"面板上的 按钮，进入分型曲面设计界面。

② 在图形窗口中单击鼠标右键，在弹出的快捷菜单中选择"属性"命令，打开"属性"对话框。在"名称"文本框中输入分型曲面的名称"main"，如图4-4所示。单击对话框底部的 确定 按钮，退出对话框。

图4-4　"属性"对话框

③ 单击"形状"面板上的 按钮，在图形窗口中选取"MOLD_FRONT"基准平面为草绘平面，系统将自动进入草绘模式。

④ 绘制如图4-5所示的二维截面，并单击"草绘器工具"工具栏上的 按钮，完成草绘操作，返回"拉伸"操控面板。选择深度类型为 ，在"深度"文本框中输入深度值"240"，并按"Enter"键确认。单击操控面板右侧的 按钮，完成创建拉伸曲面操作。

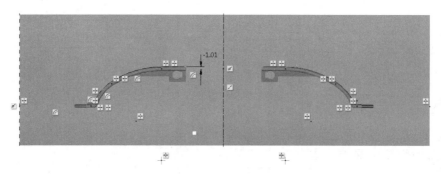

图4-5　二维截面

4. 着色分型曲面

① 单击"图形"工具栏上的 按钮，系统弹出如图4-6所示的"继续体积块选取"菜单，并将创建的分型曲面单独显示在图形窗口中，如图4-7所示。单击"继续体积块选取"菜单中的"完成/返回"命令，关闭该菜单。

图4-6　"继续体积块选取"菜单

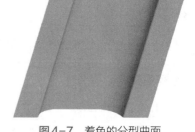

图4-7　着色的分型曲面

② 单击"编辑"面板上的 ✅ 按钮，完成分型曲面的创建操作。此时，系统将返回模具设计模块主界面。

✳ **实例结束**

4.1.2 创建旋转曲面

在分型曲面设计界面中，可以使用"旋转"工具来创建旋转曲面。单击"模型"选项卡中"形状"面板上的
 按钮，系统弹出如图4-8所示的"旋转"操控面板。下面将简单介绍该操控面板中常用选项的功能。

图4-8 "旋转"操控面板

- "角度"下拉列表框：该下拉列表框用于选择定义旋转曲面的角度类型，包括以下3种类型。
- 🔲按钮：选择该选项时，系统从草绘平面以指定角度值旋转截面。如果输入负值，将会改变角度方向。
- 🔲按钮：选择该选项时，系统在草绘平面的两侧上以指定角度值的一半旋转截面。
- 🔲按钮：选择该选项时，系统将截面旋转至一个选定的点、曲线、平面或曲面。
- "角度"文本框：该项文本框用于输入旋转的角度值。如果需要角度参考，则该文本框将起到收集器的作用，并列出参考摘要。
- 🔲按钮：该按钮用于改变特征的创建方向。
- "放置"下滑面板：单击 放置 按钮，系统弹出"放置"下滑面板，如图4-9所示。在该下滑面板中，可以定义二维截面及指定旋转轴。要创建旋转曲面，必须指定旋转轴。用户可以直接在二维截面中绘制一条中心线，系统会自动将其作为旋转轴。否则，系统将自动激活"轴"收集器，要求用户选取一条边、轴或坐标系的一个轴以指定旋转轴。
- "选项"下滑面板：单击 选项 按钮，系统弹出"选项"下滑面板，如图4-10所示。在该下滑面板中可以创建双侧特征，并定义第1侧和第2侧的角度。还可以选中"封闭端"复选框，以创建闭合的曲面。

图4-9 "放置"下滑面板

图4-10 "选项"下滑面板

▶ **实例4-2**

下面通过一个实例，让读者掌握通过创建旋转曲面来建立分型曲面的方法。

✳ **实例开始**

1. 设置工作目录

① 单击窗口顶部的"文件"→"管理会话"→"选择工作目录"命令，打开"选择工作目录"对话框。改变目录到"ex4_2.asm"文件所在的目录（如"D:\实例源文件\第4章\实例4-2）。

② 单击该对话框底部的 确定 按钮，即可将"ex4_2.asm"文件所在的目录设置为当前进程中的工作目录。

2. 打开模具文件

① 单击"快速访问"工具栏上的 按钮，打开"文件打开"对话框。

② 在该对话框中的"文件"列表中，选中"ex4_2.asm"文件，然后单击对话框底部的 打开 按钮，进入模具设计模块。

3. 创建分型曲面

① 单击"模具"选项卡中"分型面和模具体积块"面板上的 按钮，进入分型曲面设计界面。

② 在图形窗口中单击鼠标右键，在弹出的快捷菜单中选择"属性"命令，打开"属性"对话框。在"名称"文本框中输入分型曲面的名称"core_insert_1"，如图4-11所示。单击对话框底部的 确定 按钮，退出对话框。

图4-11　"属性"对话框

③ 单击"形状"面板上的 旋转 按钮，打开"旋转"操控面板。在图形窗口中选取"MOLD_FRONT"基准平面为草绘平面，系统将自动进入草绘模式。

④ 绘制如图4-12所示的二维截面，并单击"草绘器工具"工具栏上的 按钮，完成草绘操作，返回"旋转"操控面板。操控面板右侧的 按钮，完成创建旋转曲面操作。

4. 着色分型曲面

① 单击"图形"工具栏上的 按钮，系统弹出"继续体积块选取"菜单，并将创建的分型曲面单独显示在图形窗口中，如图4-13所示。单击"继续体积块选取"菜单中的"完成/返回"命令，关闭该菜单。

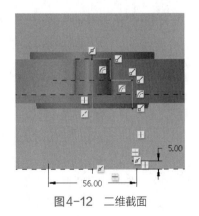

图4-12　二维截面

图4-13　着色的分型曲面

② 单击"编辑"面板上的✓按钮，完成分型曲面的创建操作。此时，系统将返回模具设计模块主界面。

✳ **实例结束**

4.1.3　创建平整曲面

在分型曲面设计界面中，可以使用"填充"工具来创建平整曲面。单击"模型"选项卡中"曲面设计"面板上的按钮，系统弹出如图4-14所示的"填充"操控面板。下面将简单介绍该操控面板中常用选项的功能。

● "草绘"收集器：该收集器用于直接选取已经存在的基准曲线，从而创建平面曲面。

● "参考"下滑面板：单击 参考 按钮，系统弹出"参考"下滑面板，如图4-15所示。在该下滑面板中，可以单击 定义... 按钮，进入草绘模式以创建二维截面。还可以直接选取已经存在的基准曲线作为二维截面。

图4-14　"填充"操控面板

图4-15　"参考"下滑面板

▶ **实例4-3**

下面通过一个实例，让读者掌握通过创建平整曲面来建立分型曲面的方法。

✳ **实例开始**

1. 设置工作目录

① 单击窗口顶部的"文件"→"管理会话"→"选择工作目录"命令，打开"选择工作目录"对话框。改变目录到"ex4_3.asm"文件所在的目录（如"D:\实例源文件\第4章\实例4-3"）。

② 单击该对话框底部的 确定 按钮，即可将"ex4_3.asm"文件所在的目录设置为当前进程中的工作目录。

2. 打开模具文件

① 单击"快速访问"工具栏上的按钮，打开"文件打开"对话框。。

② 在该对话框中的"文件"列表中，选中"ex4_3.asm"文件，然后单击对话框底部的 打开 按钮，进入模具设计模块。

3. 创建分型曲面

① 单击"模具"选项卡中"分型面和模具体积块"面板上的按钮，进入分型曲面设计界面。

② 在图形窗口中单击鼠标右键，在弹出的快捷菜单中选择"属性"命令，打开"属性"对话框。在"名称"文本框中输入分型曲面的名称"main"，单击对话框底部的 确定 按钮，退出对话框。

③ 单击"曲面设计"面板上的按钮，打开"填充"操控面板。单击对话栏中的 参考 按钮，并在弹出的"参考"下滑面板中单击 定义... 按钮，打开"草绘"对话框。

④ 在图形窗口中选取"MAIN_PARTING_PLN"基准平面为草绘平面，系统将自动选取"MOLD_RIGHT"基准平面为"右"参考平面。单击对话框底部的 草绘 按钮，进入草绘模式。

⑤ 绘制如图4-16所示的二维截面，单击"草绘器工具"工具栏上的☑按钮，完成草绘操作，返回"填充"操控面板。单击操控面板右侧的☑按钮，完成创建平整曲面操作。

4. 着色分型曲面

① 单击"图形"工具栏上的◻按钮，系统弹出"继续体积块选取"菜单，并将创建的分型曲面单独显示在图形窗口中，如图4-17所示。单击"继续体积块选取"菜单中的"完成/返回"命令，关闭该菜单。

② 单击"编辑"面板上的☑按钮，完成分型曲面的创建操作。此时，系统将返回模具设计模块主界面。

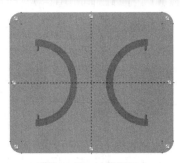
图4-16　二维截面

图4-17　着色的分型曲面

✴ 实例结束

4.1.4　复制曲面

前面介绍的创建分型曲面的方法，主要用于创建比较简单的分型曲面。对于一些比较复杂的分型曲面，则是通过复制参考零件的表面来创建的。

在模具设计模块中，复制曲面是通过如图4-18所示的"复制曲面"操控面板来完成的。下面将简单介绍该操控面板中常用选项的功能。

图4-18　"复制曲面"操控面板

* "复制参考"收集器：该收集器用于选取参考零件上的表面。
* "参考"下滑面板：单击 参考 按钮，系统弹出"参考"下滑面板，如图4-19所示。在该下滑面板中显示了当前曲面集的类型，并可以改变复制参考。单击 细节… 按钮，系统弹出如图4-20所示的"曲面集"对话框，在该对话框中可以查看和修改曲面属性。
* "选项"下滑面板：单击 选项 按钮，系统弹出"选项"下滑面板，如图4-21所示。在该下滑面板中，可以使用下面5个选项来复制曲面。
* 按原样复制所有曲面：该选项用于创建与选取的曲面完全相同的副本，为

图4-19　"参考"下滑面板

系统默认的设置。

- 排除曲面并填充孔：该选项用于复制所选取曲面的一部分，并允许填充曲面内的孔。
- 复制内部边界：该选项用于仅复制位于边界内部的曲面。
- 取消修剪包络：该选项使用当前轮廓的包络来为复制曲面创建外轮廓。
- 取消修剪定义域：该选项可以为复制曲面创建对应于曲面定义域的外轮廓。

图 4-20　"曲面集"对话框

图 4-21　选项"下滑面板

在复制曲面过程中，如果需要选取的表面比较少，则可以直接选取。当选取的表面比较多时，如果直接选取则显得相当烦琐。此时，可以灵活使用各种构建曲面集的方法，从而快速地选取所需的表面。

Parametric 提供了下面几种构建曲面集的方法：

- 单个曲面集：单个曲面集是包含一个或多个实体曲面的选项集。如果需要选取的表面比较少，则可以构建单个曲面集来选取所需曲面。如果要同时选取多个表面，则可以按住"Ctrl"键，并单击这些表面，即可将其选取。另外，如果错误地选取了某个表面，则也可以按住"Ctrl"键，并单击该表面，将其取消。

- 实体曲面集：实体曲面集是包含所选实体中所有曲面的选项集。如果需要复制参考零件上所有的表面，则可以构建实体曲面集。

- 面组曲面集：面组曲面集是包含一个或多个面组的选项集。对于一些形状相同的分型曲面，可以首先创建其中的任意一个分型曲面，然后构建面组曲面集，并通过移动或镜像操作来快速创建其他分型曲面。

- 环曲面集：环曲面集是包含所选曲面上的所有相邻曲面。构建环曲面集时，首先需要在参考零件上选取一个表面以建立锚点，然后按住"Shift"键，并选取所选表面边界上的任意一条边，此时，系统自动将所选表面上的所有相邻表面全部选中。

- 种子和边界曲面集：种子和边界曲面集是包含种子曲面以及种子曲面与边界曲面之间的所有曲面。构建种子和边界曲面集时，只需选取种子面和边界面，系统就会自动将种子面以及种子面与边界面之间的所有曲面全部选中。

- -

注意：构建种子和边界曲面集是最常用，也是效率最高的一种构建曲面集的方法，读者必须熟练掌握。

▶ **实例4-4**

下面通过一个实例，让读者掌握通过复制参考零件的表面来建立分型曲面的方法。

✳ **实例开始**

1. 设置工作目录

① 单击窗口顶部的"文件"→"管理会话"→"选择工作目录"命令，打开"选择工作目录"对话框。改变目录到"ex4_2.asm"文件所在的目录（如"D:\实例源文件\第4章\实例4-2"）。

② 单击该对话框底部的 确定 按钮，即可将"ex4_2.asm"文件所在的目录设置为当前进程中的工作目录。

2. 打开模具文件

① 单击"快速访问"工具栏上的 按钮，打开"文件打开"对话框。

② 在该对话框中的"文件"列表中，选中"ex4_4.asm"文件，然后单击对话框底部的 打开 按钮，进入模具设计模块。

3. 创建分型曲面

（1）第一次复制曲面

① 单击"模具"选项卡中"分型面和模具体积块"面板上的 按钮，进入分型曲面设计界面。

② 在图形窗口中单击鼠标右键，在弹出的快捷菜单中选择"属性"命令，打开"属性"对话框。在"名称"文本框中输入分型曲面的名称"main"，单击对话框底部的 确定 按钮，退出对话框。

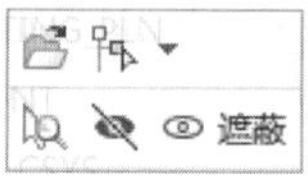

③ 在模型树中单击"EX4_2_WRK.PRT"元件，系统弹出如图4-22所示的快捷面板，然后单击 遮蔽 按钮，将其隐藏。

图4-22 快捷面板

注意：本步骤主要是为了便于选取参考零件上的表面，所以将工件暂时隐藏。用户还可以将基准平面、基准轴、基准点、坐标系隐藏，以使窗口显示得更加清楚。

---

④ 旋转参考零件至如图4-23所示的位置，并在图形窗口中选取图中的内表面为种子面，此时被选中的表面呈红色。

⑤ 单击 模具 按钮，切换到"模具"选项卡。单击"编辑"面板上的 复制 按钮，然后单击"编辑"面板上的 粘贴 按钮，打开"复制曲面"操控面板。

选取此面

图4-23 选取种子面

注意：将选取的曲面复制到剪贴板中后，该曲面一直存在于剪贴板中。直到用户新选取一个曲面，并将其复制到剪贴板中。

---

⑥ 按住"Shift"键，并在图形窗口中选取图4-24中的平面为第一组边界面。松开"Shift"键，旋转参考零件至如图4-25所示的位置，然后按住"Shift"键，并选取图中的平面为第二组边界面。

注意：选取边界面后，系统将加亮显示选中的曲面，但不会加亮显示边界面。而按住"Shift"键时，系统则加亮显示边界面。

图4-24　选取第一组边界面

图4-25　选取第二组边界面

⑦ 松开"Shift"键，完成种子和边界曲面集的定义。此时，系统将构建一个种子和边界曲面集，如图4-26所示。

⑧ 旋转参考零件至如图4-24所示的位置，按住"Ctrl"键，并在图形窗口中选取图中的平面。松开"Ctrl"键，此时，系统将构建一个单个曲面集，如图4-27所示。

图4-26　种子和边界曲面集

图4-27　单个曲面集

⑨ 单击对话栏中的 选项 按钮，并在弹出的"选项"下滑面板中选中"排除曲面并填充孔"单选按钮。此时，系统将自动激活"填充孔/曲面"收集器，如图4-28所示。

⑩ 在图形窗口中选取图4-24中的平面，此时，系统自动将所选平面中的破孔封闭。单击该操控面板右侧的 ✔ 按钮，完成复制曲面操作。

（2）第二次复制曲面

① 旋转参考零件至如图4-29所示的位置，并在图形窗口中选取图中的平面，此时被选中的表面呈红色。

② 单击"编辑"面板上的 复制 按钮，然后单击"编辑"面板上的 粘贴▼ 按钮，打开"复制曲面"操控面板。此时，系统将构建一个单个曲面集，

图4-28　"选项"下滑面板

③ 单击对话栏中的 选项 按钮，并在弹出的"选项"下滑面板中选中"排除曲面并填充孔"单选按钮。此时，系统将自动激活"填充孔/曲面"收集器。

④ 在图形窗口中选取图4-29中的平面，此时，系统自动将所选平面中的破孔封闭。单击该操控面板右侧的 ✔ 按钮，完成复制曲面操作。此时，在模型树中系统会自动选中"复制2"特征。

（3）第一次合并曲面

① 单击 分型面 按钮，切换到"分型面"选项卡。按住"Ctrl"键，并在模型树中选中"复制1"特征。单击"编辑"面板上的 按钮，打开"合并"操控面板。单击对话栏中的 参考 按钮，打开"参考"下滑面板。

② 在该下滑面板的"面组"收集器中选中"面组：F7（MAIN）"，单击 按钮，使"面组：F7（MAIN）"位于收集器顶部，成为主面组，如图4-30所示。

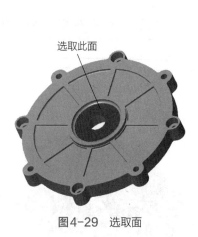

图4-29 选取面

图4-30 "参考"下滑面板

③ 单击对话栏中的 按钮，改变第二个面组要包括在合并曲面中的部分。单击操控面板右侧的 按钮，完成合并曲面操作。

（4）创建平整曲面

① 在模型树中单击"EX4_2_WRK.PRT"元件，并在弹出的快捷面板中单击 取消遮蔽 按钮，将其显示出来。

② 单击"曲面设计"面板上的 按钮，打开"填充"操控面板。

③ 单击对话栏中的 参考 按钮，并在弹出的"参考"下滑面板中单击 定义... 按钮，打开"草绘"对话框。

④ 在图形窗口中选取"MAIN_PARTING_PLN"基准平面为草绘平面，系统将自动选取"MOLD_RIGHT"基准平面为"右"参考平面。单击对话框底部的 草绘 按钮，进入草绘模式。

⑤ 绘制如图4-31所示的二维截面，单击"草绘器工具"工具栏上的 按钮，完成草绘操作，返回"填充"操控面板。单击操控面板右侧的 按钮，完成创建平整曲面操作。此时，在模型树中系统会自动选中"填充1"特征。

（5）第二次合并曲面

① 按住"Ctrl"键，并在模型树中选中"复制1"特征。单击"编辑"面板上的 按钮，打开"合并"操控面板。单击对话栏中的 参考 按钮，打开"参考"下滑面板。

② 在该下滑面板的"面组"收集器中选中"面组：F7（MAIN）"，单击 按钮，使"面组：F7（MAIN）"位于收集器顶部，成为主面组。

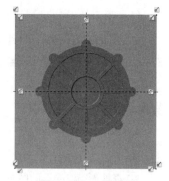

图4-31 二维截面

③ 单击对话栏中的 选项 按钮，打开"选项"下滑面板。单击"联接"单选按钮，如图4-32所示。

④ 单击对话栏中的 按钮，改变第二个面组要包括在合并曲面中的部分。单击操控面板右侧的 按钮，完成合并曲面操作。

4. 着色分型曲面

① 单击"图形"工具栏上的 按钮，系统弹出"继续体积块选取"菜单，并将创建的分型曲面单独显示在图形窗口中，如图4-33所示。单击"继续体积块选取"菜单中的"完成/返回"命令，关闭该菜单。

图4-32　"选项"下滑面板　　　　　图4-33　着色的分型曲面

② 单击"编辑"面板上的 按钮，完成分型曲面的创建操作。此时，系统将返回模具设计模块主界面。

✳ 实例结束

4.1.5　创建阴影曲面

前面主要介绍的是手工创建分型曲面的各种方法，下面开始介绍使用Parametric提供的智能分模功能来快速创建分型曲面的方法。首先介绍使用阴影曲面功能来创建分型曲面的方法。

阴影曲面是利用光投影技术创建的分型曲面，创建阴影曲面时，必须具备以下两个前提条件。

- 必须首先创建一个工件，并且将其处于显示状态。如果工件处于遮蔽状态，则"阴影曲面"命令将不可用。

- 参考零件必须完全拔模。如果参考零件上没有完全创建拔模斜度，则会产生错误的分型曲面。

单击"分型面"选项卡中"曲面设计"面板上的 曲面设计▾ 按钮，在弹出的下拉列表中单击 阴影曲面 按钮，系统弹出如图4-34所示的"阴影曲面"对话框。下面将简单介绍该对话框中各个选项的功能。

图4-34　"阴影曲面"对话框

- 阴影零件：该选项用于选取参考零件。如果模具模型中只有一个参考零件，系统会自动选取该零件。如果模具模型中有多个参考零件，系统将弹出"特征参考"菜单，用于选取创建阴影曲面的参考零件。

- 边界参考：该选项用于选取工件以定义阴影曲面的边界。如果模具模型中只有一个工件，系统会自动选取该工件。

- 方向：该选项用于定义光源方向。在默认的情况下，系统会自动根据默认的拖拉方向来指定光源方向，即光源方向与拖动方向相反。

- 修剪平面：该选项用于选取修剪平面以修剪阴影曲面。

- 环闭合：该选项用于封闭阴影曲面上的内部环。双击该选项，系统弹出如图4-35所示"封合"菜单，该菜单包括下面3个命令选项。

- 顶平面：该选项用于选取封闭破孔的平面。在默认的情况下，系统会选中该选项。

- 所有内部环：选中该选项时，系统将封闭曲面上所有的破孔。在默认的情况下，系统会选中该选项。

- 选取环：该选项用于选取需要封闭的破孔。

- 关闭延伸：该选项用于在阴影曲面放置到关闭平面之前将其延伸到参考模型之外。

- 拔模角度：该选项用于定义关闭延伸长度与关闭平面之间的过渡曲面的拔模角度。

- 关闭平面：该选项用于选取关闭平面，关闭平面主要用于延伸阴影曲面。

- 阴影滑块：如果参考零件侧面上有凹凸部位，则可以使用该选项指定模具元件或体积块以创建正确的阴影曲面。

图4-35 "封合"菜单

▶ **实例4-5**

下面通过一个实例，让读者掌握创建阴影曲面的方法。

✳ **实例开始**

1. 设置工作目录

① 单击窗口顶部的"文件"→"管理会话"→"选择工作目录"命令，打开"选择工作目录"对话框。改变目录到"ex4_2.asm"文件所在的目录（如"D:\实例源文件\第4章\实例4-2"）。

② 单击该对话框底部的 确定 按钮，即可将"ex4_2.asm"文件所在的目录设置为当前进程中的工作目录。

2. 打开模具文件

① 单击"快速访问"工具栏上的 按钮，打开"文件打开"对话框。

② 在该对话框中的"文件"列表中，选中"ex4_5.asm"文件，然后单击对话框底部的 打开 按钮，进入模具设计模块。

3. 创建分型曲面

① 单击"模具"选项卡中"分型面和模具体积块"面板上的 按钮，进入分型曲面设计界面。

② 在图形窗口中单击鼠标右键，在弹出的快捷菜单中选择"属性"命令，打开"属性"对话框。在"名称"文本框中输入分型曲面的名称"main"，单击对话框底部的 确定 按钮，退出对话框。

③ 单击"曲面设计"面板上的 曲面设计▼ 按钮，在弹出下拉列表中单击 阴影曲面 按钮，打开"阴影曲面"对话框。

④ 接受该对话框中默认的设置，单击对话框底部的 确定 按钮，完成创建阴影曲面操作。

4. 着色分型曲面

① 单击"图形"工具栏上的 按钮，系统弹出"继续体积块选取"菜单，并将创建的分型曲面单独显示在图形窗口中，如图4-36所示。单击"继续体积块选取"菜单中的"完成/返回"命令，关闭该菜单。

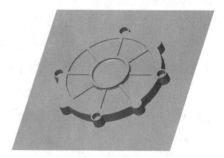

图4-36 着色的分型曲面

② 单击"编辑"面板上的✓按钮，完成分型曲面的创建操作。此时，系统将返回模具设计模块主界面。

✳ 实例结束

4.1.6 创建裙边曲面

裙边曲面是一种特殊的分型曲面，它仅产生了模具的靠破面，并不包含参考零件的成型面。创建裙边曲面时，必须具备以下两个前提条件。

- 必须首先创建一个工件，并且将其处于显示状态。如果工件处于遮蔽状态，则"裙边曲面"命令将不可用。
- 创建裙边曲面前，需要创建表示分型线的曲线。该曲线可以是一般基准曲线，还可以是侧面影像曲线。

1. 创建侧面影像曲线

侧面影像曲线是在以垂直于指定平面方向查看时，为创建分型线而生成的特征，包括所有可见的外部和内部参考零件边。

单击"模具"选项卡中"设计特征"面板上的 按钮，系统弹出如图4-37所示的"轮廓曲线"操控面板。下面将简单介绍该操控面板中常用选项的功能。

图4-37 "轮廓曲线"操控面板

- "参考模型"收集器：该选项用于指定投影轮廓曲线的参考曲面。如果模具模型中只有一个参考零件，系统会自动选取该零件的所有表面。
- "光源方向"收集器：该选项用于指定光源方向。在默认的情况下，系统会自动根据默认的拖拉方向来指定光源方向，即光源方向与拖动方向相反。
- "参考"下滑面板：单击 参考 按钮，系统弹出"参考"下滑面板，如图4-38所示。在该下滑面板中可以选择所需曲面或参考模型。
- "滑块"下滑面板：单击 滑块 按钮，系统弹出"滑块"下滑面板，如图4-39所示。如果参考零件侧面上有凹凸部位，则可以在该下滑面板中指定体积块或元件以创建正确的分型线。

图4-38 "参考"下滑面板

图4-39 "滑块"下滑面板

● "间隙闭合"下滑面板：单击 间隙闭合 按钮，系统弹出"间隙闭合"下滑面板，如图4-40所示。在该下滑面板中可以检查侧面影像曲线中的断点及小间隙，并将其闭合。

● "环选择"下滑面板：单击 环选择 按钮，系统弹出"环选择"下滑面板，如图4-41所示。在该对话框中，可以排除环和指定曲线链的状态。

图4-40　"间隙闭合"下滑面板

图4-41　"环选择"下滑面板

注意：如果参考零件中的曲面没有拔模斜度，则系统在该曲面上方的边和下方的边都形成曲线链。这两条曲线不能同时使用，用户必须根据需要选取其中的一条曲线。如果参考零件中的曲面有拔模斜度，则系统只会创建一条曲线。

2. 创建裙边曲面

创建侧面影像曲线后，就可以创建裙边曲面了。创建裙边曲面时，系统会将曲线环路分成内部环路和外部环路，并填充内部环路及将外部环路延伸至工件的边界。

单击"分型面"选项卡中"曲面设计"面板上的 曲面设计▼ 按钮，在弹出的下拉列表中单击 裙边曲面 按钮，系统弹出如图4-42所示的"裙边曲面"对话框。下面将简单介绍该对话框中各个选项的功能。

● 参考模型：该选项用于选取创建裙边曲面的参考零件。如果模具模型中只有一个参考零件，系统会自动选取该零件。

● 边界参考：该选项用于选取创建裙边曲面边界的工件。

● 方向：该选项用于指定光源方向。在默认的情况下，系统会自动根据默认的拖拉方向来指定光源方向，即光源方向与拖动方向相反。

● 曲线：该选项用于选取创建裙边曲面的侧面影像曲线。

● 延伸：该选项用于从曲线中排除一些曲线段、指定相切条件以及改变延

图4-42　"裙边曲面"对话框

伸方向。在默认的情况下，系统会自动确定曲线的延伸方向。但在某些情况下，用户需要更改裙边曲面的延伸方向，这样才能创建质量较好的裙边曲面。双击该选项，系统弹出如图4-43所示的"延伸控制"对话框。

● "延伸曲线"选项卡：在"包含曲线"列表中显示了要延伸的所有曲线段，用户可以排除一些曲线段。

● "相切条件"选项卡：单击"相切条件"按钮，切换到"相切条件"选项卡，如图4-44所示。在该选项卡

中，用户可以指定裙边曲面的延伸方向与相邻的表面相切。

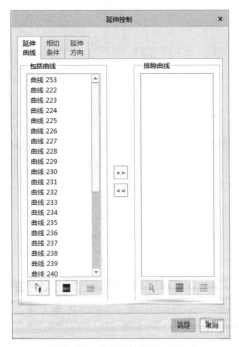
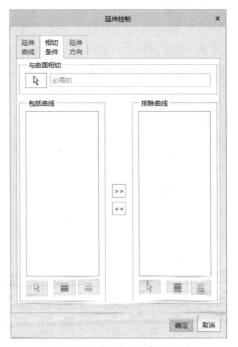

图4-43　"延伸控制"对话框　　　　　　图4-44　"相切条件"选项卡

● "延伸方向"选项卡：单击"延伸方向"按钮，切换到"延伸方向"选项卡，如图4-45所示。在该选项卡中，用户可以更改裙边曲面的延伸方向。

● 环闭合：该选项用于封闭裙边曲面上的内部环。

● 关闭延伸：该选项用于在裙边曲面放置到关闭平面之前将其延伸到参考模型之外。

● 拔模角度：该选项用于定义关闭延伸长度与关闭平面之间的过渡曲面的拔模角度。

● 关闭平面：该选项用于选取关闭平面，关闭平面主要用于延伸裙边曲面。

▶ **实例4-6**

下面通过一个实例，让读者掌握创建侧面影像曲线和裙边曲面的方法。

图4-45　"延伸方向"选项卡

✳ **实例开始**

1. 设置工作目录

① 单击窗口顶部的"文件"→"管理会话"→"选择工作目录"命令，打开"选择工作目录"对话框。改变目录到"ex4_2.asm"文件所在的目录（如"D:\实例源文件\第4章\实例4-2"）。

② 单击该对话框底部的 确定 按钮，即可将"ex4_2.asm"文件所在的目录设置为当前进程中的工作目录。

2. 打开模具文件

① 单击"快速访问"工具栏上的 按钮，打开"文件打开"对话框。

② 在该对话框中的"文件"列表中，选中"ex4_6.asm"文件，然后单击对话框底部的 打开 按钮，进入模具设计模块。

3. 创建侧面影像曲线

① 单击"模具"选项卡中"设计特征"面板上的 按钮，打开"轮廓曲线"操控面板。

② 接受该操控面板中默认的设置，单击右侧的 ✔ 按钮，完成创建侧面影像曲线操作。此时，创建的侧面影像曲线如图4-46所示。

4. 创建分型曲面

① 单击"模具"选项卡中"分型面和模具体积块"面板上的 按钮，进入分型曲面设计界面。

② 在图形窗口中单击鼠标右键，在弹出的快捷菜单中选择"属性"命令，打开"属性"对话框。在"名称"文本框中输入分型曲面的名称"main"，单击对话框底部的 确定 按钮，退出对话框。

③ 单击"分型面"选项卡中"曲面设计"面板上的 曲面设计▼ 按钮，在弹出的下拉列表中单击 裙边曲面 按钮，系统弹出"裙边曲面"对话框和如图4-47所示的"链"菜单，并要求用户选取用于创建裙边曲面的曲线。

④ 在图形窗口中选取创建的侧面影像曲线，然后单击"链"菜单中的"完成"命令，返回"裙边曲面"对话框。

⑤ 接受该对话框中默认的设置，单击对话框底部的 确定 按钮，完成创建裙边曲面操作。

5. 着色分型曲面

① 单击"图形"工具栏上的 按钮，系统弹出"继续体积块选取"菜单，并将创建的分型曲面单独显示在图形窗口中，如图4-48所示。单击"继续体积块选取"菜单中的"完成/返回"命令，关闭该菜单。

② 单击"编辑"面板上的 ✔ 按钮，完成分型曲面的创建操作。此时，系统将返回模具设计模块主界面。

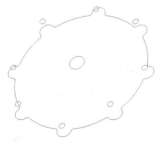
图4-46　创建的侧面影像曲线

图4-47　"链"菜单

图4-48　着色的分型曲面

✳ **实例结束**

4.2　分型曲面操作

创建分型曲面后，可以对其进行合并、修剪、延伸等操作，下面将分别介绍。

4.2.1　合并分型曲面

在Parametric中，除了少数简单的分型曲面（如平整曲面）是单一的曲面特征外，大多数的分型曲面都是由多个曲面特征组成。在分型曲面中创建的第一个特征称为基本曲面，而接下来再增加的特征称为曲面片。由于系统不能自动将这些曲面片包括在分型面定义中，所以必须将这些曲面片合并在基本曲面中，使其成为一个面组。

合并分型曲面是一个相当常用的曲面操作方法，其功能是将两个曲面特征合并为一个曲面特征。合并曲面有下面两种方式。

- 相交：当两个曲面相交或互相交叉时使用该选项，系统自动分析曲面的相交部分，并要求用户指定每个曲面要保留的部分。
- 连接：当两个曲面有公共边时使用该选项，系统不会计算曲面间的相交，可以加快计算速度。

在分型曲面设计界面中，选中要合并的两个曲面特征后，单击"编辑"面板上的 按钮，系统弹出如图4-49所示的"合并"操控面板。下面将简单介绍该操控面板中常用选项的功能。

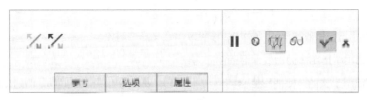

图4-49　"合并"操控面板

- 按钮：该按钮用于改变第一个面组要包括在合并曲面中的部分。
- 按钮：该按钮用于改变第二个面组要包括在合并曲面中的部分。

图4-50　"参考"下滑面板

- "参考"下滑面板：单击 参考 按钮，系统弹出"参考"下滑面板，如图4-50所示。在该下滑面板中列出了所选取的面组，其中顶部的面组为主面组，底部的面组为次面组。

注意：合并分型曲面时，必须将第一个曲面特征作为主面组，后创建的曲面特征只能作为次面组。否则创建的分型曲面不能进行重定义、着色、遮蔽等操作。

- "选项"下滑面板：单击 选项 按钮，系统弹出"选项"下滑面板，如图4-51所示。在该下滑面板中，可以指定合并曲面的方式。

图4-51　"选项"下滑面板

4.2.2　修剪分型曲面

在Parametric中，修剪分型曲面也是一种常用的曲面操作方式，其功能是去除分型曲面的多余部分。用户可以使用"拉伸""旋转"等工具来修剪分型曲面，其方法同创建分型曲面的方法大致相同。不同之处在于需要在"拉伸"或"旋转"操控面板中单击☑按钮，以激活"曲面修剪"功能。

除了使用"拉伸""旋转"等工具来修剪分型曲面外，系统还专门提供了"修剪"功能用于修剪分型曲面。利用该功能，用户可以选取已经存在的曲面、基准平面、基准曲线等来修剪分型曲面。下面将介绍利用"修剪"功能来修剪分型曲面的方法。

在分型曲面设计界面中，选取要修剪的曲面特征后，单击"编辑"面板上的 ⬛修剪按钮，系统弹出如图4-52所示的"修剪"操控面板。下面将简单介绍该操控面板中常用选项的功能。

图4-52 "修剪"操控面板

- "修剪对象"收集器：该收集器用于添加、移除或重定义修剪对象。
- ☒按钮：该按钮用于指定修剪后要保留的曲面部分。
- ▣按钮：该按钮用于激活"侧面影像修剪"功能。使用该功能可以沿着参考零件的侧影投影轮廓修剪分型曲面。
- "参考"下滑面板：单击 参考 按钮，系统弹出"参考"下滑面板，如图4-53所示，在该下滑面板中显示了修剪的曲面和修剪对象。
- "选项"下滑面板：单击 选项 按钮，系统弹出"选项"下滑面板，如图4-54所示。在该下滑面板中，可以指定是否保留修剪曲面、激活"薄修剪"功能等。

图4-53 "参考"下滑面板

图4-54 "选项"下滑面板

注意：只有在使用曲面作为修剪对象参考时，"选项"下滑面板才可用。

4.2.3 延伸分型曲面

在大多数情况下，通过复制曲面的方法创建的分型曲面，还需要将其边界延伸到工件的边界，这样才能用于分割操作。Parametric提供了"延伸"功能，用于将分型曲面的边界延伸指定的距离或延伸到选定的平面。

注意：使用"延伸"功能延伸出的分型曲面自动成为原始曲面的一部分，不需要进行合并操作。

在分型曲面设计界面中，选取要延伸的边后，单击"编辑"面板上的 按钮，系统弹出如图4-55所示的"延伸"操控面板。下面将简单介绍该操控面板中常用选项的功能。

图4-55　"延伸"操控面板

- 按钮：选中该按钮时，系统沿原始曲面延伸曲面边界边链。在默认的情况下，系统会自动选中该按钮。
- 按钮：选中该按钮时，系统将沿与指定平面垂直的方向延伸边界边链至指定平面。
- "距离"文本框：该文本框用于输入延伸的距离值。

注意：当用户选中 按钮时，该文本框将变为"参考平面"收集器。

- 按钮：该按钮用于改变与边界边链相关的延伸方向。
- "参考"下滑面板：单击 按钮，系统弹出"参考"下滑面板，如图4-56所示。在该下滑面板中，显示了当前边界边链的类型。用户还可以单击 按钮，在弹出的"链"对话框中修改链属性。

图4-56　"参考"下滑面板

- "测量"下滑面板：单击 按钮，系统弹出"测量"下滑面板，如图4-57所示。在该下滑面板中，可以通过沿选定的边链添加并调整测量点来创建可变延伸。在默认的情况下，系统只添加一个测量点，并按相同的距离延伸整个链以创建恒定延伸。

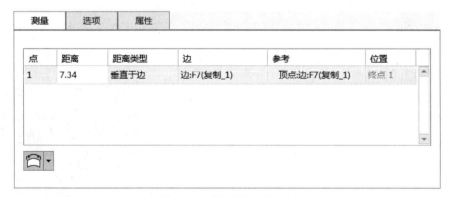

图4-57　"量度"下滑面板

注意：当用户选中 按钮时，"量度"下滑面板和"选项"下滑面板将不可用。

● "选项"下滑面板：单击 选项 按钮，系统弹出"选项"下滑面板，如
图4-58所示。在该下滑面板中，可以选择下面3种延伸方法。

图4-58 "选项"下滑面板

● 相同：选择该选项时，表示延伸曲面与原始曲面相同，为系统默认的
选项。

● 相切：选择该选项时，表示将创建一个与原始曲面相切的延伸曲面。

● 逼近：选择该选项时，表示延伸曲面与原始曲面近似，此时将创建一
个与边界混合相似的曲面。

▶ 实例4-7

下面通过一个实例，让读者掌握创建修剪、合并和延伸分型曲面的方法。

✳ 实例开始

1. 设置工作目录

① 单击窗口顶部的"文件"→"管理会话"→"选择工作目录"命令，打开"选择工作目录"对话框。改变
目录到"ex4_7.asm"文件所在的目录（如"D:\实例源文件\第4章\实例4-7"）。

② 单击该对话框底部的 确定 按钮，即可将"ex4_7.asm"文件所在的目录设置为当前进程中的工作目录。

2. 打开模具文件

① 单击"快速访问"工具栏上的 按钮，打开"文件打开"对话框。

② 在该对话框中的"文件"列表中，选中"ex4_7.asm"文件，然后单击对话框底部的 打开 按钮，进入模
具设计模块。

3. 创建分型曲面

（1）第一次复制曲面

① 单击"模具"选项卡中"分型面和模具体积块"面板上的 按钮，进入分型曲面设计界面。

② 在图形窗口中单击鼠标右键，在弹出的快捷菜单中选择"属性"命令，打开"属性"对话框。在"名称"
文本框中输入分型曲面的名称"main"。单击对话框底部的 确定 按钮，退出对话框。

③ 在模型树中用鼠标右键单击"EX4_7_WRK.PRT"工件，并在弹出的快捷菜单中选择"遮蔽"命令，将
其隐藏。

④ 在图形窗口中选取参考零件上任意一个外表面，如图
4-59所示，此时被选中的表面呈红色。

⑤ 单击 模具 按钮，切换到"模具"选项卡。单击"编辑"
面板上的 复制 按钮，然后单击"编辑"面板上的 粘贴 按钮，打
开"复制曲面"操控面板。

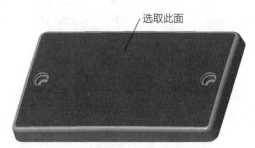

图4-59 选取表面

⑥ 在图形窗口中，按住鼠标右键，并在弹出的快捷菜单中
单击"实体曲面"命令，如图4-60所示。此时，系统将构建一
个所有实体曲面集，如图4-61所示。单击操控面板右侧的 按钮，完成复制曲面操作。此时，系统会自动选中
"复制1"特征。

图4-60　快捷菜单

图4-61　实体曲面集

（2）修剪分型曲面

① 单击"编辑"面板上的 修剪 按钮，打开"修剪"操控面板。此时系统要求用户选取修剪曲面的参考对象。

② 在图形窗口中选取基准平面"MAIN_PARTING_PLN"为修剪平面，然后单击 按钮，选中"侧面影像修剪"选项。此时，在图形窗口中被修剪的分型曲面将加亮显示。单击操控面板右侧的 ✓ 按钮，完成侧面影像修剪操作。

（3）第二次复制曲面

① 旋转参考零件至如图4-62所示的位置，并在图形窗口中选取图中的平面，此时被选中的平面呈红色。

② 单击"编辑"面板上的 复制 按钮，然后单击"编辑"面板上的 粘贴 按钮，打开"复制曲面"操控面板。此时，系统将构建一个单个曲面集。

③ 单击对话栏中的 选项 按钮，并在弹出的"选项"下滑面板中，选中"排除曲面并填充孔"单选按钮。此时，系统将自动激活"排除轮廓"收集器。

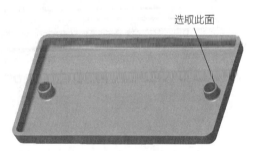

图4-62　选取平面

④ 单击"填充孔/曲面"收集器，将其激活。在图形窗口中选取图4-62中的平面。此时，系统自动将所选平面中的破孔封闭。单击该操控面板右侧的 ✓ 按钮，完成复制曲面操作。此时，在模型树中系统会自动选中"复制2"特征。

（4）合并曲面

① 单击 分型面 按钮，切换到"分型面"选项卡。按住"Ctrl"键，并在模型树中选中"复制1"特征。单击"编辑"面板上的 按钮，打开"合并"操控面板。单击对话栏中的 参考 按钮，打开"参考"下滑面板。

② 在该下滑面板的"面组"收集器中选中"面组：F7（MAIN）"，单击 按钮，使"面组：F7（MAIN）"位于收集器顶部，成为主面组。

③ 单击对话栏中的 按钮，改变第二个面组要包括在合并曲面中的部分。单击操控面板右侧的 ✓ 按钮，完成合并曲面操作。

（5）延伸曲面

a. 第一次延伸操作

① 在模型树中用鼠标右键单击"EX4_7_WRK.PRT"工件，并在弹出的快捷菜单中选择"取消遮蔽"命令，将其显示出来。

② 旋转参考零件至如图4-63所示的位置，并在图形窗口中选取图中的圆弧边1。单击"编辑"面板上的 □延伸按钮，打开"延伸"操控面板。

- -

注意：用户在选取延伸边时，必须选取复制曲面上的边，才能进行延伸操作。可以使用查询选取的方法来选取复制曲面上的边。

③ 单击对话栏中的 参考 按钮，并在弹出的下滑面板中单击 细节... 按钮，打开"链"对话框。按住"Ctrl"键，并在图形窗口中选取图4-63中的直边和圆弧边2。此时，系统会在"参考"收集中显示选取的参考边，如图4-64所示。

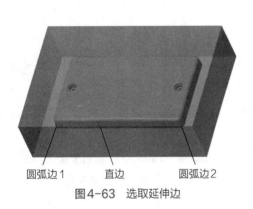

圆弧边1 直边 圆弧边2

图4-63 选取延伸边

图4-64 "链"对话框

④ 单击对话框底部的 确定(O) 按钮，返回"延伸"操控面板。单击操控面板中的 按钮，选中"将曲面延伸到参考平面"选项，然后在图形窗口中选取图4-65中的面为延伸参考平面。单击操控面板右侧的 ✓按钮，完成延伸操作。

b. 第二次延伸操作

① 旋转参考零件至如图4-66所示的位置，并在图形窗口中选取图中的直边。单击"编辑"面板上的 □延伸按钮，打开"延伸"操控面板。

选取此面

图4-65 选取延伸参考平面

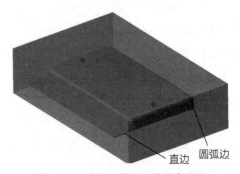

直边 圆弧边

图4-66 选取延伸边和范围参考边

② 单击对话栏中的 参考 按钮，并在弹出的下滑面板中单击 细节... 按钮，打开"链"对话框。然后选中"基于规则"单选按钮，并在"规则"选项组中选中"部分环"单选按钮，如图4-67所示。

③ 在图形窗口中选取图4-66中的圆弧边为延伸参考边，单击"范围"选项组中 反向 按钮。此时，系统自动将直边和圆弧边之间的边全部选中。单击对话框底部的 确定(O) 按钮，返回"延伸"操控面板。

④ 单击操控面板中的 按钮，选中"将曲面延伸到参考平面"选项，然后在图形窗口中选取图4-68中的面为延伸参考平面。单击操控面板右侧的 ✔ 按钮，完成延伸操作。

c. 第三次延伸操作

① 旋转参考零件至如图4-69所示的位置，并在图形窗口中选取图中的直边。单击"编辑"面板上的 延伸 按钮，打开"延伸"操控面板。

图4-67 "链"对话框

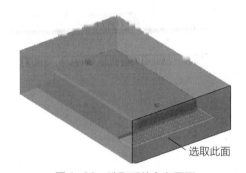

图4-68 选取延伸参考平面

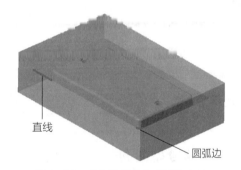

图4-69 选取延伸边和范围参考边

② 单击对话栏中的 参考 按钮，并在弹出的下滑面板中单击 细节... 按钮，打开"链"对话框。然后选中"基于规则"单选按钮，并在"规则"选项组中选中"部分环"单选按钮。

③ 在图形窗口中选取图4-69中的圆弧边为延伸参考边，单击"范围"选项组中 反向 按钮。此时，系统自动将直边和圆弧边之间的边全部选中。单击对话框底部的 确定(O) 按钮，返回"延伸"操控面板。

④ 单击操控面板中的 按钮，选中"将曲面延伸到参考平面"选项，然后在图形窗口中选取图4-70中的面为延伸参考平面。单击操控面板右侧的 ✔ 按钮，完成延伸操作。

d. 第四次延伸操作

① 在图形窗口中选取图4-71中的直边。单击"编辑"面板上的 延伸 按钮，打开"延伸"操控面板。

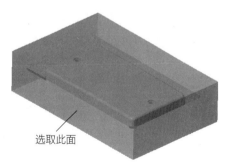

图4-70 选取延伸参考平面

② 单击对话栏中的 参考 按钮，并在弹出的下滑面板中单击 细节... 按钮，打开"链"对话框。然后选中"基于规则"单选按钮，并接受系统自动选中的"相切"单选按钮。单击对话框底部的 确定(O) 按钮，返回"延伸"操控面板。

③ 单击操控面板中的 按钮，选中"将曲面延伸到参考平面"选项，然后在图形窗口中选取图4-72中的面为延伸参考平面。单击操控面板右侧的 按钮，完成延伸操作。

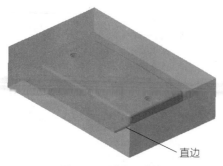

图4-71　选取延伸边

直边

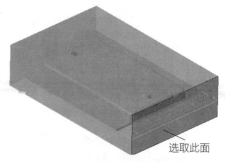

图4-72　选取延伸参考平面

选取此面

4. 着色分型曲面

① 单击"图形"工具栏上的 按钮，系统弹出"继续体积块选取"菜单，并将创建的分型曲面单独显示在图形窗口中，如图4-73所示。单击"继续体积块选取"菜单中的"完成/返回"命令，关闭该菜单。

② 单击"编辑"面板上的 按钮，完成分型曲面的创建操作。此时，系统将返回模具设计模块主界面。

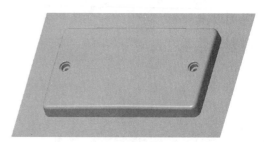

图4-73　着色的分型曲面

✳ 实例结束

4.2.4　平移分型曲面

在Parametric中，可以对已经存在的分型曲面进行平移和镜像操作。下面首先介绍平移分型曲面的方法。

对于一些形状相同，只是位置不同的分型曲面，用户可以先创建其中的一个分型曲面，并将其复制。然后对复制的分型曲面进行平移操作，从而快速得到其他分型曲面。

在分型曲面设计界面中，单击"编辑"面板上的 编辑▾ 按钮，在弹出的下拉列表中单击 变换 按钮，系统弹出如图4-74所示的"选项"菜单。下面将介绍详细该菜单中各个命令选项的功能。

- 移动：该选项用于移动分型曲面。
- 镜像：该选项用于镜像分型曲面。
- 无副本：选择该选项时，系统在创建转换曲面时，不复制原始曲面。

图4-74　"选项"菜单

4.2.5　镜像分型曲面

对于具有对称特征的分型曲面而言，用户可以先创建其中的一个分型曲面，并将其复制。然后对复制的分型曲面进行镜像操作，从而快速得到其他分型曲面。

▶ **实例 4-8**

下面通过一个实例，让读者掌握创建掌握平移和镜像分型曲面的方法。

❋ **实例开始**

1. 设置工作目录

① 单击窗口顶部的"文件"→"管理会话"→"选择工作目录"命令，打开"选择工作目录"对话框。改变目录到"ex4_8.asm"文件所在的目录（如"D:\实例源文件\第4章\实例4-8"）。

② 单击该对话框底部的 [确定] 按钮，即可将"ex4_8.asm"文件所在的目录设置为当前进程中的工作目录。

2. 打开模具文件

① 单击"快速访问"工具栏上的 按钮，打开"文件打开"对话框。。

② 在该对话框中的"文件"列表中，选中"ex4_8.asm"文件，然后单击对话框底部的 [打开] 按钮，进入模具设计模块。

3. 创建动模型芯1分型曲面

（1）创建旋转曲面

① 单击"模具"选项卡中"分型面和模具体积块"面板上的 按钮，进入分型曲面设计界面。

② 在图形窗口中单击鼠标右键，在弹出的快捷菜单中选择"属性"命令，打开"属性"对话框。在"名称"文本框中输入分型曲面的名称"core_insert_1"，如图4-75所示。单击对话框底部的 [确定] 按钮，退出对话框。

③ 单击"形状"面板上的 [旋转] 按钮，打开"旋转"操控面板。然后在图形窗口中单击鼠标右键，并在弹出的快捷菜单中选择"定义内部草绘"命令，打开"草绘"对话框。

④ 在图形窗口中选取"MOLD_RIGHT"基准平面为草绘平面，基准平面"MAIN_PRATING_PLN"为"上"参考平面，如图4-76所示。单击对话框底部的 [草绘] 按钮，进入草绘模式。

图4-75　"属性"对话框

图4-76　"草绘"对话框

⑤ 绘制如图4-77所示的二维截面，并单击"草绘器工具"工具栏上的 按钮，完成草绘操作，返回"旋转"操控面板。操控面板右侧的 ✔ 按钮，完成创建旋转曲面操作。

（2）着色分型曲面

① 单击"图形"工具栏上的█按钮，系统弹出"继续体积块选取"菜单，并将创建的分型曲面单独显示在图形窗口中，如图4-78所示。单击"继续体积块选取"菜单中的"完成/返回"命令，关闭该菜单。

② 单击"编辑"面板上的✔按钮，完成分型曲面的创建操作。此时，系统将返回模具设计模块主界面。

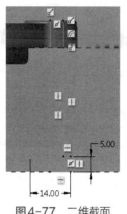

图4-77　二维截面

图4-78　着色的分型曲面

4.创建动模型芯2分型曲面

（1）复制分型曲面

① 单击"模具"选项卡中"分型面和模具体积块"面板上的█按钮，进入分型曲面设计界面。

② 在图形窗口中单击鼠标右键，在弹出的快捷菜单中选择"属性"命令，打开"属性"对话框。在"名称"文本框中输入分型曲面的名称"core_insert_2"，如图4-79所示。单击对话框底部的█按钮，退出对话框。

图4-79　"属性"对话框

③ 单击状态栏中的"过滤器"下拉列表框右侧的▪按钮，并在打开的列表中选择"面组"选项，将其设置为当前过滤器。

④ 在图形窗口中选取创建的动模型芯1分型曲面，此时被选中的面组呈红色。

⑤ 单击 模具 按钮，切换到"模具"选项卡。单击"编辑"面板上的█复制按钮，然后单击"编辑"面板上的█粘贴▪按钮，打开"复制曲面"操控面板。此时，系统将构建一个单个曲面集。单击操控面板右侧的✔按钮，完成复制曲面操作。

（2）第一次移动分型曲面

① 单击 分型面 按钮，切换到"分型面"选项卡。单击"编辑"面板上的 编辑▪ 按钮，在弹出的下拉列表中单击 变换 按钮，并在弹出的"选项"菜单中单击"移动"→"完成"命令，此时，系统要求用户选取要移动的曲面。

② 在图形窗口选取刚才复制的曲面，并单击"选取"对话框中的█按钮。系统弹出如图4-80所示的"移动特征"菜单，单击"平移"命令，此时，系统要求用户选取移动参考平面。

③ 在图形窗口中选取"MOLD_RIGHT"基准平面为移动参考平面，并在弹

图4-80　"移动特征"菜单

出的"方向"菜单中单击"确定"命令。在消息区的文本框中输入移动距离"34.37"，单击右侧的✓按钮。

（3）第二次移动分型曲面

① 单击"移动特征"菜单中的"平移"命令，此时，系统要求用户选取移动参考平面。

② 在图形窗口中选取"MOLD_FRONT"基准平面为移动参考平面，并在弹出的"方向"菜单中单击"确定"命令。在消息区的文本框中输入移动距离"59.56"，单击右侧的✓按钮。

③ 单击"移动特征"菜单中的"完成移动"命令，系统会将复制的曲面作移动操作。

④ 单击"编辑"面板上的✓按钮，完成分型曲面的创建操作。此时，系统将返回模具设计模块主界面。

5. 创建动模型芯3分型曲面

（1）复制分型曲面

① 单击"模具"选项卡中"分型面和模具体积块"面板上的 按钮，进入分型曲面设计界面。

图4-81　"属性"对话框

② 在图形窗口中单击鼠标右键，在弹出的快捷菜单中选择"属性"命令，打开"属性"对话框。在"名称"文本框中输入分型曲面的名称"core_insert_3"，如图4-81所示。单击对话框底部的 按钮，退出对话框。

③ 在图形窗口中选取创建的动模型芯2分型曲面，此时被选中的面组呈红色。

④ 单击 模具 按钮，切换到"模具"选项卡。单击"编辑"面板上的 复制 按钮，然后单击"编辑"面板上的 粘贴 按钮，打开"复制曲面"操控面板。此时，系统将构建一个单个曲面块。单击操控面板右侧的✓按钮，完成复制曲面操作。

（2）镜像分型曲面

① 单击 分型面 按钮，切换到"分型面"选项卡。单击"编辑"面板上的 编辑 按钮，在弹出的下拉列表中单击 变换 按钮，并在弹出的"选项"菜单中单击"镜像"→"完成"命令，此时，系统要求用户选取要镜像的曲面。

② 在图形窗口中选取刚才复制的曲面，并单击"选取"对话框中的 确定 按钮。此时，系统要求用户选取镜像参考平面。

③ 在图形窗口中选取"MOLD_RIGHT"基准平面为镜像参考平面，系统会将复制的曲面作镜像操作。

④ 单击"编辑"面板上的✓按钮，完成分型曲面的创建操作。此时，系统将返回模具设计模块主界面。

✱ 实例结束

4.2.6　重定义分型曲面

当退出分型曲面设计界面后，可以根据需要随时重新进入分型曲面设计界面，然后增加新特征，如复制曲面、合并曲面和延伸曲面等。其操作步骤如下。

① 在模具设计模块主界面的模型树中，单击一个分型曲面特征，系统弹出如图4-82所示的快捷面板。

② 单击该快捷面板中的 按钮，系统将进入分型曲面设计界面。此时，可以进行复制曲面、合并曲面等操作。

图4-82　快捷面板

4.2.7　编辑定义分型曲面

当退出分型曲面设计界面后，除了可以为分型曲面增加新特征外，还可以编辑定义分型曲面中的现有特征。

比如对于一个通过复制曲面的方法来创建的分型曲面，用户可以在模具设计模块主界面的模型树中单击该特征，并在弹出的如图4-82所示的快捷面板中单击 按钮，系统将打开"复制曲面"操控面板，可以根据需要重新复制曲面。

注意：在分型曲面设计界面中，用户不能进行编辑现有特征、修改尺寸等操作。

4.2.8　重命名分型曲面

用户还可以重新命名分型曲面，其操作步骤如下。

① 在模具设计模块主界面的模型树中，单击一个分型曲面特征，系统弹出如图4-82所示的快捷面板。

② 单击该快捷面板中的 按钮，系统弹出如图4-83所示的"属性"对话框。在"名称"文本框中重新输入分型曲面的名称，单击对话框底部的 确定 按钮，退出对话框。

图4-83　"属性"对话框

4.2.9　删除分型曲面

用户还可以根据需要删除创建的分型曲面。

① 在模具设计模块主界面的模型树中，单击一个分型曲面特征，系统弹出如图4-82所示的快捷面板。

② 单击该快捷面板中的 按钮，系统弹出如图4-84所示的"删除"对话框。单击对话框底部的 确定 按钮，即可将选中的分型曲面特征删除。

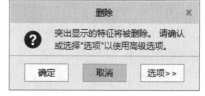

图4-84　"删除"对话框

4.3　直接创建模具体积块

在上一章中介绍了利用分割的方法来创建模具体积块的方法，下面将介绍直接创建模具体积块的方法。直接创建模具体积块时，由于不需要创建分型曲面，所以可以节省创建分型曲面的时间，提高设计效率。

在Parametric中，可以使用下面3种方法来直接创建模具体积块。

- 聚合：通过复制参考零件上的曲面来创建模具体积块。
- 草绘：通过创建拉伸、旋转等基本特征来创建模具体积块。
- 滑块：通过基于指定的"拖动方向"执行几何分析，并创建侧向成型的模具体积块。

4.3.1　聚合法创建模具体积块

聚合法创建模具体积块是通过复制参考零件上的表面，然后将其边界延伸到特定的平面，并将其封闭，从而得到模具体积块的方法。在一般情况下，使用聚合功能创建的模具体积块都不完整，还必须配合草绘功能才能创建出完整的模具体积块。

聚合法创建模具体积块的操作步骤如下。

① 单击"模具"选项卡中"分型面和模具体积块"面板上的  按钮，进入模具体积块设计界面。

② 单击"体积块工具"面板上的 按钮，系统弹出如图4-85所示的"聚合步骤"菜单。该菜单中各个命令选项的功能如下。

- 选择：该选项用于从参考零件中选取曲面。

- 排除：该选项用于从体积块定义中排除边或曲面环。

- 填充：该选项用于在体积块上封闭内部轮廓线或曲面上的孔。

- 封闭：该选项用于通过选取顶平面和边界线来封闭体积块。

图4-85　"聚合步骤"菜单

注意：在"聚合步骤"菜单中，"选择"和"封闭"两个命令是必选项目，如果所选曲面上有破孔时，则可以选中"封闭"命令来封闭破孔。

③ 接受该菜单中默认的选项，并单击"完成"命令，系统弹出如图4-86所示的"聚合选择"菜单。该菜单中各个命令选项的功能如下。

- 曲面和边界：选择该选项时，首先需要选取一个曲面作为种子曲面，然后选取边界曲面。此时，系统自动将所选的种子曲面以及种子曲面与边界曲面之间的曲面全部选中。

- 曲面：选择该选项时，可以逐个选取曲面作为模具体积块的参考曲面。

图4-86　"聚合选择"菜单

注意：同构建种子和边界曲面集一样，使用"曲面和边界"选项可以快速、准确地选取所需表面，所以该选项是最常用的选取曲面的方法。

④ 接受该菜单中默认的选项，并单击"完成"命令。在图形窗口中选取一个种子曲面和边界曲面后，系统弹出如图4-87所示的"封合"菜单。该菜单中各个命令选项的功能如下。

- 顶平面：该选项用于指定封闭模具体积块的平面。

- 全部环：选择该选项时，曲面中所有的开放边界都将被延伸到顶平面并封闭。

- 选取环：选择该选项时，只有被选取的环会被延伸到顶平面并封闭。

注意：在"封合"菜单中，"顶平面"命令是必选项目，而"全部环"和"选取环"两个命令只能选一项。

⑤ 接受该菜单中接受默认的选项，并单击该"完成"命令。在图形窗口中选取一个顶平面和边界线后，系统返回"封合"菜单。单击菜单中的"退出"命令，返回"封闭环"菜单。

图4-87　"封合"菜单

⑥ 单击该菜单中的"完成/返回"命令，返回"聚合体积块"菜单。单击菜单中的"完成"命令，完成聚合法创建模具体积块的操作。

4.3.2 草绘法创建模具体积块

草绘法创建模具体积块是一种类似于创建零件实体特征的方法，可以使用拉伸、旋转等工具来创建模具体积块。对于使用拉伸、旋转等工具创建的模具体积块，在某些情况下，还需要从该模具体积块中减去参考零件几何，这样才能创建一个完整的模具体积块。Parametric提供了下面两种方法来修剪模具体积块。

- 修剪到几何：通过选取参考零件几何、面组或平面来修剪创建的模具体积块。
- 参考零件切除：从创建的模具体积块中切除参考零件几何。

▶ 实例4-9

下面通过一个实例，让读者掌握聚合法和草绘法创建模具体积块的方法。

✳ 实例开始

1. 设置工作目录

① 单击窗口顶部的"文件"→"管理会话"→"选择工作目录"命令，打开"选择工作目录"对话框。改变目录到"ex4_7.asm"文件所在的目录（如"D:\实例源文件\第4章\实例4-7"）。

② 单击该对话框底部的 确定 按钮，即可将"ex4_7.asm"文件所在的目录设置为当前进程中的工作目录。

2. 打开模具文件

① 单击"快速访问"工具栏上的 按钮，打开"文件打开"对话框。

② 在该对话框中的"文件"列表中，选中"ex4_7.asm"文件，然后单击对话框底部的 打开 按钮，进入模具设计模块。

3. 创建定模型芯1体积块

（1）聚合法创建模具体积块

① 单击"模具"选项卡中"分型面和模具体积块"面板上的 按钮，进入模具体积块设计界面。

② 在图形窗口中单击鼠标右键，在弹出的快捷菜单中选择"属性"命令，打开"属性"对话框。在"名称"文本框中输入模具体积块的名称"cavity_insert_1"，如图4-88所示。单击对话框底部的 确定 按钮，退出对话框。

图4-88 "属性"对话框

③ 单击"体积块工具"面板上的 按钮，系统弹出"聚合步骤"菜单。接受菜单中默认的设置，并单击"完成"命令，系统又弹出"聚合选择"菜单。

④ 单击该菜单中的"曲面和边界"→"完成"命令，此时，系统要求用户选取种子面。在图形窗口中选取图4-89中的表面为种子面。系统弹出如图4-90所示的"特征参考"菜单，

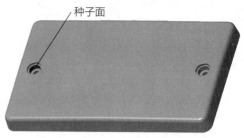

种子面

图4-89 选取种子面

图4-90　"特征参考"菜单

并要求用户选取边界面。

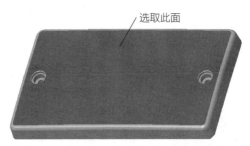

图4-91　选取第一组边界面

⑤ 按住"Ctrl"键，并在图形窗口中选取图4-91中的外表面为第一组边界面。松开"Ctrl"键，并旋转模型至如图4-92所示的位置。按住"Ctrl"键不放，并选取图4-92中的平面为第二组边界面。

- -

注意：在聚合法创建体积块操作过程中选取多个边界面的方法（按住"Ctrl"键）与在复制曲面操作过程中选取多个边界面的方法（按住"Shift"键）不同，用户必须特别注意。

⑥ 单击"特征参考"菜单中的"完成参考"命令，返回"曲面边界"菜单。单击菜单中的"完成/返回"命令，系统弹出"封合"菜单。

⑦ 接受该菜单中默认的设置，并单击"完成"命令。系统弹出"封闭环"菜单，并要求用户选取一个平面，以封闭模具体积块。在图形窗口中选取图4-93中的平面为顶平面。此时，系统要求用户选取一条边，以封闭模具体积块。

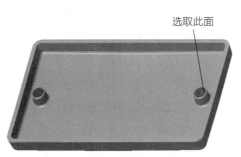

图4-92　选取第二组边界面

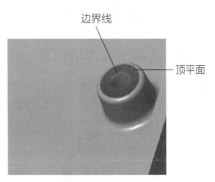

图4-93　选取顶平面和边界线

⑧ 在图形窗口中选取图4-93中孔的边界线，单击"选取"对话框中的 确定 按钮，返回"封合"菜单。在菜单中选中"全部环"选项，单击"完成"命令，系统又弹出"封闭环"菜单，并要求用户选取一个平面，以封闭模具体积块。

⑨ 旋转模型至如图4-94所示的位置，在图形窗口中选取图中工件的底面为顶平面，系统将返回"封合"菜单。单击菜单中的"退出"命令，返回"封闭环"菜单。

⑩ 单击该菜单中的"完成/返回"命令，返回"聚合体积块"菜单。单击菜单中的"完成"命令，完成聚合法创建模具体积块的操作。

（2）使用拉伸工具创建模具体积块

① 单击"形状"面板上的 按钮，打开"拉伸"操控面板。在图形窗口中选取图4-94中工件的顶面为草绘平面，系统将自动进入草绘模式。

② 绘制如图4-95所示的二维截面，并单击"草绘器工具"工具栏上的 按钮，完成草绘操作，返回"拉伸"操控面板。在"深度"文本框中输入深度值"5"，并按"Enter"键确认。单击"深度"文本框右侧的 按钮，改变拉伸方向。

③ 单击该操控面板右侧的 按钮，完成拉伸模具体积块操作。

图4-94　选取顶平面

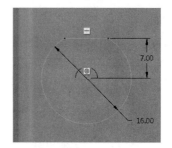

图4-95　二维截面

（3）着色模具体积块

① 单击"图形"工具栏上的 按钮，系统弹出"继续体积块选取"菜单，并将创建的分型曲面单独显示在图形窗口中，如图4-96所示。单击"继续体积块选取"菜单中的"完成/返回"命令，关闭该菜单。

② 单击"编辑"面板上的 按钮，完成模具体积块的创建操作。此时，系统将返回模具设计模块主界面。

4. 创建定模型芯2体积块

（1）使用旋转工具创建模具体积块

① 单击"模具"选项卡中"分型面和模具体积块"面板上的 按钮，进入模具体积块设计界面。

② 在图形窗口中单击鼠标右键，在弹出的快捷菜单中选择"属性"命令，打开"属性"对话框。在"名称"文本框中输入模具体积块的名称"cavity_insert_2"，如图4-97所示。单击对话框底部的 按钮，退出对话框。

图4-96　着色的模具体积块

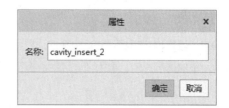

图4-97　"属性"对话框

③ 单击"形状"面板上的 旋转 按钮，打开"旋转"操控面板。在图形窗口中选取"MOLD_FRONT"基准平面为草绘平面，系统将自动进入草绘模式。

④ 绘制如图4-98所示的二维截面，并单击"草绘器工具"工具栏上的 按钮，完成草绘操作，返回"旋转"操控面板。操控面板右侧的 按钮，完成旋转模具体积块操作。

（2）切除模具体积块

① 单击"形状"面板上的 按钮，打开"拉伸"操控面板。单击对话栏中的 按钮，在图形窗口中选取图4-94中工件的顶面为草绘平面，系统将自动进入草绘模式。

② 绘制如图4-99所示的二维截面，并单击"草绘器工具"工具栏上的 按钮，完成草绘操作，返回"拉伸"操控面板。选择深度类型为 ，单击操控面板右侧的 按钮，完成切除模具体积块操作。

（3）修剪模具体积块

① 单击"体积块工具"面板上的 修剪到几何 按钮右侧的 按钮，在弹出的下拉列表中单击 参考零件切除 按钮，系统将自动从模具体积块中切除参考零件几何。

② 单击"图形"工具栏上的 按钮，系统弹出"继续体积块选取"菜单，并将创建的模具体积块单独显示在图形窗口中，如图4-100所示。单击"继续体积块选取"菜单中的"完成/返回"命令，关闭该菜单。

③ 单击"编辑"面板上的 按钮，完成模具体积块的创建操作。此时，系统将返回模具设计模块主界面。

图4-98 二维截面

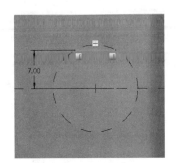

图4-99 二维截面　　　　　　　　　　图4-100 着色的模具体积块

✳ **实例结束**

4.3.3 草绘法创建模具体积块

如果参考零件的侧面上有凹凸部位，则必须将这些部位设计成活动的零件（即侧向成型部分），这样零件才能顺利脱模。在Parametric中，利用系统提供的滑块功能可以快速创建滑块体积块，而不用创建滑块分型曲面。

在模具体积块设计界中，单击"体积块工具"面板上的 滑块 按钮，系统弹出如图4-101所示的"滑块体积块"对话框。下面将简单介绍该对话框中各个选项的功能。

• "参考零件"选项：该选项用于选取参考零件。如果模具模型中只有一个参考零件，系统会自动将其选中；如果模具模型中存在多个参考零件，则可以单击 按钮，然后选取其中的一个参考零件用于创建滑块。

• "拖拉方向"选项组：该选项组用于指定拖拉方向。在默认的情况下，系统会自动选中"使用默认设置"复选框，以使用默认的拖拉方向。

• 计算底切边界 按钮：单击该按钮系统会执行几何分析，并将生成的滑块边界面组放置到"排除"列表中。

- "包括"列表：该列表用于显示创建滑块的边界面组。

- "排除"列表：该列表用于显示系统生成的边界面组。

- << 按钮：单击该按钮，可以将在"排除"列表中选中的边界面组放置到"包括"列表中。

- >> 按钮：单击该按钮，可以将在"包括"列表中选中的边界面组放置到"排除"列表中。

- 按钮：单击该按钮，可以将选中的边界面组以网格的方式显示。

- 按钮：单击该按钮，可以将选中的边界面组以着色的方式显示。

- "投影平面"选项：该选项用于延伸滑块。选取了投影平面后，系统将滑块延伸到该平面上。

图4-101 "滑块体积块"对话框

▶ 实例4-10

下面通过一个实例，让读者掌握使用滑块功能创建模具体积块的方法。

✳ 实例开始

1. 设置工作目录

① 单击窗口顶部的"文件"→"管理会话"→"选择工作目录"命令，打开"选择工作目录"对话框。改变目录到"ex4_1.asm"文件所在的目录（如"D:\实例源文件\第4章\实例4-1"）。

② 单击该对话框底部的 确定 按钮，即可将"ex4_1.asm"文件所在的目录设置为当前进程中的工作目录。

2. 打开模具文件

① 单击"快速访问"工具栏上的 按钮，打开"文件打开"对话框。

② 在该对话框中的"文件"列表中，选中"ex4_1.asm"文件，然后单击对话框底部的 打开 按钮，进入模具设计模块。

3. 创建上侧型1体积块

① 单击"模具"选项卡中"分型面和模具体积块"面板上的 按钮，进入模具体积块设计界面。

② 在图形窗口中单击鼠标右键，在弹出的快捷菜单中选择"属性"命令，打开"属性"对话框。在"名称"文本框中输入模具体积块的名称"slide_core_1"，如图4-102所示。单击对话框底部的 确定 按钮，退出对话框。

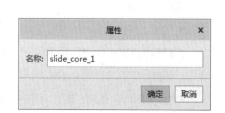

图4-102 "属性"对话框

③ 单击"体积块工具"面板上的 滑块 按钮，打开"滑块体积块"对话框。此时，系统要求用户选取用于创建滑块的参考零件。

④ 在图形窗口中选取左边的参考零件，单击对话框中的 计算底切边界 按钮，系统将自动进行计算。

计算完成后，系统将生成的滑块边界面组放置到"排除"列表中，如图4-103所示。在"排除"列表中选中"面组1"，并单击▣按钮，着色的边界曲面如图4-104所示。

⑤ 单击"着色信息"对话框底部的 确定 按钮，返回"滑块体积块"对话框。单击◁按钮，将其放置到"包括"列表中。

⑥ 单击对话框底部"投影平面"选项中的 ▸ 按钮，并在图形窗口中选取图4-105中工件的侧面为投影平面。单击对话框底部的 ✓ 按钮，退出对话框。

图4-103 计算结果

图4-104 着色的边界曲面

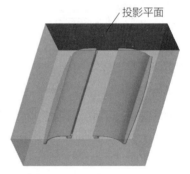

投影平面

图4-105 选取投影平面

4. 着色模具体积块

① 单击"图形"工具栏上的▣按钮，系统弹出"继续体积块选取"菜单，并将创建的模具体积块单独显示在图形窗口中，如图4-106所示。单击"继续体积块选取"菜单中的"完成/返回"命令，关闭该菜单。

② 单击"编辑"面板上的▸按钮，完成模具体积块的创建操作。此时，系统将返回模具设计模块主界面。

图4-106 着色的模具体积块

✳ **实例结束**

4.4　其他分模方法

在实际应用过程中，除了可以在模具设计模块中进行分模设计外，还可以在组件设计模块或零件设计模块中进行分模设计，下面将分别介绍。

4.4.1　在组件设计模块中分模

对于一些形状比较简单的零件，可以利用组件设计模块中的切除功能来进行分模设计。下面将通过一个实例来介绍具体的操作步骤。

- -

注意：在使用切除功能进行分模设计时，有时会出现因为基础零件和参考零件的精度不同而导致切除操作失败。此时，用户可以根据系统提示改变零件的精度，以便能够进行切除操作。

▶ **实例4-11**

- - - - - - - - - - - - -

下面通过一个实例，让读者掌握在组件设计模块中的分模方法。

- -

✳ **实例开始**

1. 设置工作目录

① 单击窗口顶部的"文件"→"管理会话"→"选择工作目录"命令，打开"选择工作目录"对话框。改变目录到"ex4_11.prt"文件所在的目录（如"D:\实例源文件\第4章\实例4-11"）。

② 单击该对话框底部的 确定 按钮，即可将"ex4_11.prt"文件所在的目录设置为当前进程中的工作目录。

2. 新建组件文件

① 单击"快速访问"工具栏上的 按钮，打开"新建"对话框。选中"类型"选项组中的"组件"单选按钮，系统会自动选中"子类型"选项组中的"设计"单选按钮，如图4-107所示。

图4-107　"新建"对话框

② 在"名称"文本框中输入组件名称"ex4_11",取消选中"使用默认模板"复选框。单击对话框底部的
[确定]按钮,打开"新文件选项"对话框。

③ 在该对话框中选择"mmks_asm_design"模板,如图4-108所示,单击对话框底部的[确定]按钮,进入组件设计模块。

图4-108 "新文件选项"对话框

3. 设置模型树

① 单击导航器窗口中的[T]按钮,在弹出的"设置"菜单中单击"树过滤器"命令,打开"模型树项"对话框,如图4-109所示。

图4-109 "模型树项"对话框

② 在该对话框中，选中"特征""注释"和"隐含的对象"等项目的复选框。单击对话框底部的 确定 按钮，退出对话框。

4. 装配零件

① 单击"模型"选项卡中"元件"面板上的 按钮，打开"打开"对话框。在对话框中，系统会自动选中"ex4_11.prt"文件。单击对话框底部的 打开 按钮，打开"元件放置"操控面板。

② 单击"约束"下拉列表框，并在打开的下拉列表中选择"默认"选项，如图4-110所示。单击操控面板右侧的 按钮，完成元件放置操作。此时，装配的零件如图4-111所示。

图4-110 设置约束类型

图4-111 装配的零件

5. 设置收缩率

① 在模型树中用单击"EX4_5.PRT"零件，系统弹出如图4-112所示的快捷面板，然后单击 按钮，系统进入零件设计模块。

② 单击窗口顶部的"文件"→"准备"→"模型属性"命令，打开"模型属性"对话框，如图4-113所示。单击"工具"选项组中"收缩"选项右边的 更改 按钮，系统弹出如图4-114所示的"收缩"菜单。

图4-112 快捷面板

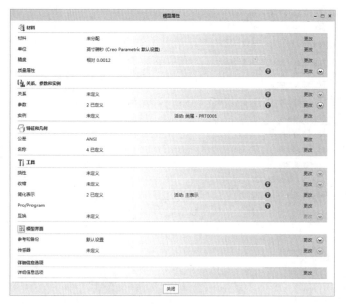

图4-113 "模型属性"对话框

图4-114 "收缩"菜单

③ 在该菜单中单击"按比例"命令，打开"按比例收缩"对话框。此时，系统将自动选择"坐标系"选项中的 ▭ 按钮，要求用户选取坐标系。

④ 在图形窗口中选取"PRT_CSYS_DEF"坐标系，然后在"收缩率"文本框中输入收缩值"0.005"，如图4-115所示。单击对话框底部的 ✔ 按钮，退出对话框。

⑤ 单击"收缩"菜单中的"完成/返回"命令，返回"模型属性"对话框。单击对话框底部的 关闭 按钮，退出对话框。

⑥ 单击"快速访问"工具栏中的 ▭ 按钮，关闭"EX4_11.PRT"文件。此时，系统将返回组件设计模块。

6. 创建动模

（1）新建零件文件

① 单击"模型"选项卡中"元件"面板上的 ▭创建 按钮，打开"创建元件"对话框。在"名称"文本框中输入零件的名称"core"，如图4-116所示。单击对话框底部的 确定(O) 按钮，打开"创建选项"对话框，如图4-117所示。

图4-115 "按比例收缩"对话框

图4-116 "创建元件"对话框

图4-117 "创建选项"对话框

② 单击"复制自"选项组中的 浏览... 按钮，打开"选取模板"对话框。改变目录到"mmns_part_solid.prt"模板文件所在的目录（如"D:\Program Files\PTC\Creo 4.0\M030\Common Files\templates"）。

③ 在"文件"列表中选中"mmns_part_solid.prt"模板文件，单击对话框底部的 打开 按钮，返回"创建选项"对话框。此时，系统会将"mmns_part_solid.prt"模板文件指定给模具元件。

④ 单击该对话框底部的 确定(O) 按钮，打开"元件放置"操控面板。在图形窗口中，按住鼠标右键，并在弹出的快捷菜单中单击"默认约束"命令。单击操控面板右侧的 ✔ 按钮，完成元件放置操作。

（2）第一次拉伸操作

① 在模型树中单击"CORE.PRT"元件，系统弹出如图4-118所示的快捷面板，然后单击 ◈ 按钮，进入零件设计界面。

图4-118 快捷面板

注意：在模型树中"CORE.PRT"零件的前面显示一个 图标，表示该零件处于激活状态。

② 单击"形状"面板上的 按钮，打开"拉伸"操控面板。在图形窗口中选取图动模的"TOP"基准平面为草绘平面，系统将自动进入草绘模式。

③ 绘制如图4-119所示的二维截面，并单击"草绘器工具"工具栏上的 按钮，完成草绘操作，返回"拉伸"操控面板。

④ 选择深度类型为 ，并在图形窗口中选取图4-120中的面为深度参考面。单击操控面板右侧的 按钮，完成创建拉伸操作。

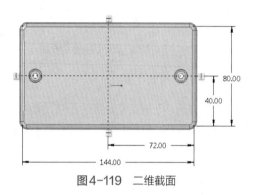

图4-119 二维截面

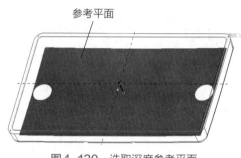

参考平面

图4-120 选取深度参考平面

（3）第二次拉伸操作

① 单击"形状"面板上的 按钮，打开"拉伸"操控面板。然后在图形窗口中单击鼠标右键，并在弹出的快捷菜单中选择"定义内部草绘"命令，打开"草绘"对话框。单击对话框中的 使用先前的 按钮，系统将自动进入草绘模式。

② 绘制如图4-121所示的二维截面，并单击"草绘器工具"工具栏上的 按钮，完成草绘操作，返回"拉伸"操控面板。在"深度"文本框中输入深度值20"，并按"Enter"键确认。单击"深度"文本框右侧的 按钮，改变拉伸方向。

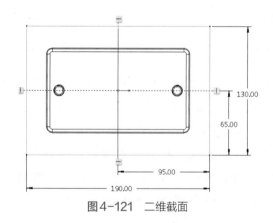

图4-121 二维截面

③ 单击操控面板右侧的 按钮，完成拉伸操作。

（4）第一次切除操作

① 在模型树中单击"ex4_11.asm"组件，并在弹出的快捷面板中单击 按钮。此时，系统将返回组件设

计界面。

② 单击"元件"面板上的 元件▾ 按钮，在弹出的下拉列表中单击 元件操作 按钮，系统弹出如图4-122所示的"元件"菜单。单击菜单中的"布尔运算"命令，打开"布尔运算"对话框。

③ 单击"布尔运算"下拉列表框，并在打开的下拉列表中选择"剪切"选项，如图4-123所示。在图形窗口中选取"CORE.PRT"被修改的模型，然后"修改元件"收集器，将其激活。

④ 在图形窗口中"EX4_11.PRT"零件为修改元件，单击对话框底部的 确定 按钮，退出对话框。此时，系统将自动进行切除处理，并返回"元件"菜单。单击菜单中的"完成/返回"命令，关闭该菜单。

图4-122 "元件"菜单

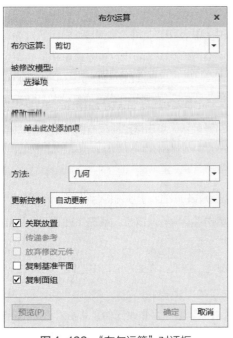

图4-123 "布尔运算"对话框

（5）第二次切除操作

① 在模型树中键单击"EX4_11.PRT"零件，并在弹出的快捷面板中单击 按钮，将其隐藏。

② 在模型树中单击"CORE.PRT"元件，并在弹出的快捷面板中单击 按钮，进入零件设计界面。

③ 单击"形状"面板上的 按钮，打开"拉伸"操控面板。单击对话框中的 按钮，在图形窗口中选取图4-124中的面为草绘平面，系统将自动进入草绘模式。

选取此面

图4-124 选取草绘平面

④ 绘制如图4-125所示的二维截面，并单击"草绘器工具"工具栏上的 按钮，完成草绘操作，返回"拉伸"操控面板。选择深度类型为 ，单击"深度"文本框右侧的 按钮，改变切除方向。单击操控面板右侧的 按钮，完成切除操作。此时，创建的动模如图4-126所示。

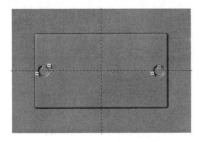

图4-125 绘制的二维截面

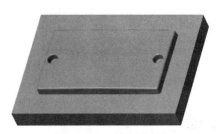

图4-126 创建的动模

7. 创建定模

（1）新建零件文件

① 在模型树中单击"EX4_11.PRT"零件，并在弹出的快捷面板中单击 ◉ 按钮，将其显示出来。

② 在模型树中单击"ex4_11.asm"组件，并在弹出的快捷面板中单击 ◈ 按钮。此时，系统将返回组件设计界面。

③ 单击"模型"选项卡中"元件"面板上的 ⬛创建 按钮，打开"创建元件"对话框。在"名称"文本框中输入零件的名称"cavity"，单击对话框底部的 确定(O) 按钮，打开"创建选项"对话框。

④ 单击该对话框底部的 确定(O) 按钮，打开"元件放置"操控面板。在图形窗口中，按住鼠标右键，并在弹出的快捷菜单中单击"默认约束"命令。单击操控面板右侧的 ✔ 按钮，完成元件放置操作。

注意：在"创建选项"对话框中，由于系统会自动选取上一次指定的模板文件，所以不需要重新指定模板文件。

（2）拉伸操作

① 在模型树中单击"CAVITY.PRT"元件，并在弹出的快捷面板中单击 ◈ 按钮，进入零件设计界面。

② 单击"形状"面板上的 ⬛ 按钮，打开"拉伸"操控面板。在图形窗口中选取图的"TOP"基准平面为草绘平面，系统将自动进入草绘模式。

③ 绘制如图4-127所示的二维截面，并单击"草绘器工具"工具栏上的 ✔ 按钮，完成草绘操作，返回"拉伸"操控面板。在"深度"文本框中输入深度值"25"，并按"Enter"键确认。单击操控面板右侧的 ✔ 按钮，完成创建拉伸操作。

（3）第一次切除操作

① 在模型树中单击"ex4_11.asm"组件，并在弹出的快捷面板中单击 ◈ 按钮。此时，系统将返回组件设计界面。

② 单击"元件"面板上的 元件▾ 按钮，在弹出的下拉列表中单击 元件操作 按钮，系统弹出"元件"菜单。单击菜单中的"布尔运算"命令，打开"布尔运算"对话框。

③ 单击"布尔运算"下拉列表框，并在打开的下拉列表中选择"剪切"选项。在图形窗口中选取"CAVITY.PRT"被修改的模型，然后"修改元件"收集器，将其激活。

④ 按住"Ctrl"键，并在图形窗口中"EX4_11.PRT和"CORE.PRT"零件为修改元件，单击对话框底部的 确定 按钮，退出对话框。此时，系统将自动进行切除处理，并返回"元件"菜单。单击菜单中的"完成/返回"命令，关闭该菜单。此时，创建的定模如图4-128所示。

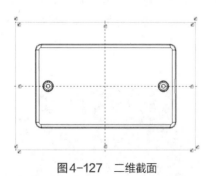

图4-127　二维截面

图4-128　创建的定模

✳ **实例结束**

4.4.2　在零件设计模块中分模

在零件设计模块中，可以使用复制几何、合并/继承和各种曲面功能来进行分模设计。下面将通过一个实例来介绍具体的操作步骤。

▶ **实例4-12**

下面通过一个实例，让读者掌握在零件设计模块中分模方法。

- -

✳ **实例开始**

1. 设置工作目录

① 单击窗口顶部的"文件"→"管理会话"→"选择工作目录"命令，打开"选择工作目录"对话框。改变目录到"ex4_11.prt"文件所在的目录（如"D:\实例源文件\第4章\实例4-11"）。

② 单击该对话框底部的 确定 按钮，即可将"ex4_11.prt"文件所在的目录设置为当前进程中的工作目录。

2. 设置收缩率

① 单击"快速访问"工具栏上的 按钮，打开"文件打开"对话框。

② 在该对话框中的"文件"列表中，选中"ex4_11.prt"文件，然后单击对话框底部的 打开 按钮，进入零件设计模块。

③ 单击窗口顶部的"文件"→"准备"→"模型属性"命令，打开"模型属性"对话框。单击"工具"选项组中"收缩"选项右边的 更改 按钮，系统弹出"收缩"菜单。

④ 在该菜单中单击"按比例"命令，打开"按比例收缩"对话框。此时，系统将自动选择"坐标系"选项中的 按钮，要求用户选取坐标系。

⑤ 在图形窗口中选取"PRT_CSYS_DEF"坐标系，然后在"收缩率"文本框中输入收缩值"0.005"。单击对话框底部的 ✓ 按钮，退出对话框。

⑥ 单击"收缩"菜单中的"完成/返回"命令，返回"模型属性"对话框。单击对话框底部的 关闭 按钮，退出对话框。

⑦ 单击"快速访问"工具栏中的 按钮，关闭"EX4_11.PRT"文件。

3. 创建动模

（1）新建零件文件

① 单击"快速访问"工具栏上的 按钮，打开"新建"对话框。此时，系统会自动选中"类型"选项组中的"零件"单选按钮、"子类型"选项组中的"实体"单选按钮，如图4-129所示。

② 在"名称"文本框中输入零件名称"core"，取消选中"使用默认模板"复选框。单击对话框底部的 确定 按钮，打开"新文件选项"对话框。

③ 在该对话框中选择"mmns_part_solid"模板，如图4-130所示。单击对话框底部的 确定 按钮，进入零件设计模块。

（2）复制曲面

① 单击"模型"选项卡中"获取数据"面板上的 复制几何 按钮，打开"复制几何"操控面板。单击对话栏中的 按钮，打开"打开"对话框。

图4-129　"新建"对话框

图4-130　"新文件选项"对话框

② 在对话框中，系统会自动选中"ex4_11.prt"文件。单击对话框底部的 打开 按钮，打开"放置"对话框，如图4-131所示。

③ 接受该对话框中默认的设置，单击对话框底部的 确定 按钮，返回"复制几何"操控面板。单击 按钮，取消选中"发布几何"选项。此时，系统会打开一个窗口用来显示参考零件。

④ 在打开的窗口中旋转模型至如图4-132所示的位置，选取任意一个内表面为种子面。此时被选中的表面呈红色。

图4-131　"放置"对话框

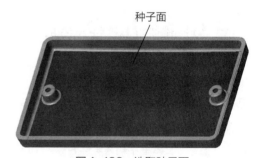

图4-132　选取种子面

⑤ 按住"Shift"键，并在打开的窗口中选取图4-133中的平面和2个孔的内表面为边界面。松开"Shift"键，完成种子和边界曲面集的定义。此时，系统将构建一个种子和边界曲面集，如图4-134所示。

⑥ 单击对话栏中的 选项 按钮，并在弹出的"选项"下滑面板中选中"排除曲面并填充孔"单选按钮。此时，系统将自动激活"填充孔/曲面"收集器。

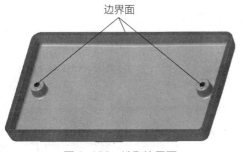

图4-133　选取边界面

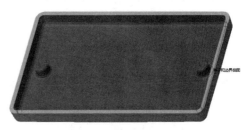

图4-134　种子和边界曲面集

⑦ 在打开的窗口中选取图4-135中的平面，此时，系统自动将所选平面中的2处破孔封闭。单击该操控面板右侧的✓按钮，完成复制曲面操作。

（3）创建拉伸曲面

① 单击"形状"面板上的按钮，打开"拉伸"操控面板。在图形窗口中选取"TOP"基准平面为草绘平面，系统将自动进入草绘模式。

② 绘制如图4-136所示的二维截面，并单击"草绘器工具"工具栏上的✓按钮，完成草绘操作，返回"拉伸"操控面板。单击对话栏中的按钮，选中"曲面"选项。

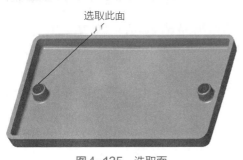

图4-135　选取面

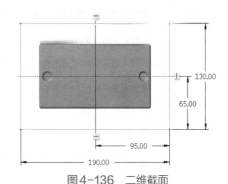

图4-136　二维截面

③ 在"深度"文本框中输入深度值"20"，并按"Enter"键确认。单击"深度"文本框右侧的按钮，改变拉伸方向。

④ 单击对话栏中的 选项 按钮，并在弹出的"选项"下滑面板中选中"封闭端"复选框，如图4-137所示。单击操控面板右侧的✓按钮，完成创建拉伸曲面操作。此时，在模型树中，系统会自动选中"拉伸1"特征。

（4）合并曲面

① 按住"Ctrl"键，并在模型树中选中"外部复制几何"特征。单击"编辑"面板上的按钮，打开"合并"操控面板。

② 接受该操控面板中默认的设置，单击操控面板右侧的✓按钮，完成合并曲面操作。此时，在模型树中系统会自动选中"合并1"特征。

图4-137　"选项"下滑面板

注意：在零件设计模块中合并曲面时，可以不将第一个曲面特征作为主面组。

（5）生成实体

① 单击"编辑"面板上的 实体化 按钮，打开"实体化"操控面板。打开"实体化"操控面板。接受操控面板中默认的设置，单击操控面板右侧的 ✔ 按钮，完成实体化操作。此时，创建的动模如图4-138所示。

② 单击"快速访问"工具栏上的 按钮，打开"保存对象"对话框。单击对话框底部的 确定 按钮，保存动模文件。

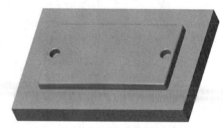

图4-138　创建的动模

③ 单击窗口顶部的"文件"→"管理会话"→"拭除当前"命令，打开"拭除"对话框。单击对话框底部的 是 按钮，关闭当前文件，并将其从内存中拭除。

4. 创建定模

（1）新建零件文件

① 单击"快速访问"工具栏上的 按钮，打开"新建"对话框。此时，系统会自动选中"类型"选项组中的"零件"单选按钮、"子类型"选项组中的"实体"单选按钮。

② 在"名称"文本框中输入零件名称"cavity"，取消选中"使用默认模板"复选框。单击对话框底部的 确定 按钮，打开"新文件选项"对话框。

③ 在该对话框中选择"mmns_part_solid"模板，单击对话框底部的 确定 按钮，进入零件设计模块。

（2）拉伸实体

① 单击"形状"面板上的 按钮，打开"拉伸"操控面板。在图形窗口中选取"TOP"基准平面为草绘平面，系统将自动进入草绘模式。

② 绘制如图4-139所示的二维截面，并单击"草绘器工具"工具栏上的 ✔ 按钮，完成草绘操作，返回"拉伸"操控面板。在"深度"文本框中输入深度值"25"，并按"Enter"键确认。单击操控面板右侧的 ✔ 按钮，完成创建拉伸操作。

（3）第一次切除操作

① 单击"模型"选项卡中"获取数据"面板上的 获取数据 按钮，在弹出下拉列表中单击 合并/继承 按钮，打开"合并"操控面板。单击对话栏中的 按钮，打开"打开"对话框。

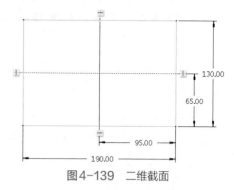

图4-139　二维截面

② 在该对话框中的"文件"列表中，选中"ex4_11.prt"文件。单击对话框底部的 打开 按钮，打开"元件放置"对话框。并且系统会打开一个窗口，用来显示参考零件。

③ 在该对话框中单击"约束"下拉列表框，并在打开的下拉列表中选择"默认"选项，如图4-140所示。单击对话框底部的 ✔ 按钮，返回"合并"操控面板。

④ 单击对话栏中的 按钮，选中"移除材料"选项。单击操控面板右侧的 ✔ 按钮，完成切除操作。此时，系统将从实体中切除参考零件几何。

图4-140　"外部合并"对话框

注意：同在组件设计模块中进行切除操作时一样，在零件设计模块中进行切除操作时，也会出现因为基础零件和参考零件的精度不同而导致操作失败。此时，用户可以根据系统提示改变零件的精度，以便能够进行切除操作。

（4）第二次切除操作

① 单击"模型"选项卡中"获取数据"面板上的 获取数据▼ 按钮，在弹出下拉列表中单击 合并/继承 按钮，打开"合并"操控面板。单击对话栏中的□按钮，打开"打开"对话框。

② 在该对话框中的"文件"列表中，选中"core.prt"文件。单击对话框底部的 打开 按钮，打开"元件放置"对话框。并且系统会打开一个窗口，用来显示参考零件。

③ 在该对话框中单击"约束"下拉列表框，并在打开的下拉列表中选择"默认"选项，如图4-140所示。单击对话框底部的 ✓ 按钮，返回"合并"操控面板。

④ 单击对话栏中的▷按钮，选中"移除材料"选项。单击操控面板右侧的✓按钮，完成切除操作。此时，创建的定模如图4-141所示。

图4-141　创建的定模

✳ 实例结束

4.5　电极设计

电火花加工在模具制造过程中占有重要的地位，主要用于加工模具型腔中的深腔部位（如筋槽）和复杂形状。使用电火花加工模具型腔，首先需要制造电极。

在Parametric中，没有提供专门用于设计电极的功能模块。在组件设计模块中，可以使用切除功能从基础零件中减去参考零件的材料，这样就可以创建出电极。下面将通过一个实例来介绍具体的操作步骤。

▶ 实例4-13

下面通过一个实例，让读者掌握在组件设计模块中创建电极的方法。

✳ 实例开始

1. 设置工作目录

① 单击窗口顶部的"文件"→"管理会话"→"选择工作目录"命令，打开"选择工作目录"对话框。改变目录到"ex4_13.prt"文件所在的目录（如"D:\实例源文件\第4章\实例4-13"）。

② 单击该对话框底部的 确定 按钮，即可将"ex4_13.prt"文件所在的目录设置为当前进程中的工作目录。

2. 新建组件文件

① 单击"快速访问"工具栏上的 按钮，打开"新建"对话框。选中"类型"选项组中的"组件"单选按钮，系统会自动选中"子类型"选项组中的"设计"单选按钮。

② 在"名称"文本框中输入组件名称"ex4_13"，取消选中"使用默认模板"复选框。单击对话框底部的 确定 按钮，打开"新文件选项"对话框。

③ 在该对话框中选择"mmks_asm_design"模板，单击对话框底部的 确定 按钮，进入组件设计模块。

3. 设置模型树

① 单击导航器窗口中的 按钮，在弹出的"设置"菜单中单击"树过滤器"命令，打开"模型树项"对话框。

② 在该对话框中，选中"特征""注释"和"隐含的对象"等项目的复选框。单击对话框底部的 确定 按钮，退出对话框。

4. 装配零件

① 单击"模型"选项卡中"元件"面板上的 按钮，打开"打开"对话框。在对话框中，系统会自动选中"ex4_13.prt"文件。单击对话框底部的 打开 按钮，打开"元件放置"操控面板。

② 单击"约束"下拉列表框，并在打开的下拉列表中选择"默认"选项，单击操控面板右侧的 ✔ 按钮，完成元件放置操作。此时，装配的零件如图4-142所示。

图4-142　装配的零件

（1）新建零件文件

① 单击"模型"选项卡中"元件"面板上的 按钮，打开"创建元件"对话框。在"名称"文本框中输入零件的名称"electrode"。单击对话框底部的 确定(O) 按钮，打开"创建选项"对话框。

② 单击"复制自"选项组中的 浏览... 按钮，打开"选取模板"对话框。改变目录到"mmns_part_solid.prt"模板文件所在的目录（如"D:\Program Files\PTC\Creo 4.0\M030\Common Files\templates"）。

③ 在"文件"列表中选中"mmns_part_solid.prt"模板文件，单击对话框底部的 打开 按钮，返回"创建选项"对话框。此时，系统会将"mmns_part_solid.prt"模板文件指定给模具元件。

④ 单击该对话框底部的 确定(O) 按钮，打开"元件放置"操控面板。在图形窗口中，按住鼠标右键，并在弹出的快捷菜单中单击"默认约束"命令。单击操控面板右侧的 ✔ 按钮，完成元件放置操作。

（2）拉伸实体

① 在模型树中单击"ELECTRODE.PRT"零件，并在弹出的快捷面板中单击 ◇ 按钮，进入零件设计界面。

② 单击"形状"面板上的 按钮，打开"拉伸"操控面板。在图形窗口中选取电极的"TOP"基准平面为草绘平面，系统将自动进入草绘模式。

③ 绘制如图4-143所示的二维截面，并单击"草绘器工具"工具栏上的✓按钮，完成草绘操作，返回"拉伸"操控面板。在"深度"文本框中输入深度值"10"，并按"Enter"键确认。

④ 单击对话栏中的 选项 按钮，并在弹出的"选项"下滑面板中，选择第2侧的深度类型也为 ﹏。在图形窗口中选取图4-144中的面为深度参考面，单击操控面板右侧的✓按钮，完成创建拉伸操作。

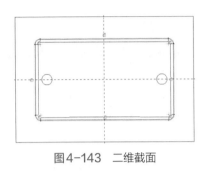

图4-143　二维截面

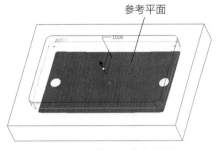

图4-144　选取深度参考平面

（3）切除操作

① 在模型树中单击"ex4_13.asm"组件，并在弹出的快捷面板中单击 按钮。此时，系统将返回组件设计界面。

② 单击"元件"面板上的 元件▼ 按钮，在弹出的下拉列表中单击 元件操作 按钮，系统弹出"元件"菜单，单击菜单中的"布尔运算"命令，打开"布尔运算"对话框。

③ 单击"布尔运算"下拉列表框，并在打开的下拉列表中选择"剪切"选项。在图形窗口中选取"ELECTRODE.PRT"被修改的模型，然后"修改元件"收集器，将其激活。

④ 在图形窗口中"EX4_13.PRT零件为修改元件，单击对话框底部的 确定 按钮，退出对话框。此时，系统将自动进行切除处理，并返回"元件"菜单。单击菜单中的"完成/返回"命令，关闭该菜单。此时，创建的电极如图4-145所示。

图4-145　创建的电极

✱ 实例结束

4.6　创建模具标准件

在模具设计过程中，可以将一些外形相似（如导柱、浇口套）的零件创建为零件库，这样可以提高设计效率。在Parametric中，可以利用族表功能建立标准件零件库。下面将通过一个实例来介绍具体的操作步骤。

▶ 实例4-14

下面通过一个实例，让读者掌握利用族表功能建立标准件零件库的方法。

✱ 实例开始

1. 设置工作目录

① 单击窗口顶部的"文件"→"管理会话"→"选择工作目录"命令，打开"选择工作目录"对话框。改变

目录到"ex4_14.prt"文件所在的目录（如"D:\实例源文件\第4章\实例4-14"）。

② 单击该对话框底部的 确定 按钮，即可将"ex4_13.prt"文件所在的目录设置为当前进程中的工作目录。

2. 增加关系

① 单击"快速访问"工具栏上的 按钮，打开"文件打开"对话框。

② 在该对话框中的"文件"列表中，选中"ex4_14.prt"文件，然后单击对话框底部的 打开 按钮，进入零件设计模块。

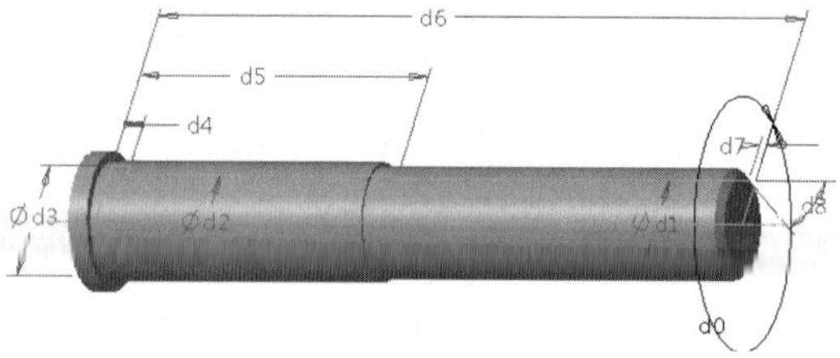

③ 单击 工具 按钮，切换到"工具"选项卡。单击"模型意图"面板上的 d= 关系 按钮，打开"关系"对话框。在图形窗口中单击零件，系统将在零件上显示如图4-146所示的尺寸代号。

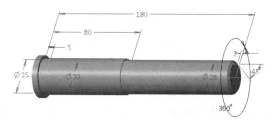

图4-146　显示尺寸代号

④ 在该对话框中输入关系式"$d2=d1+2$，$d3=d2+5$"，如图4-147所示。单击对话框底部的 确定 按钮，退出对话框。此时，系统将在零件上显示尺寸值，如图4-148所示。

图4-147　"关系"对话框

图4-148　显示尺寸值

3. 创建族表

① 单击"模型意图"面板上的 按钮，打开"族表EX4_14"对话框。单击对话框中的 按钮3次，增加3个新零件，并接受默认的文件名。

② 单击该对话框中的 按钮，打开"族项，类型模型：EX4_14"对话框。此时，系统会自动选中"添加项目"选项组中的"尺寸"单选按钮，并要求用户选取要改变的尺寸。

③ 在图形窗口中选取"$\phi28$""80"和"180"3个尺寸，此时，在"项目"列表中会显示刚选取的尺寸，如图4-149所示。单击对话框底部的 确定 按钮，返回"族表EX4_14"对话框。

④ 在该对话框中输入如图4-150所示的数值，单击对话框中的 按钮，打开"族树"对话框。单击对话框底部的 校验

图4-149　"族项，类属模型：EX4_14"对话框

按钮，此时，系统会校验新产生的3个零件，并显示检验结果，如图4-151所示。

图4-150 输入数值

图4-151 "族树"对话框

⑤ 单击该对话框底部的 关闭 按钮，返回"族表EX4_14"对话框，单击对话框底部的 确定(O) 按钮，退出对话框。

✦ 实例结果

4.7 本章小结

本章的内容比较实用，是读者在实际应用过程中经常遇到的一些问题。特别是对于初学者而言，更应该熟练掌握本章的内容，以提高自己的模具设计水平。通过本章的学习，读者可以掌握一定的实用技能，从而提高解决实际问题的能力。

第2篇

>>

实例入门篇

教学目标 ▶

　　本篇通过6个简单实例，详细讲解了模具设计的全过程。通过本篇的学习，让读者在实战中掌握模具设计的各种基本方法和技巧，从而快速入门。

主要内容 ▶

　　本篇主要包括以下内容：

第5章

侧盖模具设计实例

本章介绍的是侧盖模具设计实例，最终效果如图5-1所示。

5.1 产品结构分析

由于产品零件是模具设计的重要依据，所以在设计模具前，首先需要对产品零件进行分析。侧盖的三维模型如图5-2所示，材料为ABS，壁厚较均匀，采用注射成型。

本实例中的侧盖形状较简单，侧面上没有凹凸部位。在设计模具型腔时，只需要设计动模和定模两部分，注塑件便能顺利脱模。

图5-1　效果图

图5-2　侧盖三维模型

5.2 主要知识点

本实例的主要知识点如下。

（1）装配参考零件：使用参考零件布局功能装配参考零件。

（2）创建工件：使用自动工件功能来创建工件。

（3）创建分型曲面：使用阴影曲面功能来创建分型曲面。

（4）创建模具体积块：通过分割工件来创建模具体积块。

（5）创建模具元件：抽取创建的模具体积块，使其成为实体零件。

5.3　设计流程

本实例的设计流程如下：

（1）设置工作目录；

（2）设置配置文件；

（3）新建模具文件；

（4）装配参考零件；

（5）设置收缩率；

（6）创建工件；

（7）拔模检测；

（8）创建分型曲面；

（9）分型曲面检测；

（10）分割工件和模具体积块；

（11）创建模具元件；

（12）创建铸模；

（13）仿真开模；

（14）保存模具文件。

5.4　具体的设计步骤

5.4.1　设置工作目录

① 单击窗口顶部的"文件"→"管理会话"→"选择工作目录"命令，打开"选择工作目录"对话框。改变目录到"ex5.prt"文件所在的目录（如"D:\实例源文件\第5章"）。

② 单击该对话框底部的 确定 按钮，即可将"ex5.prt"文件所在的目录设置为当前进程中的工作目录。

5.4.2　设置配置文件

① 单击窗口顶部的"文件"→"选项"命令，打开"Creo Parametric 选项"对话框。单击底部的 配置编辑器 按钮，切换到"查看并管理 Creo Parametric 选项"。

② 单击对话框底部的 添加(A)... 按钮，打开"添加选项"对话框。在"选项名称"文本框中输入文字"enable_

absolute_accuracy", 此时, 在"选项值"编辑框会显示"no"选项, 表示没有启用绝对精度功能, 如图5-3所示。

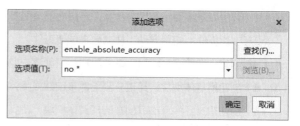

③ 单击"选项值"编辑框右侧的 按钮, 并在打开的下拉列表中选择"yes"选项。单击对话框底部的 按钮, 返回到"Creo Parametric选项"对话框。

图5-3 "添加选项"对话框

此时"enable_absolute_accuracy"选项和值会出现在"选项"显示选项组中, 如图5-4所示。

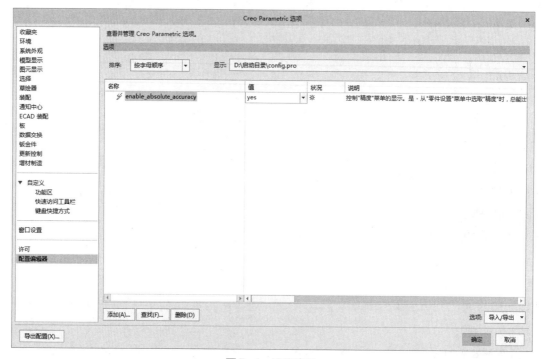

图5-4 设置选项

④ 单击该对话框底部的 按钮, 退出对话框。此时, 系统将启用绝对精度功能。这样在装配参考零件过程中, 可以将组件模型的精度设置为和参考模型精度相同。

提示: 在模具设计过程中, 如果不启用绝对精度功能, 则有可能因为精度问题, 而导致后续分割工件操作失败。

5.4.3 新建模具文件

① 单击"快速访问"工具栏上的 按钮, 打开"新建"对话框。选中"类型"选项组中的"制造"单选按钮、"子类型"选项组中的"模具型腔"单选按钮。

② 在"名称"文本框中输入文件名"ex5", 取消选中"使用默认模板"复选框, 如图5-5所示。单击对话框底部的 按钮, 打开"新文件选项"对话框。

③ 在该对话框中选择"mmns_mfg_mold"模板, 如图5-6所示。单击对话框底部的 按钮, 进入模具设计模块。

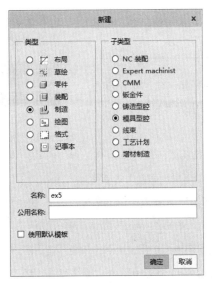

图5-5 "新建"对话框

图5-6 "新文件选项"对话框

图5-7 "创建参考模型"对话框

5.4.4 装配参考零件

① 单击"模具"选项卡中"参考模型和工件"面板上的 按钮，系统弹出"布局"对话框和"打开"对话框。

② 在"打开"对话框中，系统会自动选中"ex5.prt"文件。单击对话框底部的 打开 按钮，打开如图5-7所示的"创建参考模型"对话框。

③ 接受该对话框中默认的设置，单击对话框底部的 确定 按钮，返回"布局"对话框，如图5-8所示。单击对话框底部的 预览 按钮，参考零件在图形窗口中的位置如图5-9所示。从图中可以看出该零件的位置不对，需要重新调整。

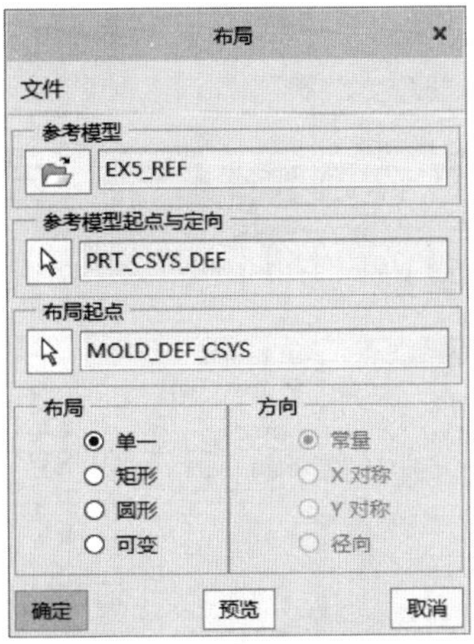

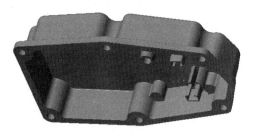

图5-9 错误位置

图5-8 "布局"对话框

提示：参考零件的正确位置是开模方向指向默认的拖动方向。在图形窗口中，系统用一个双组箭头来表示默认的拖动方向。

图5-11 "参考模型方向"对话框

图5-10 "获得坐标系类型"菜单

④ 单击"参考模型起点与定向"选项中的 ⊾ 按钮，系统弹出如图5-10所示的"获得坐标系类型"菜单，并打开另外一个窗口。单击"获得坐标系类型"菜单中的"动态"命令，打开"参考模型方向"对话框。

⑤ 在"调整坐标系"选项组中的"角度"文本框中输入数值"90"，如图5-11所示，并按"Enter"确认。接受其他选项默认的设置，单击对话框底部的 确定 按钮，返回"布局"对话框。

⑥ 单击该对话框底部的 预览 按钮，参考零件在图形窗口中的位置如图5-12所示。从图中可以看出该零件的位置现在是正确的。

⑦ 单击该对话框底部的 确定 按钮，退出对话框。系统弹出如图5-13所示的"警告"对话框，单击对话框底部的 确定 按钮，接受绝对精度值的设置。单击如图5-14所示的"型腔布置"菜单中的"完成/返回"命令，关闭该菜单。

图5-12 "警告"对话框

图5-13 "型腔布置"菜单

图5-14 正确位置

5.4.5 设置收缩率

① 单击"模具"选项卡中"修饰符"面板上的 收缩 按钮，打开"按比例收缩"对话框。此时，系统将自动选择"坐标系"选项中的 ⊾ 按钮，要求用户选取坐标系。

② 在图形窗口中选取"PRT_CSYS_DEF"坐标系，然后在"收缩率"文本框中输入收缩值"0.005"，如图5-15所示。单击对话框底部的 ✓ 按钮，退出对话框。

图5-15 "按比例收缩"对话框

5.4.6　创建工件

① 单击"模具"选项卡中"参考模型和工件"面板上的▭按钮，打开"自动工件"对话框。此时，系统将自动选择"坐标系"选项中的▭按钮，要求用户选取坐标系。

② 在图形窗口中选取"MOLD_DEF_CSYS"坐标系为模具原点，然后在"整体尺寸"和"平移工件"选项组中输入图5-16所示的尺寸，并接受其他选项默认的设置。单击对话框底部的▭按钮，退出对话框。此时，创建的工件如图5-17所示。

图 5-17　创建的工件

图 5-16　"自动工件"对话框

5.4.7　拔模检测

① 在模型树中单击"EX7_WRK.PRT"元件，系统弹出如图5-18所示的快捷面板，然后单击▭遮蔽按钮，遮蔽刚才创建的工件。

② 单击"模具"选项卡中"分析"面板上的▭拔模斜度按钮，打开"拔模斜度分析"对话框，如图5-19所示。此时，系统要求用户选取用于拔模分析的曲面。

③ 单击状态栏中的"过滤器"下拉列表框右侧的▭按钮，并在打开的列表中选择"元件"选项，将其设置为当前过滤器。然后在图形窗口中选取参考零件，系统将自动进行计算。

图 5-18　快捷面板

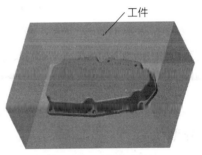

图 5-19　"拔模斜度分析"对话框

④ 在"拔模角度"文本框中输入角度值"1.1"，并按"Enter"键确认。系统将自动进行计算。计算完成后，将显示如图5-20所示的计算结果。

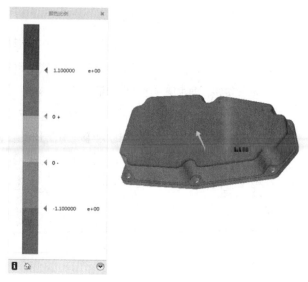

图5-20　拔模检测结果

提示：由于参考零件的拔模斜度为1°，所以输入的拔模角度要比1°稍微大点，才能得到正确的检测结果。用户可以改变拔模角度为1°，然后进行拔模检测，并比较检测结果之间的区别。

5.4.8　创建分型曲面

① 在模型树中单击"EX7_WRK.PRT"元件，并在弹出的快捷面板中单击 <img 取消遮蔽> 按钮，取消遮蔽刚才创建的工件。

提示：如果工件处于遮蔽状态，在后续创建阴影曲面操作时，"阴影曲面"命令将不可用。

---

② 单击"模具"选项卡中"分型面和模具体积块"面板上的 ▣ 按钮，进入分型曲面设计界面。

③ 在图形窗口中单击鼠标右键，在弹出的快捷菜单中选择"属性"命令，打开"属性"对话框。在"名称"文本框中输入分型曲面的名称"main"，如图5-21所示。单击对话框底部的 确定 按钮，退出对话框。

④ 单击"曲面设计"面板上的 曲面设计▾ 按钮，在弹出的下拉列表中单击 阴影曲面 按钮，打开"阴影曲面"对话框，如图5-22所示。接受对话框中默认的设置，单击对话框底部的 确定 按钮，完成创建阴影曲面操作。

图5-21　"属性"对话框

图5-22　"阴影曲面"对话框

⑤ 单击"图形"工具栏上的 按钮，系统弹出如图5-23所示的"继续体积块选取"菜单，并将创建的分型曲面单独显示在图形窗口中，如图5-24所示。单击"继续体积块选取"菜单中的"完成/返回"命令，关闭该菜单。

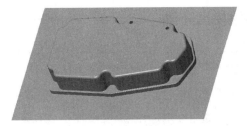

图5-23 "继续体积块选取"菜单　　　　图5-24 着色分型曲面

⑥ 单击"编辑"面板上的 ✓ 按钮，完成分型曲面的创建操作。此时，系统将返回模具设计模块主界面。

5.4.9 分型曲面检测

① 单击"曲面设计"面板上的 分析▼ 按钮，在弹出的下拉列表中单击 分型面检查 按钮。系统弹出如图5-25所示的"零件曲面检测"菜单，并自动选取"自相交检测"命令，要求用户选取要检测的分型曲面。

② 在图形窗口中选取创建的分型曲面，系统将自动进行检查。完成检测后，系统将在消息区提示没有发生自相交现象。

图5-25 "零件曲面检测"菜单

③ 单击"零件曲面检测"菜单中的"轮廓检查"命令，在图形窗口中选取分型曲面。系统将自动进行检查，完成检测后，系统将在消息区提示分型曲面有一条围线。

④ 单击"轮廓检查"菜单中的"完成"→"完成"命令，关闭"零件曲面检测"菜单。

5.4.10 分割工件

① 在模型树中单击"复制1"特征，并在弹出的快捷面板中单击 👁 按钮，将主分型曲面显示出来。

② 单击"模具"选项卡中"分型面和模具体积块"面板上的 按钮，打开"参考零件切除"操控面板。此时，系统会自动选取工件和参考零件。单击该操控面板右侧的 ✓ 按钮，完成参考零件切除操作。此时，系统会自动选取"参考零件切除1"特征。

③ 单击"模具"选项卡中"分型面和模具体积块"面板上的 模具体积块▼ 按钮，在弹出下拉列表中单击 💾 体积块分割 按钮，打开"体积块分割"操控面板。

④ 单击 ⬡ 收集器，并在图形窗口中选取图5-26中的"MAIN"分型曲面。

"MAIN"分型曲面

- -

提示：用户可以设置模型显示方式为"无隐藏线"，这样可以准确地选取分型曲面。

图5-26 选取分型曲面

⑤ 单击对话栏中的 体积块 按钮，打开"体积块"下滑面板。改变体积块的名称，如图5-27所示。单击右侧的 ✓ 按钮，完成分割体积块操作。

图5-27 "体积块"下滑面板

5.4.11 创建模具元件

① 单击"模具"选项卡中"元件"面板上的 按钮，打开"创建模具元件"对话框。单击 ☰ 按钮，选中所有模具体积块。

② 单击"高级"选项组前面的三角形符号，在弹出的"高级"选项组中单击 ☰ 按钮，选中所有模具体积块，如图5-28所示。

图5-28 "创建模具元件"对话框

③ 单击"复制自"选项组中的 按钮，打开"选择模板"对话框。改变目录到"mmns_part_solid.prt"模板文件所在的目录（如"D:\Program Files\PTC\Creo 4.0\M030\Common Files\templates"）。

④ 在"文件"列表中选中"mmns_part_solid.prt"模板文件，单击对话框底部的 打开 按钮，返回"创建模具元件"对话框。此时，系统会将"mmns_part_solid.prt"模板文件指定给模具元件。

- -

提示：在抽取模具体积块时，如果不将模板文件指定给模具元件，将来对模具元件修改时，则没有任何基准平面、坐标系等可供使用。

- -

⑤ 单击该对话框底部的 确定 按钮，此时，系统将自动将模具体积块抽取为模具元件，并退出对话框。

5.4.12 创建铸件

① 单击"模具"选项卡中"元件"面板上的 创建铸件 按钮，在弹出的文本框中输入铸件名称"molding"，并单击右侧的 ✓ 按钮。

② 接受铸件默认的公用名称"molding"，并单击消息区右侧的 ✔ 按钮，完成创建铸件操作。

5.4.13　仿真开模

1. 定义开模步骤

（1）移动"CAVITY"元件

① 单击"图形"工具栏上的 🖳 按钮，打开"遮蔽和取消遮蔽"对话框。按住"Ctrl"键，并在"可见元件"列表中选中"EX5_REF"和"EX5_WRK"元件，如图5-29所示，然后单击 遮蔽 按钮，将其遮蔽。

② 单击"过滤"选项组中的 🔍分型面 按钮，切换到"分型面"过滤类型。单击 ☰ 按钮，选中"MAIN"分型曲面，如图5-30所示，然后单击 遮蔽 按钮，将其遮蔽。单击对话框底部的 确定 按钮，退出对话框

图5-29　遮蔽模具元件

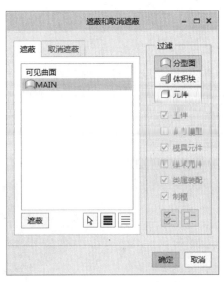

图5-30　遮蔽分型曲面

提示：用户还可以将曲线、基准平面、基准轴、基准点和坐标系隐藏，以使窗口显示得更加清楚。

---

③ 单击"模具"选项卡中"元件"面板上的 ☰ 按钮，在弹出的"模具开模"菜单中单击"定义步骤"→"定义移动"命令。此时，系统要求用户选取要移动的模具元件。

④ 在图形窗口中选取图5-31中的"CAVITY"元件，并单击"选取"对话框中的 确定 按钮。此时，系统要求用户选取一条直边、轴或面来定义模具元件移动的方向。

⑤ 在图形窗口中选取图5-31中的面，此时在图形窗口中会出现一个红色箭头，表示移动的方向。在弹出的文本框中输入数值"120"，单击右侧的 ✔ 按钮，返回"定义步骤"菜单。

⑥ 单击"定义步骤"菜单中的"完成"命令，返回"模具开模"菜单。此时，"CAVITY"元件将向上移动。

图5-31　移动"CAVITY"元件

（2）移动"MOLDING"元件

① 单击"模具开模"菜单中的"定义步骤"→"定义移动"命令，在图形窗口中选取图5-32中的"MOLDING"元件，并单击"选取"对话框中的 确定 按钮。

② 在图形窗口中选取图5-32中的面，在弹出的文本框中输入数值"35"，然后单击右侧的 ✔ 按钮，返回"定义步骤"菜单。

③ 单击"定义步骤"菜单中的"完成"命令，返回"模具开模"菜单。此时，"MOLDING"元件将向上移动。

2.打开模具

① 单击"模具开模"菜单中的"分解"命令，系统弹出如图5-33所示的"逐步"菜单。此时，所有的模具元件将回到移动前的位置。

② 单击"逐步"菜单中的"打开下一个"命令，系统将打开定模，如图5-34所示。

③ 再次单击"逐步"菜单中的"打开下一个"命令，系统将打开铸件，如图5-35所示。

④ 单击"模具开模"菜单中的"完成/返回"命令，关闭菜单。此时，所有的模具元件又将回到移动前的位置。

图5-32　移动"MOLDING"元件

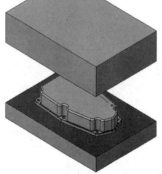

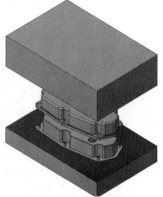

图5-33　"逐步"菜单　　　图5-34　打开定模　　　图5-35　打开铸件

5.4.14　保存模具文件

① 单击"快速访问"工具栏上的 按钮，打开"保存对象"对话框。单击"常用文件夹"列表中的 工作目录 按钮，返回当前工作目录中。单击对话框底部的 确定 按钮，保存模具文件。

提示：如果用户是第一次保存模具文件，由于此时系统默认的目录是"mmns_part_solid.prt"模板文件所在的目录（如"D:\Program Files\PTC\Creo 4.0\M030\Common Files\templates"），所以必须单击"公用文件夹"列表中的 工作目录 按钮，返回当前工作目录中。这样，才能将模具文件保存在正确的位置。

② 单击窗口顶部的"文件"→"管理会话"→"拭除当前"命令，打开
"拭除"对话框。单击 ▤ 按钮，选中所有文件，如图5-36所示。单击对话框
底部的 确定 按钮，关闭当前文件，并将其从内存中拭除。

5.5　实例总结

　　本章详细介绍了侧盖模具设计的过程，通过本章的学习，读者可以掌握使
用阴影曲面功能来创建分型曲面的方法。

　　阴影曲面是Parametric提供的智能分模功能，可以快速创建分型曲面。
创建阴影曲面时，必须在产品零件上创建拔模斜度，否则将不能正确地创建阴
影曲面。使用Parametric提供的拔模检测功能，可以快速检测产品零件上是
否创建了拔模斜度。

图5-36　"拭除"对话框

第6章

臂座模具设计实例

本章介绍的是臂座模具设计实例，最终效果如图6-1所示。

6.1 产品结构分析

由于产品零件是模具设计的重要依据，所以在设计模具前，首先需要对产品零件进行分析。臂座的三维模型如图6-2所示，材料为压铸铝合金（牌号为YL113），壁厚不均匀，采用压铸成型。

本实例中的臂座形状较简单，外侧面上有两处凸台。在设计模具型腔时，为了简化模具结构，将主分型曲面设计为阶梯分型曲面。这样只需要设计动模和定模两部分，压铸件便能顺利脱模。

图6-1　效果图

图6-2　臂座三维模型

6.2 主要知识点

本实例的主要知识点如下。

（1）装配参考零件：使用参考零件布局功能装配参考零件。

（2）创建工件：使用自动工件功能来创建工件。

（3）创建分型曲面：使用裙边曲面功能来创建分型曲面。

（4）创建模具体积块：通过分割工件来创建模具体积块。

（5）创建模具元件：抽取创建的模具体积块，使其成为实体零件。

6.3　设计流程

本实例的设计流程如下：

（1）设置工作目录；

（2）设置配置文件；

（3）新建模具文件；

（4）设置模型树；

（5）装配参考零件；

（6）设置收缩率；

（7）创建工件；

（8）创建分型曲面；

（9）分割工件和模具体积块；

（10）创建模具元件；

（11）创建铸件；

（12）仿真开模；

（13）保存模具文件。

6.4　具体的设计步骤

6.4.1　设置工作目录

① 单击窗口顶部的"文件"→"管理会话"→"选择工作目录"命令，打开"选择工作目录"对话框。改变目录到"ex6.prt"文件所在的目录（如"D:\实例源文件\第6章"）。

② 单击该对话框底部的 确定 按钮，即可将"ex6.prt"文件所在的目录设置为当前进程中的工作目录。

6.4.2　设置配置文件

① 单击窗口顶部的"文件"→"选项"命令，打开"Creo Parametric 选项"对话框。单击底部的 配置编辑器 按钮，切换到"查看并管理 Creo Parametric 选项"。

② 单击对话框底部的 添加(A)... 按钮，打开"添加选项"对话框。在"选项名称"文本框中输入文字"enable_absolute_accuracy"，此时，在"选项值"编辑框会显示"no"选项，表示没有启用绝对精度功能，如图6-3所示。

③ 单击"选项值"编辑框右侧的 按钮，并在打开的下拉列表中选择"yes"选项。单击对话框底部的 按钮，返回到"Creo Parametric选项"对话框。此时"enable_absolute_accuracy"选项和值会出现在"选项"显示选项组中，如图6-4所示。

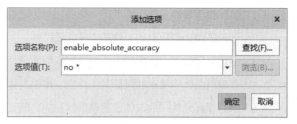

图6-3　"添加选项"对话框

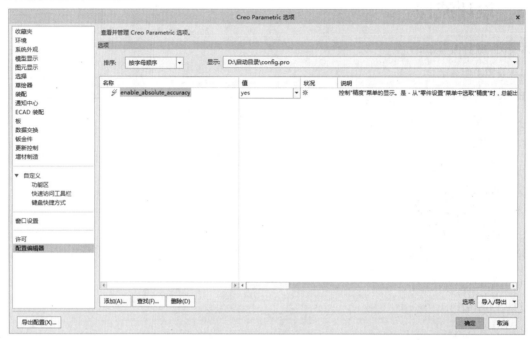

图6-4　设置选项

④ 单击该对话框底部的 按钮，退出对话框。此时，系统将启用绝对精度功能。这样在装配参考零件过程中，可以将组件模型的精度设置为和参考模型精度相同。

- -

提示：在模具设计过程中，如果不启用绝对精度功能，则有可能因为精度问题，而导致后续分割工件操作失败。

6.4.3　新建模具文件

① 单击"快速访问"工具栏上的 按钮，打开"新建"对话框。选中"类型"选项组中的"制造"单选按钮、"子类型"选项组中的"模具型腔"单选按钮。

② 在"名称"文本框中输入文件名"ex6"，取消选中"使用默认模板"复选框，如图6-5所示。单击对话框底部的 按钮，打开"新文件选项"对话框。

③ 在该对话框中选择"mmns_mfg_mold"模板，如图6-6所示。单击对话框底部的 按钮，进入模具设计模块。

图6-5 "新建"对话框

图6-6 "新文件选项"对话框

6.4.4 装配参考零件

① 单击"模具"选项卡中"参考模型和工件"面板上的 按钮，系统弹出"布局"对话框和"打开"对话框。

② 在"打开"对话框中，系统会自动选中"ex6.prt"文件。单击对话框底部的 打开 按钮，打开如图6-7所示的"创建参考模型"对话框。

③ 接受该对话框中默认的设置，单击对话框底部的 确定 按钮，返回"布局"对话框，如图6-8所示。单击对话框底部的 预览 按钮，参考零件在图形窗口中的位置如图6-9所示。从图中可以看出该零件的位置不对，需要重新调整。

图6-7 "创建参考模型"对话框

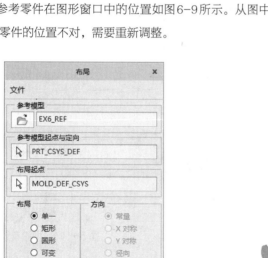

图6-8 "布局"对话框

图6-9 错误位置

提示：参考零件的正确位置是开模方向指向默认的拖动方向。在图形窗口中，系统用一个双组箭头来表示默认的拖动方向。

④ 单击"参考模型起点与定向"选项中的 按钮，系统弹出如图6-10所示的"获得坐标系类型"菜单，并打开另外一个窗口。单击"获得坐标系类型"菜单中的"动态"命令，打开"参考模型方向"对话框。

⑤ 在"调整坐标系"选项组中的"角度"文本框中输入数值"90"，如图6-11所示，并按"Enter"确认。单击"调整坐标系"选项组中的 Z 按钮，在"角度"文本框中输入数值"-90"，并按"Enter"确认。接受其他选项默认的设置，单击对话框底部的 确定 按钮，返回"布局"对话框。

图6-10 "获得坐标系类型"菜单

图6-11 "参考模型方向"对话框

⑥ 单击该对话框底部的 预览 按钮，参考零件在图形窗口中的位置如图6-12所示。从图中可以看出该零件的位置现在是正确的。

⑦ 单击该对话框底部的 确定 按钮，退出对话框。系统弹出如图6-13所示的"警告"对话框，单击对话框底部的 确定 按钮，接受绝对精度值的设置。单击如图6-14所示的"型腔布置"菜单中的"完成/返回"命令，关闭该菜单。

图6-12 正确位置

图6-13 "警告"对话框

图6-14 "型腔布置"菜单

6.4.5 设置收缩率

① 单击"模具"选项卡中"修饰符"面板上的 按收缩 按钮，打开"按比例收缩"对话框。此时，系统将自动选

择"坐标系"选项中的 ▧ 按钮，要求用户选取坐标系。

② 在图形窗口中选取"PRT_CSYS_DEF"坐标系，然后在"收缩率"文本框中输入收缩值"0.005"，如图6-15所示。单击对话框底部的 ✔ 按钮，退出对话框。

6.4.6　创建工件

① 单击"模具"选项卡中"参考模型和工件"面板上的 ▧ 按钮，打开"自动工件"对话框。此时，系统将自动选择"坐标系"选项中的 ▧ 按钮，要求用户选取坐标系。

② 在图形窗口中选取"MOLD_DEF_CSYS"坐标系为模具原点，然后在"整体尺寸"和"平移工件"选项组中输入如图6-16所示的尺寸，并接受其他选项默认的设置。单击对话框底部的 确定 按钮，退出对话框。此时，创建的工件如图6-17所示。

图6-15　"按比例收缩"对话框

图6-16　"自动工件"对话框

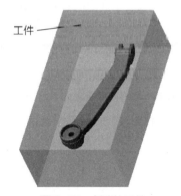

图6-17　创建的工件

6.4.7　创建分型曲面

1. 创建侧面影像曲线

① 单击"模具"选项卡中"设计特征"面板上的 ▧ 按钮，打开"轮廓曲线"操控面板。

② 接受该操控面板中默认的设置，单击右侧的 ✔ 按钮，完成创建侧面影像曲线操作。此时，创建的侧面影像曲线如图6-18所示。

图6-18　创建的侧面影像曲线

2. 创建裙边曲面

① 单击"模具"选项卡中"分型面和模具体积块"面板上的 按钮，进入分型曲面设计界面。

② 在图形窗口中单击鼠标右键，在弹出的快捷菜单中选择"属性"命令，打开"属性"对话框。在"名称"文本框中输入分型曲面的名称"main"，如图6-19所示。单击对话框底部的 确定 按钮，退出对话框。

提示：在默认的情况下，系统会自动选中刚创建的侧面影像曲线。用户必须取消选中侧面影像曲线，才能弹出快捷菜单。

③ 单击"分型面"选项卡中"曲面设计"面板上的 曲面设计▾ 按钮，在弹出的下拉列表中单击 裙边曲面 按钮，系统弹出"裙边曲面"对话框和如图6-20所示的"链"菜单，并要求用户选取用于创建裙边曲面的曲线。

图6-19 "属性"对话框

图6-20 "链"菜单

④ 在图形窗口中选取创建的侧面影像曲线，然后单击"链"菜单中的"完成"命令，返回"裙边曲面"对话框。双击"延伸"选项，打开"延伸控制"对话框。

⑤ 单击 按钮，切换到"延伸方向"选项卡，如图6-21所示。此时，系统将在图形窗口中的参考零件上显示如图6-22所示的延伸方向箭头。从图中可以看出，有些延伸方向箭头的方向不对，需要重新调整。

图6-21 "延伸控制"对话框

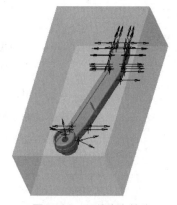

图6-22 延伸方向箭头

⑥ 单击该对话框中的 添加 按钮，系统弹出如图6-23所示的"一般点选取"菜单，并要求用户选取用于设置

延伸方向的曲线端点。在图形窗口中选取图6-24中矩形框内的端点。此时，选中的端点以红色显示。

提示：用户可以使用框选的方法来快速选取图6-24中的端点。

图6-23 "一般点选取"菜单

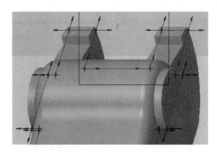

图6-24 选取端点

⑦ 单击"一般点选取"菜单中的"完成"命令，系统弹出如图6-25所示的"一般选择方向"菜单。在图形窗口中选取图6-26中工件的侧面为延伸平面，并在弹出的如图6-27所示的"方向"菜单中单击"确定"命令，返回"延伸控制"对话框。

图6-25 "一般选择方向"菜单

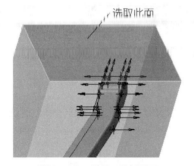

图6-26 选取延伸平面

图6-27 "方向"菜单

⑧ 单击该对话框中的 添加 按钮，系统又弹出"一般点选取"菜单，并要求用户选取用于设置延伸方向的曲线端点。在图形窗口中选取图6-28中矩形框内的端点。此时，选中的端点以红色显示。

⑨ 单击"一般点选取"菜单中的"完成"命令，系统又弹出"一般选择方向"菜单。在图形窗口中选取图6-29中工件的侧面为延伸平面，并在弹出"方向"菜单中单击"确定"命令，返回"延伸控制"对话框。

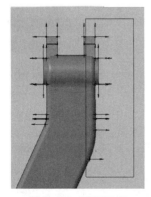

图6-28 选取端点

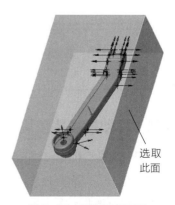

图6-29 选取延伸平面

⑩ 单击该对话框中的 添加 按钮，系统又弹出"一般点选取"菜单，并要求用户选取用于设置延伸方向的曲线端点。在图形窗口中选取图6-30中矩形框内的端点。此时，选中的端点以红色显示。

⑪ 单击"一般点选取"菜单中的"完成"命令，系统又弹出"一般选择方向"菜单。在图形窗口中选取图6-31中工件的侧面为延伸平面，并在弹出的"方向"菜单中单击"确定"命令，返回"延伸控制"对话框。此时，在"点集"列表中会显示创建的3个点集，如图6-32所示。

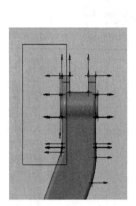
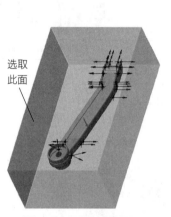

图6-30 选取端点　　　　图6-31 选取延伸平面　　　　图6-32 创建的点集

⑫ 单击对话框底部的 确定 按钮，返回"裙边曲面"对话框。单击对话框底部的 确定 按钮，完成裙边曲面的创建操作。

3. 着色分型曲面

① 单击"图形"工具栏上的 按钮，系统弹出如图6-33所示的"继续体积块选取"菜单，并将创建的分型曲面单独显示在图形窗口中，如图6-34所示。单击"继续体积块选取"菜单中的"完成/返回"命令，关闭该菜单。

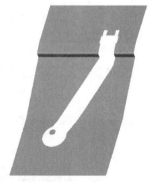

图6-33 "继续体积块选取"菜单　　　　图6-34 着色的分型曲面

② 单击"编辑"面板上的 ✓ 按钮，完成分型曲面的创建操作。此时，系统将返回模具设计模块主界面。

6.4.8 分割工件和模具体积块

① 单击"模具"选项卡中"分型面和模具体积块"面板上的 按钮，打开"参考零件切除"操控面板。此时，系统会自动选取工件和参考零件。

② 单击该操控面板右侧的 ✓ 按钮，完成参考零件切除操作。此时，系统会自动选取"参考零件切除1"特征。

③ 单击"模具"选项卡中"分型面和模具体积块"面板上的 模具体积块▾ 按钮，在弹出的下拉列表中单击 ⇨ 体积块分割 按钮，打开"体积块分割"操控面板。

④ 单击 ⇨ 收集器，然后按住"Ctrl"键，在图形窗口中选取图6-35中的"MAIN"分型曲面，单击 体积块 按钮，打开"体积块"下滑面板。

⑤ 改变体积块的名称如图6-36所示，单击右侧的 ✔ 按钮，完成分割体积块操作。

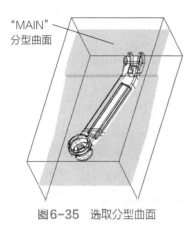

图6-35　选取分型曲面

图6-36　"体积块"下滑面板

提示：用户可以设置模型显示方式为"无隐藏线"，这样可以准确地选取分型曲面。

6.4.9　创建模具元件

① 单击"模具"选项卡中"元件"面板上的 按钮，打开"创建模具元件"对话框。单击 按钮，选中所有模具体积块。

② 单击"高级"选项组前面的三角形符号，在弹出的"高级"选项组中单击 按钮，选中所有模具体积块，如图6-37所示。

③ 单击"复制自"选项组中的 按钮，打开"选择模板"对话框。改变目录到"mmns_part_solid.prt"模板文件所在的目录（如"D:\Program Files\PTC\Creo 4.0\M030\Common Files\templates"）。

④ 在"文件"列表中选中"mmns_part_solid.prt"模板文件，单击对话框底部的 打开 按钮，返回"创建模具元件"对话框。此时，系统会将"mmns_part_solid.prt"模板文件指定给模具元件。

图6-37　"创建模具元件"对话框

提示：在抽取模具体积块时，如果不将模板文件指定给模具元件，将来对模具元件修改时，则没有任何基准平面、坐标系等可供使用。

⑤ 单击该对话框底部的 确定 按钮，此时，系统将自动将模具体积块抽取为模具元件，并退出对话框。

6.4.10 创建铸件

① 单击"模具"选项卡中"元件"面板上的 创建制模 按钮，在弹出的文本框中输入铸件名称"molding"，并单击右侧的 ✓ 按钮。

② 接受铸件默认的公用名称"molding"，并单击消息区右侧的 ✓ 按钮，完成创建铸件操作。

6.4.11 仿真开模

1.定义开模步骤

（1）移动"CAVITY"元件

① 单击"图形"工具栏上的 按钮，打开"遮蔽和取消遮蔽"对话框。按住"Ctrl"键，并在"可见元件"列表中选中"EX6_REF"和"EX6_WRK"元件，如图6-38所示，然后单击 遮蔽 按钮，将其遮蔽。

② 单击"过滤"选项组中的 分型面 按钮，切换到"分型面"过滤类型。单击 按钮，选中"MAIN"分型曲面，如图6-39所示，然后单击 遮蔽 按钮，将其遮蔽。单击对话框底部的 确定 按钮，退出对话框。

图6-38　遮蔽模具元件

图6-39　遮蔽分型曲面

提示：用户还可以将曲线、基准平面、基准轴、基准点和坐标系隐藏，以使窗口显示得更加清楚。

---

③ 单击"模具"选项卡中"元件"面板上的 按钮，在弹出"模具开模"菜单中单击"定义步骤"→"定义移动"命令。此时，系统要求用户选取要移动的模具元件。

④ 在图形窗口中选取图6-40中的"CAVITY"元件，并单击"选取"对话框中的 确定 按钮。此时，系统要求用户选取一条直边、轴或面来定义模具元件移动的方向。

⑤ 在图形窗口中选取图6-40中的面，此时在图形窗口中会出现一个红色箭头，表示移动的方向。在弹出的文本框中输入数值"120"，单击右侧的 ✓ 按钮，返回"定义步骤"菜单。

⑥ 单击"定义步骤"菜单中的"完成"命令，返回"模具开模"菜单。此时，"CAVITY"元件将向上移动。

（2）移动"MOLDING"元件

① 单击"模具开模"菜单中的"定义步骤"→"定义移动"命令，在图形窗口中选取图6-41中的"MOLDING"元件，并单击"选取"对话框中的 确定 按钮。

图6-40 移动"CAVITY"元件

图6-41 移动"MOLDING"元件

② 在图形窗口中选取图6-41中的面，在弹出的义本框中输入数值"35"，然后单击右侧的✓按钮，返回"定义步骤"菜单。

③ 单击"定义步骤"菜单中的"完成"命令，返回"模具开模"菜单。此时，"MOLDING"元件将向上移动。

2. 打开模具

① 单击"模具开模"菜单中的"分解"命令，系统弹出如图6-42所示的"逐步"菜单。此时，所有的模具元件将回到移动前的位置。

② 单击"逐步"菜单中的"打开下一个"命令，系统将打开定模，如图6-43所示。

③ 再次单击"逐步"菜单中的"打开下一个"命令，系统将打开铸件，如图6-44所示。

图6-42 "逐步"菜单

图6-43 打开定模   图6-44 打开铸件

④ 单击"模具开模"菜单中的"完成/返回"命令，关闭菜单。此时，所有的模具元件又将回到移动前的位置。

6.4.12 保存模具文件

① 单击"快速访问"工具栏上的 按钮，打开"保存对象"对话框。单击"常用文件夹"列表中的 按钮，返回当前工作目录中。单击对话框底部的 按钮，保存模具文件。

提示：如果用户是第一次保存模具文件，由于此时系统默认的目录是"mmns_part_solid.prt"模板文件所在的目录（如"D:\Program Files\PTC\Creo 4.0\M030\Common Files\templates"），所以必须单击"公用文件夹"列表中的 按钮，返回当前工作目录中。这样，才能将模具文件保存在正确的位置。

----

② 单击窗口顶部的"文件"→"管理会话"→"拭除当前"命令，打开"拭除"对话框。单击 按钮，选中所有文件，如图6-45所示。单击对话框底部的 按钮，关闭当前文件，并将其从内存中拭除。

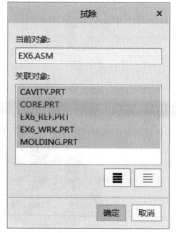

图6-45 "拭除"对话框

6.5 实例总结

本章详细介绍了臂座模具设计的过程，通过本章的学习，读者可以掌握使用裙边曲面功能来创建分型曲面的方法。

裙边曲面也是Parametric提供的智能分模功能，可以快速创建分型曲面。创建裙边曲面时，首先需要创建分型曲线，可以使用侧面影像曲线功能来自动创建分型曲线。

第7章

电池盒模具设计实例

本章介绍的是电池盒模具设计实例，最终效果如图7-1所示。

7.1 产品结构分析

由于产品零件是模具设计的重要依据，所以在设计模具前，首先需要对产品零件进行分析。电池盒的三维模型如图7-2所示，材料为ABS，壁厚较均匀，采用注射成型。

本实例中的电池盒形状较简单，侧面上没有凹凸部位。在设计模具型腔时，只需要设计动模和定模两部分，注塑件便能顺利脱模。

图7-1 效果图

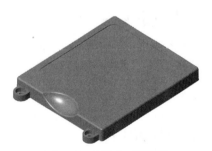

图7-2 电池盒三维模型

7.2 主要知识点

本实例的主要知识点如下。

第2篇　实例入门篇

（1）装配参考零件：使用参考零件布局功能装配参考零件。

（2）创建工件：使用自动工件功能来创建工件。

（3）创建分型曲面：通过复制曲面和创建拉伸曲面来创建分型曲面。

（4）创建模具体积块：通过分割工件来创建模具体积块。

（5）创建模具元件：抽取创建的模具体积块，使其成为实体零件。

7.3　设计流程

本实例的设计流程如下：

（1）设置工作目录；

（2）设置配置文件；

（3）新建模具文件；

（4）设置模型树；

（5）装配参考零件；

（6）设置收缩率；

（7）创建工件；

（8）创建分型曲面；

（9）分割工件和模具体积块；

（10）创建模具元件；

（11）创建铸件；

（12）仿真开模；

（13）保存模具文件。

7.4　具体的设计步骤

7.4.1　设置工作目录

① 单击窗口顶部的"文件"→"管理会话"→"选择工作目录"命令，打开"选择工作目录"对话框。改变目录到"ex7.prt"文件所在的目录（如"D:\实例源文件\第7章"）。

② 单击该对话框底部的 确定 按钮，即可将"ex7.prt"文件所在的目录设置为当前进程中的工作目录。

7.4.2　设置配置文件

① 单击窗口顶部的"文件"→"选项"命令，打开"Creo Parametric选项"对话框。单击底部的 配置编辑器 按钮，切换到"查看并管理Creo Parametric选项"。

② 单击对话框底部的 添加(A)... 按钮，打开"添加选项"对话框。在"选项名称"文本框中输入文字"enable_absolute_accuracy"，此时，在"选项值"编辑框会显示"no"选项，表示没有启用绝对精度功能，如图7-3所示。

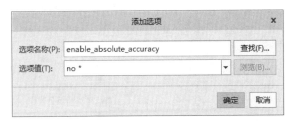

图7-3　"添加选项"对话框

③ 单击"选项值"编辑框右侧的 按钮,并在打开的下拉列表中选择"yes"选项。单击对话框底部的 确定 按钮,返回到"Creo Parametric选项"对话框。此时"enable_absolute_accuracy"选项和值会出现在"选项"显示选项组中,如图7-4所示。

图7-4　设置选项

④ 单击该对话框底部的 确定 按钮,退出对话框。此时,系统将启用绝对精度功能。这样在装配参考零件过程中,可以将组件模型的精度设置为和参考模型精度相同。

提示:在模具设计过程中,如果不启用绝对精度功能,则有可能因为精度问题,而导致后续分割工件操作失败。

7.4.3　新建模具文件

① 单击"快速访问"工具栏上的 按钮,打开"新建"对话框。选中"类型"选项组中的"制造"单选按钮、"子类型"选项组中的"模具型腔"单选按钮。

② 在"名称"文本框中输入文件名"ex7",取消选中"使用默认模板"复选框,如图7-5所示。单击对话框底部的 确定 按钮,打开"新文件选项"对话框。

③ 在该对话框中选择"mmns_mfg_mold"模板,如图7-6所示。单击对话框底部的 确定 按钮,进入模具设计模块。

图7-5　"新建"对话框

图7-6　"新文件选项"对话框

7.4.4　装配参考零件

① 单击"模具"选项卡中"参考模型和工件"面板上的 按钮，系统弹出"布局"对话框和"打开"对话框。

② 在"打开"对话框中，系统会自动选中"ex7.prt"文件。单击对话框底部的 打开 按钮，打开如图7-7所示的"创建参考模型"对话框。

③ 接受该对话框中默认的设置，单击对话框底部的 确定 按钮，返回"布局"对话框，如图7-8所示。单击对话框底部的 预览 按钮，参考零件在图形窗口中的位置如图7-9所示。从图中可以看出该零件的位置不对，需要重新调整。

图7-7　"创建参考模型"对话框

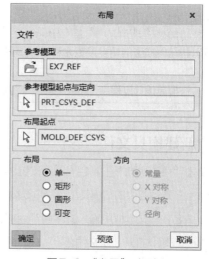

图7-8　"布局"对话框

提示：参考零件的正确位置是开模方向指向默认的拖动方向。在图形窗口中，系统用一个双组箭头来表示默认的拖动方向。

④ 单击"参考模型起点与定向"选项中的 ⬚ 按钮，系统弹出如图7-10所示的"获得坐标系类型"菜单，并打开另外一个窗口。单击"获得坐标系类型"菜单中的"动态"命令，打开"参考模型方向"对话框。

图7-9　错误位置

图7-10　"获得坐标系类型"菜单

⑤ 在"调整坐标系"选项组中的"角度"文本框中输入数值"90"，如图7-11所示，并按"Enter"确认。接受其他选项默认的设置，单击对话框底部的 按钮，返回"布局"对话框。

⑥ 单击该对话框底部的 按钮，参考零件在图形窗口中的位置如图7-12所示。从图中可以看出该零件的位置现在是正确的。

图7-11　"参考模型方向"对话框

图7-12　正确位置

⑦ 单击该对话框底部的 按钮，退出对话框。系统弹出如图7-13所示的"警告"对话框，单击对话框底部的 按钮，接受绝对精度值的设置。单击如图7-14所示的"型腔布置"菜单中的"完成/返回"命令，关闭该菜单。

图7-13　"警告"对话框

图7-14　"型腔布置"菜单

7.4.5　设置收缩率

① 单击"模具"选项卡中"修饰符"面板上的 收缩 按钮，打开"按比例收缩"对话框。此时，系统将自动选择"坐标系"选项中的 按钮，要求用户选取坐标系。

② 在图形窗口中选取"PRT_CSYS_DEF"坐标系，然后在"收缩率"文本框中输入收缩值"0.005"，如图7-15所示。单击对话框底部的 按钮，退出对话框。

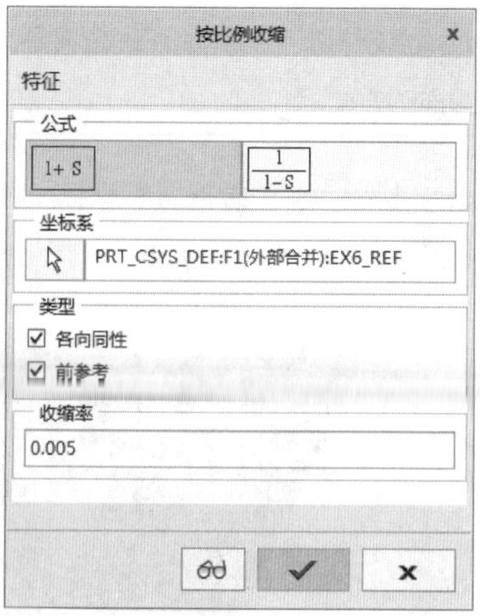

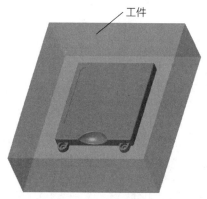

图7-15　"按比例收缩"对话框

图7-16　"自动工件"对话框

7.4.6　创建工件

① 单击"模具"选项卡中"参考模型和工件"面板上的 按钮，打开"自动工件"对话框。此时，系统将自动选择"坐标系"选项中的 按钮，要求用户选取坐标系。

② 在图形窗口中选取"MOLD_DEF_CSYS"坐标系为模具原点，然后在"整体尺寸"和"平移工件"选项组中输入如图7-16所示的尺寸，并接受其他选项默认的设置。单击对话框底部的 确定 按钮，退出对话框。此时，创建的工件如图7-17所示。

工件

图7-17　创建的工件

7.4.7　创建分型曲面

1. 创建主分型曲面

（1）复制分型曲面

① 单击"模具"选项卡中"分型面和模具体积块"面板上的 按钮，进入分型曲面设计界面。

② 在图形窗口中单击鼠标右键，在弹出的快捷菜单中选择"属性"命令，打开"属性"对话框。在"名称"文本框中输入分型曲面的名称"main"，如图7-18所示。单击对话框底部的 确定 按钮，退出对话框。

③ 在模型树中单击"EX7_WRK.PRT"元件，系统弹出如图7-19所示的快捷面板，然后单击 遮蔽 按钮，遮

蔽刚才创建的工件。

图7-18 "属性"对话框

图7-19 快捷面板

注意：本步骤主要是为了便于选取参考零件上的表面，从而将工件暂时隐藏。用户还可以将基准平面、基准轴、基准点、坐标系隐藏，以使窗口显示得更加清楚。

④ 在图形窗口中选取图7-20中的外表面为种子面，此时被选中的表面呈红色。

⑤ 单击 模具 按钮，切换到"模具"选项卡。单击"编辑"面板上的 复制 按钮，然后单击"编辑"面板上的 粘贴 按钮，打开"复制曲面"操控面板。

⑥ 按住"Shift"键，并在图形窗口中选取图7-21中的面为边界面。松开"Shift"键，完成种子和边界曲面集的定义，此时，系统将构建个种子和边界曲面集，如图7-22所示。单击操控面板右侧的 ✔ 按钮，完成复制曲面的操作。

图7-20 选取种子面

图7-21 选取边界面

图7-22 种子和边界曲面集

（2）创建平整曲面

① 在模型树中单击"EX7_WRK.PRT"元件，系统弹出如图7-19所示的快捷面板，然后单击 取消遮蔽 按钮，取消遮蔽刚才创建的工件。

② 单击 分型面 按钮，切换到"分型面"选项卡。单击"曲面设计"面板上的 按钮，打开"填充"操控面板。

③ 单击对话栏中的 参考 按钮，并在弹出的"参考"下滑面板中单击 定义... 按钮，打开"草绘"对话框。

④ 在图形窗口中选取"MAIN_PARTING_PLN"基准平面为草绘平面，系统将自动选取"MOLD_RIGHT"基准平面为"右"参考平面。单击对话框底部的 草绘 按钮，进入草绘模式。

⑤ 绘制如图7-23所示的二维截面，单击"草绘器工具"工具栏上的☑按钮，完成草绘操作，返回"填充"操控面板。单击操控面板右侧的☑按钮，完成创建平整曲面操作。此时，在模型树中系统会自动选中"填充1"特征。

（3）合并曲面

① 按住"Ctrl"键，并在模型树中选中"复制1"特征。单击"编辑"面板上的☐按钮，打开"合并"操控面板。单击对话栏中的 参考 按钮，打开"参考"下滑面板。

② 在该下滑面板的"面组"收集器中选中"面组：F7（MAIN）"，单击 ☀ 按钮，使"面组：F7（MAIN）"位于收集器顶部，成为主面组，如图7-24所示。单击操控面板右侧的☑按钮，完成合并曲面操作。

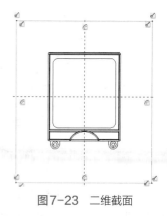

图7-23 二维截面

（4）着色分型曲面

① 单击"图形"工具栏上的☐按钮，系统弹出如图7-25所示的"继续体积块选取"菜单，并将创建的分型曲面单独显示在图形窗口中，如图7-26所示。单击"继续体积块选取"菜单中的"完成/返回"命令，关闭该菜单。

图7-24 "参考"下滑面板　　图7-25 "继续体积块选取"菜单　　图7-26 着色分型曲面

② 单击"编辑"面板上的☑按钮，完成分型曲面的创建操作。此时，系统将返回模具设计模块主界面。

2. 创建定模型芯1分型曲面

（1）第一次复制分型曲面

① 单击"模具"选项卡中"分型面和模具体积块"面板上的☐按钮，进入分型曲面设计界面。

② 在图形窗口中单击鼠标右键，在弹出的快捷菜单中选择"属性"命令，打开"属性"对话框。在"名称"文本框中输入分型曲面的名称"cavity_insert_1"，如图7-27所示。单击对话框底部的 确定 按钮，退出对话框。

图7-27 "属性"对话框

③ 在模型树中单击"复制1"特征，并在弹出的快捷面板中单击 遮蔽 按钮，将主分型曲面遮蔽。

④ 在图形窗口中选取图7-28中两个半圆柱面的任意一个，此时被选中的表面呈红色。

注意：由于本步骤所复制的表面比较少，所以没有隐藏"EX7_WRK.PRT"工件。另外，由于没有隐藏"EX7_WRK.PRT"工件，不便于直接选取半圆柱面，用户可以使用查询选取的方法来选取所需表面。

图7-28　选取种子面

⑤ 单击 模具 按钮，切换到"模具"选项卡。单击"编辑"面板上的 复制 按钮，然后单击"编辑"面板上的 粘贴 按钮，打开"复制曲面"操控面板。

⑥ 按住"Shift"键，并在图形窗口中选取图7-29中的平面为第一组边界面。松开"Shift"键，旋转参考零件至如图7-30所示的位置，然后按住"Shift"键不放，并选取图中的平面为第二组边界面。

图7-29　选取第一组边界面

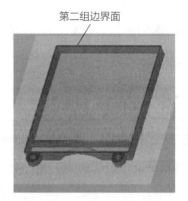

图7-30　选取第二组边界面

⑦ 松开"Shift"键，完成种子和边界曲面集的定义。此时，系统将构建一个种子和边界曲面集。此时，系统将构建一个种子和边界曲面集，如图7-31所示。单击操控面板右侧的 ✓ 按钮，完成复制曲面的操作。

（2）第二次复制分型曲面

① 在图形窗口中选取图7-30中的面，此时被选中的表面呈红色。

② 单击"编辑"面板上的 复制 按钮，然后单击"编辑"面板上的 粘贴 按钮，打开"复制曲面"操控面板。

③ 单击对话栏中的 选项 按钮，并在弹出的"选项"下滑面板中，选中"排除曲面并填充孔"单选按钮，如图7-32所示。此时，系统将自动激活"填充孔/曲面"收集器。

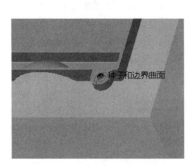

图7-31　种子和边界曲面集

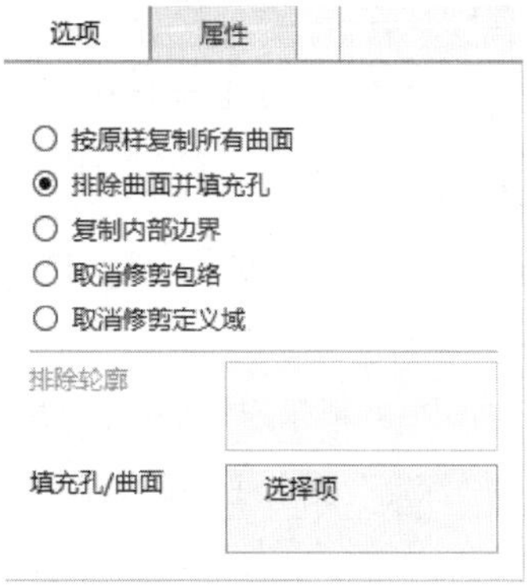

图7-32　"选项"下滑面板

④ 在图形窗口中选取图7-30中的平面，此时，系统自动将所选平面中的破孔封闭。单击操控面板右侧的✔按钮，完成复制曲面操作。

（3）合并曲面

① 单击 分型面 按钮，切换到"分型面"选项卡。按住"Ctrl"键，并在模型树中选中"复制2"特征。单击"编辑"面板上的 按钮，打开"合并"操控面板。单击对话栏中的 参考 按钮，打开"参考"下滑面板。

② 在该下滑面板的"面组"收集器中选中"面组：F10（CAVITY_INSERT_1）"，单击 按钮，使"面组：F10（CAVITY_INSERT_1）"成为主面组。

③ 单击对话栏中的 按钮，改变第二个面组要包括在合并曲面中的部分。单击操控面板右侧的✔按钮，完成合并曲面操作。

（4）延伸分型曲面

① 单击状态栏中的"过滤器"下拉列表框右侧的 按钮，并在打开的列表中选择"边"选项，将其设置为当前过滤器。

② 在图形窗口中选取图7-33中的两条圆弧边中的任意一条，单击"编辑"面板上的 延伸 按钮，打开"延伸"操控面板。

③ 单击对话栏中的 参考 按钮，并在弹出的下滑面板中单击 细节… 按钮，打开"链"对话框。选中"基于规则"单选按钮，在弹出的"规则"选项组中系统会自动选中"相切"单选按钮，并自动将图7-33中的另一条圆弧边选中。单击对话框底部的 确定(O) 按钮，返回"延伸"操控面板。

④ 单击对话栏中的 按钮，选中"延伸到平面"选项，并在图形窗口中选取图7-34中工件的顶面为延伸参考平面。单击操控面板右侧的✔按钮，完成延伸曲面操作。

图7-33　选取延伸边

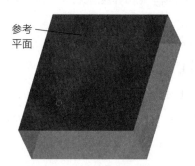

图7-34　选取延伸参考平面

（5）创建拉伸曲面

① 单击"形状"面板上的 按钮，打开"拉伸"操控面板。在图形窗口中选取图7-34中工件的顶面为草绘平面，系统将自动进入草绘模式。

② 绘制如图7-35所示的二维截面，并单击"草绘器工具"工具栏上的✔按钮，完成草绘操作，返回"拉伸"操控面板。在"深度"文本框中输入深度值"5"，并按"Enter"键确认。单击"深度"文本框右侧的 按钮，改变拉伸方向。

③ 单击对话栏中的 选项 按钮，并在弹出的"选项"下滑面板中选中"封闭端"复选框，如图7-36所示。

单击操控面板右侧的■按钮，完成创建拉伸曲面操作。此时，在模型树中，系统会自动选中"拉伸1"特征。

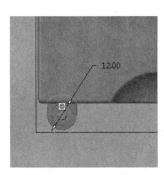

图7-35　二维截面

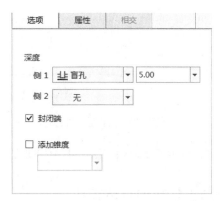

图7-36　"选项"下滑面板

（6）第二次合并分型曲面

① 按住"Ctrl"键，并在模型树中选中"复制2"特征。单击"编辑"面板上的■按钮，打开"合并"操控面板。单击对话栏中的 ■ 按钮，打开"参考"下滑面板。

② 在该下滑面板的"面组"收集器中选中"面组：F10（CAVITY_INSERT_1）"，单击■按钮，使"面组：F10（CAVITY_INSERT_1）"成为主面组。

③ 单击对话栏中的■按钮，改变第一个面组要包括在合并曲面中的部分。单击操控面板右侧的■按钮，完成合并曲面操作。

（7）着色分型曲面

① 单击"图形"工具栏上的■按钮，系统弹出"继续体积块选取"菜单，并将创建的分型曲面单独显示在图形窗口中，如图7-37所示。

② 单击"继续体积块选取"菜单中的"完成/返回"命令，关闭该菜单。

3. 创建定模型芯2分型曲面

① 单击"模具"选项卡中"分型面和模具体积块"面板上的■按钮，进入分型曲面设计界面。

② 在图形窗口中单击鼠标右键，在弹出的快捷菜单中选择"属性"命令，打开"属性"对话框。在"名称"文本框中输入分型曲面的名称"cavity_insert_2"，如图7-38所示。单击对话框底部的 ■ 按钮，退出对话框。

图7-37　着色分型曲面

③ 单击状态栏中的"过滤器"下拉列表框右侧的■按钮，并在打开的列表中选择"面组"选项，将其设置为当前过滤器。

④ 在图形窗口中选取创建的分型曲面，此时被选中的面组呈红色。

⑤ 单击 模具 按钮，切换到"模具"选项卡。单击"编辑"面板上的■复制按钮，然后单击"编辑"面板上的■粘贴■按钮右侧的■按钮，在弹出的下拉列表中单击■选择性粘贴按钮，打开"复制曲面"操控面板。此时，系统要求用户选取方向参考。

⑥ 在图形窗口中选取"MOLD_RIGHT"基准平面为方向参考平面，然后输入移动值"60.3"，并按"Enter"键确认。单击对话栏中的 ■ 按钮，并在弹出的"选项"下滑面板中取消选中"隐藏原始几何"复选框，如图

195

7-39所示。单击操控面板右侧的 ✔ 按钮，完成复制曲面操作。

图7-38 "属性"对话框

图7-39 "选项"下滑面板

⑦ 单击"编辑"面板上的 ✔ 按钮，完成分型曲面的创建操作。此时，系统将返回模具设计模块主界面。

7.4.8 分割工件和模具体积块

1.分割工件

① 在模型树中单击"复制1"特征，并在弹出的快捷面板中单击 ◎ 按钮，将主分型曲面显示出来。

② 单击"模具"选项卡中"分型面和模具体积块"面板上的 按钮，打开"参考零件切除"操控面板。此时，系统会自动选取工件和参考零件。单击该操控面板右侧的 ✔ 按钮，完成参考零件切除操作。此时，系统会自动选取"参考零件切除1"特征。

③ 单击"模具"选项卡中"分型面和模具体积块"面板上的 模具体积块 按钮，在弹出的下拉列表中单击 体积块分割 按钮，打开"体积块分割"操控面板。

④ 单击 收集器，然后按住"Ctrl"键，并在图形窗口中选取图7-40中的"CAVITY_INSERT_1"和"CAVITY_INSERT_2"分型曲面。

"CAVITY_INSERT_1"分型曲面

"CAVITY_INSERT_2"分型曲面

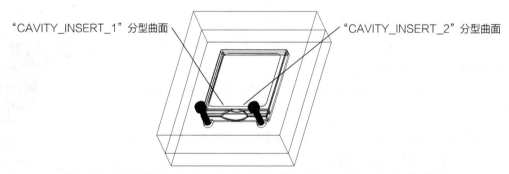

图7-40 选取"CAVITY_INSERT_1"和"CAVITY_INSERT_2"分型曲面

提示：用户可以设置模型显示方式为"无隐藏线"，这样可以准确地选取分型曲面。

⑤ 单击对话栏中的 体积块 按钮，打开"体积块"下滑面板。改变体积块的名称，如图7-41所示。单击右侧的 ✔ 按钮，完成分割体积块操作。此时，系统会自动选取"体积块分割1"特征。

图7-41 "体积块"下滑面板

2. 分割"TEMP"体积块

① 单击"模具"选项卡中"分型面和模具体积块"面板上的 模具体积块 按钮，在弹出的下拉列表中单击 体积块分割 按钮，打开"体积块分割"操控面板。

② 单击 收集器，并在图形窗口中选取图7-42中的"MAIN"分型曲面，单击对话栏中的 体积块 按钮，打开"体积块"下滑面板。改变体积块的名称，如图7-43所示。单击右侧的 ✔ 按钮，完成分割体积块操作。

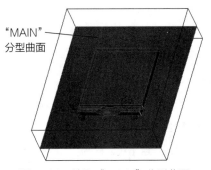

图7-42　选取"MAIN"分型曲面

图7-43　"体积块"下滑面板

7.4.9　创建模具元件

① 单击"模具"选项卡中"元件"面板上的 按钮，打开"创建模具元件"对话框。单击 ■ 按钮，选中所有模具体积块。

② 单击"高级"选项组前面的三角形符号，系统弹出"高级"选项组。选中"CAVITY_INSERT_1_1"体积块，并输入模具元件名称"CAVITY_INSERT_1"。选中"CAVITY_INSERT_2_1"体积块，并输入模具元件名称"CAVITY_INSERT_2"。单击 ■ 按钮，选中所有模具体积块，如图7-44所示。

③ 单击"复制自"选项组中的 按钮，打开"选择模板"对话框。改变目录到"mmns_part_solid.prt"模板文件所在的目录（如"D:\Program Files\PTC\Creo 4.0\M030\Common Files\templates"）。

④ 在"文件"列表中选中"mmns_part_solid.prt"模板文件，单击对话框底部的 打开 按钮，返回"创建模具元件"对话框。此时，系统会将"mmns_part_solid.prt"模板文件指定给模具元件。

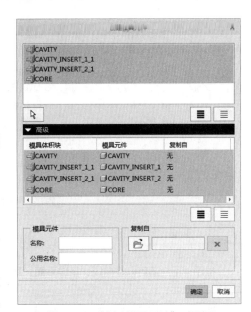

图7-44　"创建模具元件"对话框

- -

提示：在抽取模具体积块时，如果不将模板文件指定给模具元件，将来对模具元件修改时，则没有任何基准平面、坐标系等可供使用。

- -

⑤ 单击该对话框底部的 确定 按钮，此时，系统将自动将模具体积块抽取为模具元件。

7.4.10 创建铸件

① 单击"模具"选项卡中"元件"面板上的创建制模按钮，在弹出的文本框中输入铸件名称"molding"，并单击右侧的✓按钮。

② 接受铸件默认的公用名称"molding"，并单击消息区右侧的✓按钮，完成创建铸件操作。

7.4.11 仿真开模

1. 定义开模步骤

（1）移动"CAVITY_INSERT_1"和"CAVITY_INSERT_2"元件

① 单击"图形"工具栏上的🔲按钮，打开"遮蔽和取消遮蔽"对话框。按住"Ctrl"键，并在"可见元件"列表中选中"EX7_REF"和"EX7_WRK"元件，如图7-45所示，然后单击 遮蔽 按钮，将其遮蔽。

② 单击"过滤"选项组中的 分型面 按钮，切换到"分型面"过滤类型。单击🗏按钮，选中所有分型曲面，如图7-46所示，然后单击 遮蔽 按钮，将其遮蔽。单击对话框底部的 确定 按钮，退出对话框。

图7-45 遮蔽模具元件

图7-46 遮蔽分型曲面

提示：用户还可以将曲线、基准平面、基准轴、基准点和坐标系隐藏，以使窗口显示得更加清楚。

---

③ 单击"模具"选项卡中"元件"面板上的🔲按钮，在弹出"模具开模"菜单中单击"定义步骤"→"定义移动"命令。此时，系统要求用户选取要移动的模具元件。

④ 按住"Ctrl"键，并在图形窗口中选取图7-47中的"CAVITY_INSERT_1"和"CAVITY_INSERT_2"元件，单击"选取"对话框中的 确定 按钮。此时，系统要求用户选取一条直边、轴或面来定义模具元件移动的方向。

⑤ 在图形窗口中选取图7-47中的面，此时在图形窗口中会出现一个红色箭头，表示移动的方向。在弹出的文本框中输入数值"180"，单击右侧的✓按钮，返回"定义步骤"菜单。

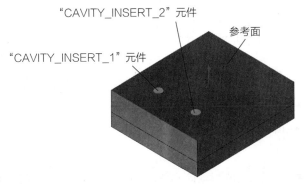

图7-47 移动"CAVITY_INSERT_1"和"CAVITY_INSERT_2"元件

⑥ 单击"定义步骤"菜单中的"完成"命令,返回"模具开模"菜单。此时,"CAVITY_INSERT_1"和"CAVITY_INSERT_2"元件将向上移动。

(2)移动"CAVITY"元件

① 单击"模具开模"菜单中的"定义步骤"→"定义移动"命令,在图形窗口中选取图7-48中的"CAVITY"元件,并单击"选取"对话框中的 按钮。

② 在图形窗口中选取图7-48中的面,在弹出的文本框中输入数值"120",然后单击右侧的 按钮,返回"定义步骤"菜单。

③ 单击"定义步骤"菜单中的"完成"命令,返回"模具开模"菜单。此时,"CAVITY"元件将向上移动。

(3)移动"MOLDING"元件

① 单击"模具开模"菜单中的"定义步骤"→"定义移动"命令,在图形窗口中选取图7-49中的"MOLDING"元件,并单击"选取"对话框中的 按钮。

② 在图形窗口中选取图7-49中的面,在弹出的文本框中输入数值"30",然后单击右侧的 按钮,返回"定义步骤"菜单。

图7-48 移动"CAVITY"元件

图7-49 移动"MOLDING"元件

③ 单击"定义步骤"菜单中的"完成"命令,返回"模具开模"菜单。此时,"MOLDING"元件将向上移动。

2. 打开模具

① 单击"模具开模"菜单中的"分解"命令,系统弹出如图7-50所示的"逐步"菜单。此时,所有的模具

元件将回到移动前的位置。

② 单击"逐步"菜单中的"打开下一个"命令，系统将打开定模型芯1和定模型芯2，如图7-51所示。

③ 再次单击"逐步"菜单中的"打开下一个"命令，系统将打开定模，如图7-52所示。

④ 再次单击"逐步"菜单中的"打开下一个"命令，系统将打开铸件，如图7-53所示。

⑤ 单击"模具开模"菜单中的"完成/返回"命令，关闭菜单。此时，所有的模具元件又将回到移动前的位置。

图7-50　"逐步"菜单

图7-51　打开定模型芯

图7-52　打开定模

图7-53　打开铸件

7.4.12　保存模具文件

① 单击"快速访问"工具栏上的 按钮，打开"保存对象"对话框。单击"常用文件夹"列表中的 工作目录 按钮，返回当前工作目录中。单击对话框底部的 确定 按钮，保存模具文件。

- -

提示：如果用户是第一次保存模具文件，由于此时系统默认的目录是"mmns_part_solid.prt"模板文件所在的目录（如"D:\Program Files\PTC\Creo 4.0\M030\Common Files\templates"），所以必须单击"公用文件夹"列表中的 工作目录 按钮，返回当前工作目录中。这样，才能将模具文件保存在正确的位置。

② 单击窗口顶部的"文件"→"管理会话"→"拭除当前"命令，打开"拭除"对话框。单击 按钮，选中所有文件，如图7-54所示。单击对话框底部的 确定 按钮，关闭当前文件，并将其从内存中拭除。

图7-54　"拭除"对话框

7.5 实例总结

本章详细介绍了电池盒模具设计的过程，通过本章的学习，读者可以掌握通过复制曲面和创建拉伸曲面来创建分型曲面的方法。

在创建分型曲面的各种方法中，最常用的一种方法是通过复制参考零件的表面来创建。而在复制曲面时，通过构建种子和边界曲面集可以快速、准确地选取所需表面，所以构建种子和边界曲面集是在实际应用过程中，用得最多的一种构建曲面集的方法。

第8章

▲

前盖模具设计实例

本章介绍的是前盖模具设计实例，最终效果如图8-1所示。

▌8.1 产品结构分析

由于产品零件是模具设计的重要依据，所以在设计模具前，首先需要对产品零件进行分析。前盖的三维模型如图8-2所示，材料为YL113，壁厚较均匀，采用压铸成型。

本实例中的前盖形状较简单，侧面上没有凹凸部位。在设计模具型腔时，只需要设计动模和定模两部分，压铸件便能顺利脱模。

图8-1 效果图

图8-2 前盖三维模型

▌8.2 主要知识点

本实例的主要知识点如下。

（1）装配参考零件：使用参考零件布局功能装配参考零件。

（2）创建工件：手工创建工件。

（3）创建分型曲面：使用侧面影像修剪功能来创建分型曲面。

（4）创建模具体积块：通过分割工件来创建模具体积块。

（5）创建模具元件：抽取创建的模具体积块，使其成为实体零件。

8.3 设计流程

本实例的设计流程如下：

（1）设置工作目录；

（2）设置配置文件；

（3）新建模具文件；

（4）装配参考零件；

（5）设置收缩率；

（6）创建工件；

（7）创建分型曲面；

（8）分割工件和模具体积块；

（9）创建模具元件；

（10）创建铸模；

（11）仿真开模；

（12）保存模具文件。

8.4 具体的设计步骤

8.4.1 设置工作目录

① 单击窗口顶部的"文件"→"管理会话"→"选择工作目录"命令，打开"选择工作目录"对话框。改变目录到"ex8.prt"文件所在的目录（如"D:\实例源文件\第8章"）。

② 单击该对话框底部的 确定 按钮，即可将"ex8.prt"文件所在的目录设置为当前进程中的工作目录。

8.4.2 设置配置文件

① 单击窗口顶部的"文件"→"选项"命令，打开"Creo Parametric选项"对话框。单击底部的 配置编辑器 按钮，切换到"查看并管理Creo Parametric选项"。

② 单击对话框底部的 添加(A) 按钮，打开"添加选项"对话框。在"选项名称"文本框中输入文字"enable_absolute_accuracy"，此时，在"选项值"编辑框会显示"no"选项，表示没有启用绝对精度功能，如图8-3所示。

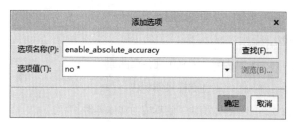

图8-3　"添加选项"对话框

③ 单击"选项值"编辑框右侧的 按钮，并在打开的下拉列表中选择"yes"选项。单击对话框底部的 确定 按钮，返回到"Creo Parametric选项"对话框。此时"enable_absolute_accuracy"选项和值会出现在"选项"显示选项组中，如图8-4所示。

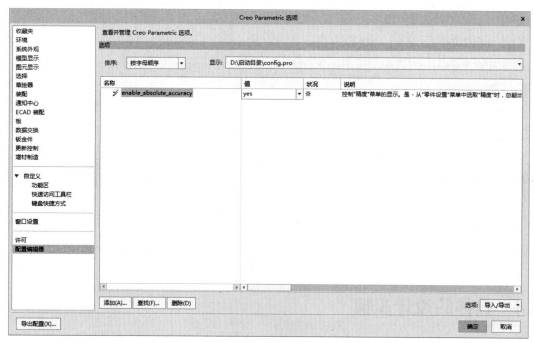

图8-4　设置选项

④ 单击该对话框底部的 确定 按钮，退出对话框。此时，系统将启用绝对精度功能。这样在装配参考零件过程中，可以将组件模型的精度设置为和参考模型精度相同。

- -

注意：在模具设计过程中，如果不启用绝对精度功能，则有可能因为精度问题，而导致后续分割工件操作失败。

8.4.3　新建模具文件

① 单击"快速访问"工具栏上的 按钮，打开"新建"对话框。选中"类型"选项组中的"制造"单选按钮、"子类型"选项组中的"模具型腔"单选按钮。

② 在"名称"文本框中输入文件名"ex8"，取消选中"使用默认模板"复选框，如图8-5所示。单击对话框底部的 确定 按钮，打开"新文件选项"对话框。

③ 在该对话框中选择 "mmns_mfg_mold" 模板，如图 8-6 所示。单击对话框底部的 确定 按钮，进入模具设计模块。

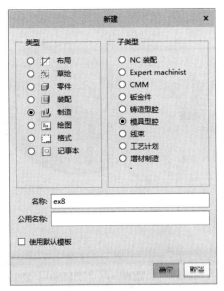

图 8-5 "新建" 对话框

图 8-6 "新文件选项" 对话框

8.4.4　装配参考零件

① 单击 "模具" 选项卡中 "参考模型和工件" 面板上的 参考模型 按钮，在弹出下拉列表中单击 组装参考模型 按钮，打开 "打开" 对话框。

② 在该对话框中，系统会自动选中 "ex8.prt" 文件。单击对话框底部的 打开 按钮，打开 "元件放置" 操控面板。

③ 单击 放置 按钮，打开如图 8-7 所示的 "放置" 下滑面板。然后在图形窗口中选取基准平面 "MOLD_RIGHT" 和 "RIGHT" 为第一个约束参考，此时，系统会自动定义约束类型为 "重合"。单击 "偏移" 选项组中的 反向 按钮，改变约束方向。

④ 在图形窗口中选取基准平面 "MOLD_FRONT" 和 "FRONT" 为第二个约束参考，并接受默认的约束类型 "重合"。

⑤ 在图形窗口中选取基准平面 "MAIN_PARTING_PLN" 和 "TOP" 为第三个约束参考，并接受默认的约束类型 "重合"。

图 8-7 "放置" 下滑面板

⑥ 单击操控面板右侧的 ✔ 按钮，完成元件放置操作。系统弹出如图 8-8 所示的 "创建参考模型" 对话框。

⑦ 改变参考模型的公用名称为 "ex8_ref"，然后单击对话框底部的 确定 按钮，退出对话框。

⑧ 系统弹出如图 8-9 所示的 "警告" 对话框，单击对话框底部的 确定 按钮，接受绝对精度值的设置。此时，装配的参考零件如图 8-10 所示。

⑨ 单击 "模具模型" 菜单中的 "完成 / 返回" 命令，返回 "模具" 菜单。

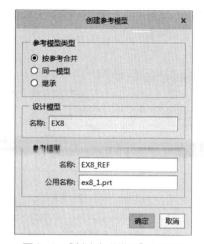

图8-8　"创建参考模型"对话框

图8-9　"警告"对话框

图8-10　参考零件

8.4.5　设置收缩率

① 单击"模具"选项卡中"修饰符"面板上的 收缩 按钮，打开"按比例收缩"对话框。此时，系统将自动选择"坐标系"选项中的 按钮，要求用户选取坐标系。

② 在图形窗口中选取"PRT_CSYS_DEF"坐标系，然后在"收缩率"文本框中输入收缩值"0.005"，如图8-11所示。单击对话框底部的 ✓ 按钮，退出对话框。

8.4.6　创建工件

① 单击"模具"选项卡中"参考模型和工件"面板上的 工件 按钮，在弹出的下拉列表中单击 创建工件 按钮，打开"创建元件"对话框。

② 在"名称"文本框中，输入工件的名称"ex8_wrk"，如图8-12所示。然后单击对话框底部的 确定(O) 按钮，打开"创建选项"对话框，如图8-13所示。

图8-11　"按比例收缩"对话框

图8-12　"创建元件"对话框

图8-13　"创建选项"对话框

③ 单击"复制自"选项组中的 浏览 按钮，打开"选取模板"对话框。改变目录到"mmns_part_solid.prt"模板文件所在的目录（如"D:\Program Files\PTC\Creo 4.0\M030\Common Files\templates"）。

④ 在"文件"列表中选中"mmns_part_solid.prt"模板文件，单击对话框底部的 打开 按钮，返回"创建选项"对话框。此时，系统会将"mmns_part_solid.prt"模板文件指定给模具元件。

⑤ 单击该对话框底部的 确定(O) 按钮，打开"元件放置"操控面板。在图形窗口中，按住鼠标右键，并在弹出的快捷菜单中单击"默认约束"命令，如图8-14所示。单击操控面板右侧的✔按钮，完成元件放置操作。

⑥ 在模型树中单击"EX8_WRK.PRT"元件，系统弹出如图8-15所示的快捷面板，然后单击◇按钮，进入零件设计界面。

⑦ 单击"形状"面板上的 按钮，打开"拉伸"操控面板。在图形窗口中选取工件的"TOP"基准平面为草绘平面，系统将自动进入草绘模式。

⑧ 绘制如图8-16所示的二维截面，并单击"草绘器工具"工具栏上的✔按钮，完成草绘操作，返回"拉伸"操控面板。

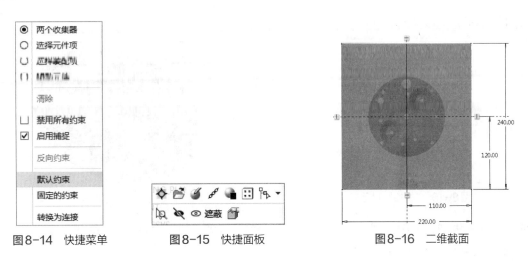

图8-14　快捷菜单　　　　图8-15　快捷面板　　　　图8-16　二维截面

⑨ 在"深度"文本框中，输入深度值"30"，并按"Enter"键确认。然后单击 选项 按钮，在弹出的"选项"下滑面板中选择侧2的深度类型为 盲孔 ，并在其右侧的"深度"文本框中输入深度值"60"，如图8-17所示。

⑩ 单击操控面板右侧的✔按钮，完成拉伸操作。此时，创建的工件如图8-18所示。

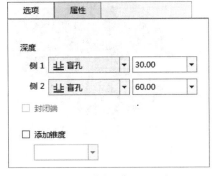

图8-17　"选项"下滑面板

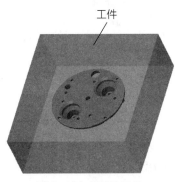

图8-18　创建的工件

⑪ 在模型树中单击 "EX8.ASM" 组件，并有弹出的快捷面板中单击 ✧ 按钮，返回模具设计模块主界面。

8.4.7　创建分型曲面

（1）复制分型曲面

① 单击 "模具" 选项卡中 "分型面和模具体积块" 面板上的 ☐ 按钮，进入分型曲面设计界面。

② 在图形窗口中单击鼠标右键，在弹出的快捷菜单中选择 "属性" 命令，打开 "属性" 对话框。在 "名称" 文本框中输入分型曲面的名称 "main"，如图8-19所示。单击对话框底部的 ▢▢ 按钮，退出对话框。

③ 在模型树中单击 "EX8_WRK.PRT" 元件，系统弹出如图8-15所示的快捷面板，然后单击 ◉ 遮蔽 按钮，遮蔽刚才创建的工件。

注意：本步骤主要是为了便于选取参考零件上的表面，从而将工件暂时隐藏。用户还可以将基准平面、基准轴、基准点、坐标系隐藏，以使窗口显示得更加清楚。

---

④ 在图形窗口中选取图8-20中的面，此时被选中的表面呈红色。

选取此面——

图8-19　"属性" 对话框　　　　　　　　　图8-20　选取面

⑤ 单击 模具 按钮，切换到 "模具" 选项卡。单击 "编辑" 面板上的 📋 复制 按钮，然后单击 "编辑" 面板上的 📋 粘贴 ▾ 按钮，打开 "复制曲面" 操控面板。

⑥ 在图形窗口中，按住鼠标右键，并在弹出的快捷菜单中单击 "实体曲面" 命令，如图8-21所示。此时，系统将构建一个所有实体曲面集，如图8-22所示。单击操控面板右侧的 ✔ 按钮，完成复制曲面操作。此时，系统会自动选中 "复制1" 特征。

所有实体曲面

图8-21　快捷菜单　　　　　　　　　图8-22　所有实体曲面集

（2）修剪分型曲面

① 单击 "编辑" 面板上的 🔲 修剪 按钮，打开 "修剪" 操控面板。此时，系统要求用户选取修剪曲面的参考对象。

② 在图形窗口中选取基准平面"MAIN_PARTING_PLN"为修剪平面，然后单击■按钮，选中"侧面影像修剪"选项。此时，在图形窗口中被修剪的分型曲面将加亮显示。单击操控面板右侧的✔按钮，完成侧面影像修剪操作。

（3）创建关闭曲面

① 按住"Ctrl"键，并在图形窗口中选取图8-23中的3个面，此时被选中的面呈红色。

② 单击"曲面设计"面板上的■按钮，打开"关闭"操控面板。然后选中"封闭所有内环"复选框，如图8-24所示。单击操控面板右侧的✔按钮，完成创建关闭曲面操作。此时，在模型树中系统会自动选中"关闭1"特征。

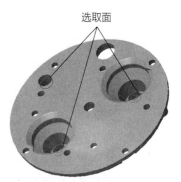

选取面

图8-23　选取面

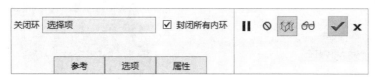

图8-24　"关闭"操控面板

图8-25　"参考"下滑面板

（4）第一次合并曲面

① 按住"Ctrl"键，并在模型树中选中"复制1"特征。单击"编辑"面板上的■按钮，打开"合并"操控面板。单击对话栏中的■■按钮，打开"参考"下滑面板。

② 在该下滑面板的"面组"收集器中选中"面组：F7（MAIN）"，单击■按钮，使"面组：F7（MAIN）"位于收集器顶部，成为主面组，如图8-25所示。单击操控面板右侧的✔按钮，完成合并曲面操作。

（5）创建平整曲面

① 在模型树中单击"EX8_WRK.PRT"元件，并在弹出的快捷面板中单击 ⊙取消遮蔽 按钮，取消遮蔽工件。

② 单击"曲面设计"面板上的■按钮，打开"填充"操控面板。

③ 单击对话栏中的 ■参考■ 按钮，并在弹出的"参考"下滑面板中单击 定义... 按钮，打开"草绘"对话框。

④ 在图形窗口中选取"MAIN_PARTING_PLN"基准平面为草绘平面，系统将自动进入草绘模式。

⑤ 绘制如图8-26所示的二维截面，单击"草绘器工具"工具栏上的■按钮，完成草绘操作，返回"填充"操控面板。单击操控面板右侧的■按钮，完成创建平整曲面操作。此时，在模型树中系统会自动选中"填充1"特征。

（6）第二次合并曲面

① 按住"Ctrl"键，并在模型树中选中"复制1"特征。单击"编辑"面板上的■按钮，打开"合并"操控面板。单击对话栏中的 ■■ 按钮，打开"参考"下滑面板。

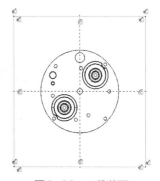

图8-26　二维截面

② 在该下滑面板的"面组"收集器中选中"面组：F7（MAIN）"，单击 ▲ 按钮，使"面组：F7（MAIN）"位于收集器顶部，成为主面组。

③ 单击 选项 按钮，并在弹出的"选项"下滑面板选中"联接"单选按钮，如图8-27所示。单击操控面板右侧的 ✔ 按钮，完成合并曲面操作。

图8-27 "选项"下滑面板

（7）着色分型曲面

① 单击"图形"工具栏上的 ▫ 按钮，系统弹出如图8-28所示的"继续体积块选取"菜单，并将创建的分型曲面单独显示在图形窗口中，如图8-29所示。单击"继续体积块选取"菜单中的"完成/返回"命令，关闭该菜单。

图8-28 "继续体积块选取"菜单

图8-29 着色分型曲面

② 单击"编辑"面板上的 ✔ 按钮，完成分型曲面的创建操作。此时，系统将返回模具设计模块主界面。

8.4.8 分割工件

① 单击"模具"选项卡中"分型面和模具体积块"面板上的 ▫ 按钮，打开"参考零件切除"操控面板。此时，系统会自动选取工件和参考零件。单击该操控面板右侧的 ✔ 按钮，完成参考零件切除操作。此时，系统会自动选取"参考零件切除1"特征。

② 单击"模具"选项卡中"分型面和模具体积块"面板上的 模具体积块 按钮，在弹出的下拉列表中单击 ▦ 体积块分割 按钮，打开"体积块分割"操控面板。

③ 单击 ▱ 收集器，并在图形窗口中选取图8-30中的"MAIN"分型曲面。

- -

提示：用户可以设置模型显示方式为"无隐藏线"，这样可以准确地选取分型曲面。

④ 单击对话栏中的 体积块 按钮，打开"体积块"下滑面板。改变体积块的名称，如图8-31所示。单击右侧的 ✔ 按钮，完成分割体积块操作。

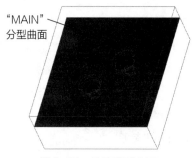

图8-30 选取分型曲面

图8-31 "体积块"下滑面板

8.4.9　创建模具元件

① 单击"模具"选项卡中"元件"面板上的  按钮，打开"创建模具元件"对话框。单击 ≡ 按钮，选中所有模具体积块。

② 单击"高级"选项组前面的三角形符号，在弹出的"高级"选项组中单击 ≡ 按钮，选中所有模具体积块，如图8-32所示。

③ 单击"复制自"选项组中的 按钮，打开"选择模板"对话框。改变目录到"mmns_part_solid.prt"模板文件所在的目录（如"D:\Program Files\PTC\Creo 4.0\M030\Common Files\templates"）。

④ 在"文件"列表中选中"mmns_part_solid.prt"模板文件，单击对话框底部的 打开 按钮，返回"创建模具元件"对话框。此时，系统会将"mmns_part_solid.prt"模板文件指定给模具元件。

图8-32　"创建模具元件"对话框

提示：在抽取模具体积块时，如果不将模板文件指定给模具元件，将来对模具元件修改时，则没有任何基准平面、坐标系等可供使用。

---

⑤ 单击该对话框底部的 确定 按钮，此时，系统将自动将模具体积块抽取为模具元件，并退出对话框。

8.4.10　创建铸件

① 单击"模具"选项卡中"元件"面板上的 创建制模 按钮，在弹出的文本框中输入铸件名称"molding"，并单击右侧的 ✓ 按钮。

② 接受铸件默认的公用名称"molding"，并单击消息区右侧的 ✓ 按钮，完成创建铸件操作。

8.4.11　仿真开模

1.定义开模步骤

（1）移动"CAVITY"元件

① 单击"图形"工具栏上的 按钮，打开"遮蔽和取消遮蔽"对话框。按住"Ctrl"键，并在"可见元件"列表中选中"EX8_REF"和"EX8_WRK"元件，如图8-33所示，然后单击 遮蔽 按钮，将其遮蔽。

② 单击"过滤"选项组中的 分型面 按钮，切换到"分型面"过滤类型。单击 ≡ 按钮，选中"MAIN"分型曲面，如图8-34所示，然后单击 遮蔽 按钮，将其遮蔽。单击对话框底部的 确定 按钮，退出对话框。

提示：用户还可以将曲线、基准平面、基准轴、基准点和坐标系隐藏，以使窗口显示得更加清楚。

---

③ 单击"模具"选项卡中"元件"面板上的 按钮，在弹出的"模具开模"菜单中单击"定义步骤"→"定义移动"命令。此时，系统要求用户选取要移动的模具元件。

图8-33　遮蔽模具元件

图8-34　遮蔽分型曲面

④ 在图形窗口中选取图8-35中的"CAVITY"元件，并单击"选取"对话框中的 确定 按钮。此时，系统要求用户选取一条直边、轴或面来定义模具元件移动的方向。

⑤ 在图形窗口中选取图8-35中的面，此时在图形窗口中会出现一个红色箭头，表示移动的方向。在弹出的文本框中输入数值"130"，单击右侧的✔按钮，返回"定义步骤"菜单。

⑥ 单击"定义步骤"菜单中的"完成"命令，返回"模具开模"菜单。此时，"CAVITY"元件将向上移动。

（2）移动"MOLDING"元件

① 单击"模具开模"菜单中的"定义步骤"→"定义移动"命令，在图形窗口中选取图8-36中的"MOLDING"元件，并单击"选取"对话框中的 确定 按钮。

② 在图形窗口中选取图8-36中的面，在弹出的文本框中输入数值"40"，然后单击右侧的✔按钮，返回"定义步骤"菜单。

图8-35　移动"CAVITY"元件

图8-36　移动"MOLDING"元件

③ 单击"定义步骤"菜单中的"完成"命令，返回"模具开模"菜单。此时，"MOLDING"元件将向上移动。

2. 打开模具

① 单击"模具开模"菜单中的"分解"命令，系统弹出如图8-37所示的"逐步"菜单。此时，所有的模具

元件将回到移动前的位置。

② 单击"逐步"菜单中的"打开下一个"命令，系统将打开定模，如图8-38所示。

③ 再次单击"逐步"菜单中的"打开下一个"命令，系统将打开铸件，如图8-39所示。

图8-37 "逐步"菜单　　　　　图8-38 打开定模　　　　　图8-39 打开铸件

④ 单击"模具开模"菜单中的"完成/返回"命令，关闭菜单。此时，所有的模具元件又将回到移动前的位置。

8.4.12　保存模具文件

① 单击"快速访问"工具栏上的 按钮，打开"保存对象"对话框。单击"常用文件夹"列表中的 工作目录 按钮，返回当前工作目录中。单击对话框底部的 确定 按钮，保存模具文件。

- -

提示：如果用户是第一次保存模具文件，由于此时系统默认的目录是"mmns_part_solid.prt"模板文件所在的目录（如"D:\Program Files\PTC\Creo 4.0\M030\Common Files\templates"），所以必须单击"公用文件夹"列表中的 工作目录 按钮，返回当前工作目录中。这样，才能将模具文件保存在正确的位置。

- -

② 单击窗口顶部的"文件"→"管理会话"→"拭除当前"命令，打开"拭除"对话框。单击 按钮，选中所有文件，如图8-40所示。单击对话框底部的 确定 按钮，关闭当前文件，并将其从内存中拭除。

8.5　实例总结

本章详细介绍了前盖模具设计的过程，通过本章的学习，读者可以掌握使用侧面影像裁剪功能来创建分型曲面的方法。

侧面影像裁剪也是Parametric提供的智能分模功能，可以快速创建分型曲面。首先复制整个参考零件上的所有曲面，然后使用侧面影像修剪功能来修剪复制的曲面，并修补分型曲面上的"破洞"，从而快速创建分型曲面。

图8-40 "拭除"对话框

第9章

筒座模具设计实例

本章介绍的是筒座模具设计实例，最终效果如图9-1所示。

9.1 产品结构分析

由于产品零件是模具设计的重要依据，所以在设计模具前，首先需要对产品零件进行分析。筒座的三维模型如图9-2所示，材料为压铸铝合金（牌号为YL113），壁厚不均匀，采用压铸成型。

本实例中的筒座形状较复杂，侧面上有通槽。在设计模具型腔时，需要设计侧向成型部分，压铸件才能顺利脱模。

图9-1 效果图

图9-2 筒座三维模型

9.2 主要知识点

本实例的主要知识点如下。

（1）装配参考零件：使用参考零件布局功能装配参考零件。

（2）创建工件：使用自动工件功能来创建工件。

（3）直接创建体积块：使用聚合和草绘功能来直接创建模具体积块。

（4）创建模具体积块：通过分割工件来创建模具体积块。

（5）创建模具元件：抽取创建的模具体积块，使其成为实体零件。

9.3　设计流程

本实例的设计流程如下：

（1）设置工作目录；

（2）设置配置文件；

（3）新建模具文件；

（4）设置模型树；

（5）装配参考零件；

（6）设置收缩率；

（7）创建工件；

（8）创建模具体积块；

（9）分割工件和模具体积块；

（10）创建模具元件；

（11）创建铸件；

（12）仿真开模；

（13）保存模具文件。

9.4　具体的设计步骤

9.4.1　设置工作目录

① 单击窗口顶部的"文件"→"管理会话"→"选择工作目录"命令，打开"选择工作目录"对话框。改变目录到"ex9.prt"文件所在的目录（如"D:\实例源文件\第8章"）。

② 单击该对话框底部的 确定 按钮，即可将"ex9.prt"文件所在的目录设置为当前进程中的工作目录。

9.4.2　设置配置文件

① 单击窗口顶部的"文件"→"选项"命令，打开"Creo Parametric选项"对话框。单击底部的 配置编辑器 按钮，切换到"查看并管理Creo Parametric选项"。

② 单击对话框底部的 添加(A)... 按钮，打开"添加选项"对话框。在"选项名称"文本框中输入文字"enable_absolute_accuracy"，此时，在"选项值"编辑框会显示"no"选项，表示没有启用绝对精度功能，如图9-3所示。

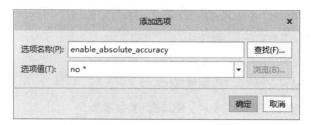

图9-3 "添加选项"对话框

③ 单击"选项值"编辑框右侧的 按钮，并在打开的下拉列表中选择"yes"选项。单击对话框底部的 确定 按钮，返回到"Creo Parametric选项"对话框。此时"enable_absolute_accuracy"选项和值会出现在"选项"显示选项组中，如图9-4所示。

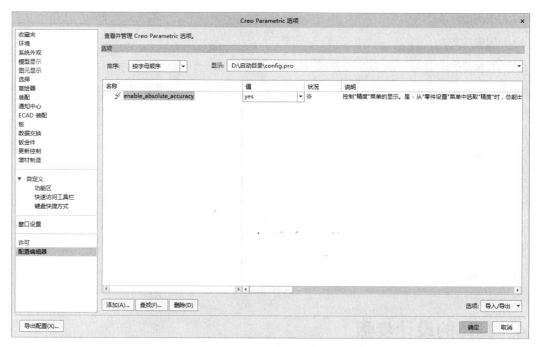

图9-4 设置选项

④ 单击该对话框底部的 确定 按钮，退出对话框。此时，系统将启用绝对精度功能。这样在装配参考零件过程中，可以将组件模型的精度设置为和参考模型精度相同。

提示：在模具设计过程中，如果不启用绝对精度功能，则有可能因为精度问题，而导致后续分割工件操作失败。

9.4.3 新建模具文件

① 单击"快速访问"工具栏上的 按钮，打开"新建"对话框。选中"类型"选项组中的"制造"单选按钮、"子类型"选项组中的"模具型腔"单选按钮。

② 在"名称"文本框中输入文件名"ex9"，取消选中"使用默认模板"复选框，如图9-5所示。单击对话框底部的 确定 按钮，打开"新文件选项"对话框。

③ 在该对话框中选择"mmns_mfg_mold"模板，如图9-6所示。单击对话框底部的 确定 按钮，进入模具设计模块。

图9-5　"新建"对话框

图9-6　"新文件选项"对话框

9.4.1　装配参考零件

① 单击"模具"选项卡中"参考模型和工件"面板上的 按钮，系统弹出"布局"对话框和"打开"对话框。

② 在"打开"对话框中，系统会自动选中"ex9.prt"文件。单击对话框底部的 打开 按钮，打开如图9-7所示的"创建参考模型"对话框。

③ 接受该对话框中默认的设置，单击对话框底部的 确定 按钮，返回"布局"对话框，如图9-8所示。单击对话框底部的 预览 按钮，参考零件在图形窗口中的位置如图9-9所示。从图中可以看出该零件的位置不对，需要重新调整。

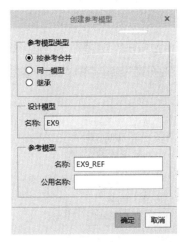

图9-7　"创建参考模型"对话框

图9-8　"布局"对话框

提示：参考零件的正确位置是开模方向指向默认的拖动方向。在图形窗口中，系统用一个双组箭头来表示默认的拖动方向。

④ 单击"参考模型起点与定向"选项中的 ![按钮，系统弹出如图9-10所示的"获得坐标系类型"菜单，并打开另外一个窗口。单击"获得坐标系类型"菜单中的"动态"命令，打开"参考模型方向"对话框。

图9-9　错误位置

图9-10　"获得坐标系类型"菜单

图9-11　"参考模型方向"对话框

⑤ 在"调整坐标系"选项组中的"角度"文本框中输入数值"90"，如图9-11所示，并按"Enter"确认。接受其他选项默认的设置，单击对话框底部的 确定 按钮，返回"布局"对话框。

⑥ 单击该对话框底部的 预览 按钮，参考零件在图形窗口中的位置如图9-12所示。从图中可以看出该零件的位置现在是正确的。

图9-12　正确位置

⑦ 单击该对话框底部的 确定 按钮，退出对话框。系统弹出如图9-13所示的"警告"对话框，单击对话框底部的 确定 按钮，接受绝对精度值的设置。单击如图9-14所示的"型腔布置"菜单中的"完成/返回"命令，关闭该菜单。

图9-13　"警告"对话框

图9-14　"型腔布置"菜单

9.4.5　设置收缩率

① 单击"模具"选项卡中"修饰符"面板上的  按钮，打开"按比例收缩"对话框。此时，系统将自动选择"坐标系"选项中的 按钮，要求用户选取坐标系。

② 在图形窗口中选取"PRT_CSYS_DEF"坐标系，然后在"收缩率"文本框中输入收缩值"0.005"，如图9-15所示。单击对话框底部的 按钮，退出对话框。

图9-15　"按比例收缩"对话框

9.4.6　创建工件

① 单击"模具"选项卡中"参考模型和工件"面板上的 按钮，打开"自动工件"对话框。此时，系统将自动选择"坐标系"选项中的 按钮，要求用户选取坐标系。

② 在图形窗口中选取"MOLD_DEF_CSYS"坐标系为模具原点，然后在"整体尺寸"和"平移工件"选项组中输入如图9-16所示的尺寸，并接受其他选项默认的设置。单击对话框底部的 确定 按钮，退出对话框。此时，创建的工件如图9-17所示。

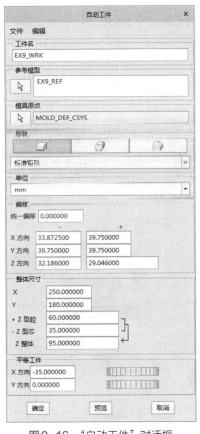

图9-16　"自动工件"对话框

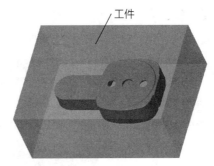

图9-17　创建的工件

9.4.7　创建模具体积块

1. 创建动模体积块

（1）聚合法创建模具体积块

① 单击"模具"选项卡中"分型面和模具体积块"面板上的 按钮，进入模具体积块设计界面。

② 在图形窗口中单击鼠标右键，在弹出的快捷菜单中选择"属性"命令，打开"属性"对话框。在"名称"文本框中输入模具体积块的名称"core"，如图9-18所示。单击对话框底部的 确定 按钮，退出对话框。

③ 在模型树中单击"EX9_WRK.PRT"元件，系统弹出如图9-19所示的快捷面板，然后单击 按钮，遮

蔽刚才创建的工件。

图9-18　"属性"对话框

图9-19　快捷面板

图9-20　"聚合步骤"菜单

注意：本步骤主要是为了便于选取参考零件上的表面，从而将工件暂时隐藏。用户还可以将基准平面、基准轴、基准点、坐标系隐藏，以使窗口显示得更加清楚。

④ 单击"体积块工具"面板上的按钮，系统弹出如图9-20所示的"聚合步骤"菜单。选中"填充"复选框，并单击"完成"命令，系统又弹出"聚合选择"菜单，如图9-21所示。

⑤ 单击该菜单中的"曲面和边界"→"完成"命令，此时，系统要求用户选取种子面。旋转参考零件至如图9-22所示的位置，在图形窗口中选取图中的内表面为种子面。系统弹出如图9-23所示的"特征参考"菜单，并要求用户选取边界面。

图9-21　"聚合选择"菜单

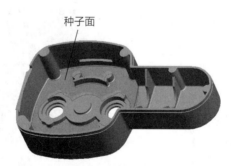

图9-22　选取种子面

图9-23　"特征参考"菜单

⑥ 按住"Ctrl"键，并在图形窗口中选取图9-24中的平面为第一组边界面。松开"Ctrl"键，并旋转模型至如图9-25中的位置。按住"Ctrl"键不放，并选取图9-25中的外表面为第二组边界面。

注意：在聚合法创建体积块操作过程中选取多个边界面的方法（按住"Ctrl"键）与在复制曲面操作过程中选取多个边界面的方法（按住"Shift"键）不同，用户必须特别注意。

图9-24　选取第一组边界面

第二组边界面

图9-25　选取第二组边界面

⑦ 单击"特征参考"菜单中的"完成参考"命令，返回"曲面边界"菜单。单击菜单中的"完成/返回"命令，系统又弹出"特征参考"菜单，并要求用户选取要封闭的曲面。旋转模型至如图9-26中的位置，在图形窗口中选取图中的内表面。单击"特征参考"菜单中的"完成参考"→"完成/返回"命令，系统弹出如图9-27所示的"封合"菜单。

选取此面

图9-26　选取表面

图9-27　"封合"菜单

⑧ 接受该菜单中默认的设置，并单击"完成"命令。系统弹出"封闭环"菜单，并要求用户选取一个平面，以封闭模具体积块。旋转模型至如图9-28中的位置，在图形窗口中选取图9-29中的平面为顶平面。此时，系统要求用户选取一条边，以封闭模具体积块。

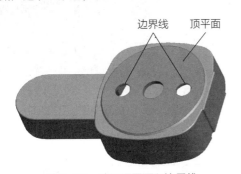

边界线　顶平面

图9-28　选取顶平面和边界线

顶平面

图9-29　选取顶平面

⑨ 按住"Ctrl"键，并在图形窗口中选取图9-28中两个孔的边界线，并单击"选取"对话框中的 确定 按钮，返回"封合"菜单。在菜单中选中"全部环"选项，单击"完成"命令，系统又弹出"封闭环"菜单，并要求用户选取一个平面，以封闭模具体积块。

⑩ 旋转模型至如图9-29中的位置，在图形窗口中选取图中的面为顶平面，系统将返回"封合"菜单。单击菜单中的"退出"命令，返回"封闭环"菜单。

⑪ 单击该菜单中的"完成/返回"命令，返回"聚合体积块"菜单。单击菜单中的"完成"命令，完成聚合法创建模具体积块的操作。

（2）第1次使用拉伸工具创建模具体积块

① 在模型树中单击"EX9_WRK.PRT"元件，并在弹出的快捷面板中单击 取消遮蔽 按钮，取消遮蔽刚才创建的工件。

② 单击"形状"面板上的 按钮，打开"拉伸"操控面板。在图形窗口中选取如图9-30所示工件的侧面为草绘平面，系统将自动进入草绘模式。

③ 绘制如图9-31所示的二维截面，并单击"草绘器工具"工具栏上的 按钮，完成草绘操作，返回"拉伸"操控面板。在"深度"文本框中输入深度值"50"，并按"Enter"键确认。单击"深度"文本框右侧的 按钮，改变拉伸方向。

图9-30　选取草绘平面

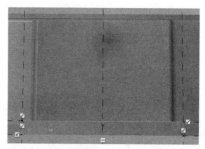

图9-31　二维截面

④ 单击操控面板右侧的 按钮，完成创建拉伸操作。

（3）第2次使用拉伸工具创建模具体积块

① 单击"形状"面板上的 按钮，打开"拉伸"操控面板。在图形窗口中选取"MAIN_PARTING_PLN"基准平面为草绘平面，系统将自动进入草绘模式。

② 绘制如图9-32所示的二维截面，并单击"草绘器工具"工具栏上的 按钮，完成草绘操作，返回"拉伸"操控面板。在"深度"文本框中输入深度值"35"，并按"Enter"键确认。单击"深度"文本框右侧的 按钮，改变拉伸方向。单击操控面板右侧的 按钮，完成创建拉伸操作。

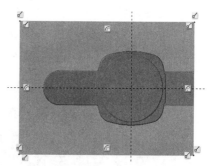

图9-32　二维截面

（4）修剪模具体积块

① 单击"体积块工具"面板上的 参考零件切除 按钮，系统将自动从模具体积块中切除参考零件几何。

② 单击"图形"工具栏上的 按钮，系统弹出如图9-33所示的"继续体积块选取"菜单，并将创建的模具体积块单独显示在图形窗口中，如图9-34所示。

③ 单击"继续体积块选取"菜单中的"完成/返回"命令，关闭该菜单。

图9-33　"继续体积块选取"菜单

④ 单击"编辑"面板上的 按钮，完成模具体积块的创建操作。此时，系统将返回模具设计模块主界面。

2. 创建侧型体积块

（1）拉伸模具体积块

① 在模型树中用鼠标右键单击"聚合"特征，并在弹出的快捷面板中单击 按钮，遮蔽刚才创建的模具体积块。

② 单击"模具"选项卡中"分型面和模具体积块"面板上的
按钮，进入模具体积块设计界面。

③ 在图形窗口中单击鼠标右键，在弹出的快捷菜单中选择
"属性"命令，打开"属性"对话框。在"名称"文本框中输入模
具体积块的名称"slide_core"，如图9-35所示。单击对话框底
部的 按钮，退出对话框。

④ 单击"形状"面板上的 按钮，打开"拉伸"操控面板。

图9-34 着色模具体积块

在图形窗口中选取图9-36中工件的侧面为草绘平面，系统将自动进入草绘模式。

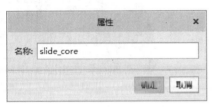

图9-35 "属性"对话框

图9-36 选取草绘平面

⑤ 绘制如图9-37所示的二维截面，并单击"草绘器工具"工具栏上的
按钮，完成草绘操作，返回"拉伸"操控面板。选择深度类型为 ，并在图形
窗口中选取图9-38中的面为深度参考面。单击操控面板右侧的 按钮，完成创
建拉伸操作。

（2）修剪模具体积块

① 单击"体积块工具"面板上的 参考零件切除 按钮，系统将自动从模具体积块
中切除参考零件几何。

② 单击"图形"工具栏上的 按钮，系统弹出"继续体积块选取"菜单，
并将创建的模具体积块单独显示在图形窗口中，如图9-39所示。

图9-37 二维截面图

参考平面

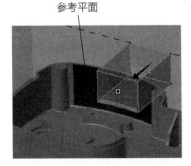

图9-38 选取深度参考平面

图9-39 着色模具体积块

③ 单击"继续体积块选取"菜单中的"完成/返回"命令，关闭该菜单。

④ 单击"编辑"面板上的 按钮，完成模具体积块的创建操作。此时，系统将返回模具设计模块主界面。

9.4.8 分割工件和模具体积块

1.分割工件

① 在模型树中单击"聚合"特征,并在弹出的快捷面板中单击 ⊙ 按钮,将动模体积块显示出来。

② 单击"模具"选项卡中"分型面和模具体积块"面板上的 [模具体积块] 按钮,打开"参考零件切除"操控面板。此时,系统会自动选取工件和参考零件。单击该操控面板右侧的 ✔ 按钮,完成参考零件切除操作。此时,系统会自动选取"参考零件切除1"特征。

③ 单击"模具"选项卡中"分型面和模具体积块"面板上的 [模具体积块] 按钮,在弹出的下拉列表中单击 [体积块分割] 按钮,打开"体积块分割"操控面板。

④ 单击 🖳 收集器,在图形窗口中选取如图9-40所示的和"CORE"体积块。

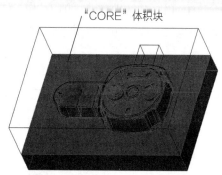

"CORE"体积块

图9-40 选取""CORE"体积块

提示:用户可以设置模型显示方式为"无隐藏线",这样可以准确地选取分型曲面。

⑤ 单击对话栏中的 [体积块] 按钮,打开"体积块"下滑面板。取消选中"体积块_1"并改变体积块的名称,如图9-41所示。单击右侧的 ✔ 按钮,完成分割体积块操作。此时,系统会自动选取"体积块分割1"特征。

2.分割"TEMP"体积块

① 单击"模具"选项卡中"分型面和模具体积块"面板上的 [模具体积块] 按钮,在弹出的下拉列表中单击 [体积块分割] 按钮,打开"体积块分割"操控面板。

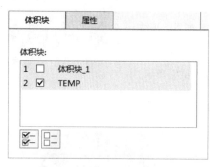

图9-41 "体积块"下滑面板

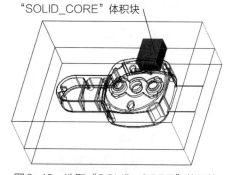

"SOLID_CORE"体积块

图9-42 选取"SOLID_CORE"体积块

② 单击 🖳 收集器,并在图形窗口中选取图9-42中的"SOLID_CORE"体积块,单击对话栏中的 [体积块] 按钮,打开"体积块"下滑面板。取消选中"体积块_2"并改变体积块的名称,如图9-43所示。单击右侧的 ✔ 按钮,完成分割体积块操作。

图9-43 "体积块"下滑面板

9.4.9　创建模具元件

① 单击"模具"选项卡中"元件"面板上的 按钮，打开"创建模具元件"对话框。单击 按钮，选中所有模具体积块。按住"Ctrl"键，然后单击"TEMP"体积块，将其排除。

② 单击"高级"选项组前面的三角形符号，系统弹出"高级"选项组。然后单击 按钮，选中所有模具体积块，如图9-44所示。

③ 单击"复制自"选项组中的 按钮，打开"选择模板"对话框。改变目录到"mmns_part_solid.prt"模板文件所在的目录（如"D:\Program Files\PTC\Creo 4.0\M030\Common Files\templates"）。

④ 在"文件"列表中选中"mmns_part_solid.prt"模板文件，单击对话框底部的 打开 按钮，返回"创建模具元件"对话框。此时，系统会将"mmns_part_solid.prt"模板文件指定给模具元件。

图9-44　"创建模具元件"对话框

提示：在抽取模具体积块时，如果不将模板文件指定给模具元件，将来对模具元件修改时，则没有任何基准平面、坐标系等可供使用。

⑤ 单击该对话框底部的 确定 按钮，此时，系统自动将模具体积块抽取为模具元件。

9.4.10　创建铸件

① 单击"模具"选项卡中"元件"面板上的 创建制模 按钮，在弹出的文本框中输入铸件名称"molding"，并单击右侧的 按钮。

② 接受铸件默认的公用名称"molding"，并单击消息区右侧的 按钮，完成创建铸件操作。

9.4.11　仿真开模

1. 定义开模步骤

（1）移动"CAVITY"元件

① 单击"图形"工具栏上的 按钮，打开"遮蔽和取消遮蔽"对话框。按住"Ctrl"键，并在"可见元件"列表中选中"EX9_REF"和"EX9_WRK"元件，如图9-45所示，然后单击 遮蔽 按钮，将其遮蔽。

② 单击"过滤"选项组中的 体积块 按钮，切换到"体积块"过滤类型。单击 按钮，选中所有"TEMP"体积块，如图9-46所示，然后单击 遮蔽 按钮，将其遮蔽。单击对话框底部的 确定 按钮，退出对话框。

提示：用户还可以将曲线、基准平面、基准轴、基准点和坐标系隐藏，以使窗口显示得更加清楚。

③ 单击"模具"选项卡中"元件"面板上的 按钮，在弹出的"模具开模"菜单中单击"定义步骤"→"定义移动"命令。此时，系统要求用户选取要移动的模具元件。

图9-45 遮蔽模具元件

图9-46 遮蔽体积块

④ 按住"Ctrl"键，并在图形窗口中选取图9-47中的"CAVITY"元件，单击"选取"对话框中的 确定 按钮。此时，系统要求用户选取一条直边、轴或面来定义模具元件移动的方向。

⑤ 在图形窗口中选取图9-47中的面，此时在图形窗口中会出现一个红色箭头，表示移动的方向。在弹出的文本框中输入数值"180"，单击右侧的✔按钮，返回"定义步骤"菜单。

⑥ 单击"定义步骤"菜单中的"完成"命令，返回"模具开模"菜单。此时，"CAVITY"元件将向上移动。

（2）移动"SLIDE_CORE"元件

① 单击"模具开模"菜单中的"定义步骤"→"定义移动"命令，在图形窗口中选取图9-48中的"SLIDE_CORE"元件，并单击"选取"对话框中的 确定 按钮。

图9-47 移动"CAVITY"元件

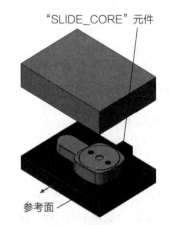

图9-48 移动"SLIDE_CORE"元件

② 在图形窗口中选取图9-48中的面，在弹出的文本框中输入数值"-60"，然后单击右侧的✔按钮，返回"定义步骤"菜单。

③ 单击"定义步骤"菜单中的"完成"命令，返回"模具开模"菜单。此时，"SLIDE_CORE"元件将向后移动。

（3）移动"MOLDING"元件

① 单击"模具开模"菜单中的"定义步骤"→"定义移动"命令，在图形窗口中选取图9-49中的"MOLDING"元件，并单击"选取"对话框中的 按钮。

② 在图形窗口中选取图9-49中的面，在弹出的文本框中输入数值"50"，然后单击右侧的✔按钮，返回"定义步骤"菜单。

③ 单击"定义步骤"菜单中的"完成"命令，返回"模具开模"菜单。此时，"MOLDING"元件将向上移动。

2. 打开模具

① 单击"模具开模"菜单中的"分解"命令，系统弹出如图9-50所示的"逐步"菜单。此时，所有的模具元件将回到移动前的位置。

② 单击"逐步"菜单中的"打开下一个"命令，系统将打开定模，如图9-51所示。

③ 再次单击"逐步"菜单中的"打开下一个"命令，系统将打开侧型，如图9-52所示。

图9-49　移动"MOLDING"元件

图9-50　"逐步"菜单

图9-51　打开定模

图9-52　打开侧型

④ 再次单击"逐步"菜单中的"打开下一个"命令，系统将打开铸件，如图9-53所示。

⑤ 单击"模具开模"菜单中的"完成/返回"命令，关闭菜单。此时，所有的模具元件又将回到移动前的位置。

9.4.12　保存模具文件

① 单击"快速访问"工具栏上的💾按钮，打开"保存对象"对话框。单击"常用文件夹"列表中的⌐工作目录按钮，返回当前工作目录中。单击对话框底部的 按钮，保存模具文件。

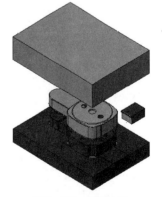

图9-53　打开铸件

提示：如果用户是第一次保存模具文件，由于此时系统默认的目录是"mmns_part_solid.prt"模板文件所在的目录（如"D:\Program Files\PTC\Creo 4.0\M030\Common Files\templates"），所以必须单击"公用文件夹"列表中的 🗂 工作目录 按钮，返回当前工作目录中。这样，才能将模具文件保存在正确的位置。

② 单击窗口顶部的"文件"→"管理会话"→"拭除当前"命令，打开"拭除"对话框。单击 ▤ 按钮，选中所有文件，如图9-54所示。单击对话框底部的 确定 按钮，关闭当前文件，并将其从内存中拭除。

图9-54　"拭除"对话框

9.5　实例总结

本章详细介绍了筒座模具设计的过程，通过本章的学习，读者可以掌握使用聚合和草绘功能来直接创建模具体积块的方法。

同前面的实例不同，本实例没有创建分型曲面，而是直接创建模具体积块，并将其抽取为模具元件。由于直接创建模具体积块，不需要创建分型曲面，所以可以节省创建分型曲面的时间，从而提高设计效率。

第10章

▲

支架模具设计实例

本章介绍的实例为支架模具设计，最终效果如图10-1所示。

10.1 产品结构分析

由于产品零件是模具设计的重要依据，所以在设计模具前，首先需要对产品零件进行分析。支架的三维模型如图10-2所示，材料为ABS，壁厚较均匀，采用注射成型。

本实例中的支架形状较简单，侧面上没有凹凸部位。在设计模具型腔时，只需要设计动模和定模两部分，注塑件便能顺利脱模。

图10-1 效果图

图10-2 支架三维模型

10.2 主要知识点

本实例的主要知识点如下。

（1）装配参考零件：使用参考零件布局功能装配参考零件。

（2）创建工件：使用自动工件功能来创建工件。

（3）创建分型曲面：使用填充功能来创建分型曲面。

（4）创建体积块：通过分割工件来创建体积块。

（5）抽取模具元件：抽取创建的体积块，使其成为实体零件。

（6）创建浇注系统：使用流道功能来创建浇注系统。

（7）创建冷却系统：使用水线功能来创建冷却系统。

（8）其他部件设计：在EMX 10.0中设计模架。

10.3 设计流程

本实例的设计流程如下：

（1）设置工作目录；

（2）设置配置文件；

（3）新建模具文件；

（4）设置模型树；

（5）装配参考零件；

（6）设置收缩率；

（7）创建工件；

（8）创建分型曲面；

（9）分割工件和模具体积块；

（10）创建模具元件；

（11）创建浇注系统；

（12）创建冷却系统；

（13）创建铸件；

（14）其他部件设计；

（15）保存模具文件。

10.4 具体的设计步骤

10.4.1 设置工作目录

① 单击窗口顶部的"文件"→"管理会话"→"选择工作目录"命令，打开"选择工作目录"对话框。改变目录到"ex10.prt"文件所在的目录（如"D:\实例源文件\第10章"）。

② 单击该对话框底部的 确定 按钮，即可将"ex10.prt"文件所在的目录设置为当前进程中的工作目录。

10.4.2 设置配置文件

① 单击窗口顶部的"文件"→"选项"命令，打开"Creo Parametric选项"对话框。单击底部的 配置编辑器 按钮，切换到"查看并管理Creo Parametric选项"。

② 单击对话框底部的 添加(A)... 按钮，打开"添加选项"对话框。在"选项名称"文本框中输入文字"enable_absolute_accuracy"，此时，在"选项值"编辑框会显示"no"选项，表示没有启用绝对精度功能，如图10-3所示。

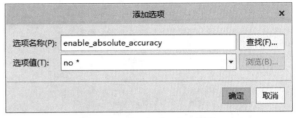

图10-3 "添加选项"对话框

③ 单击"选项值"编辑框右侧的 按钮，并在打开的下拉列表中选择"yes"选项。单击对话框底部的 确定 按钮，返回到"Creo Parametric选项"对话框。此时"enable_absolute_accuracy"选项和值会出现在"选项"显示选项组中，如图10-4所示。

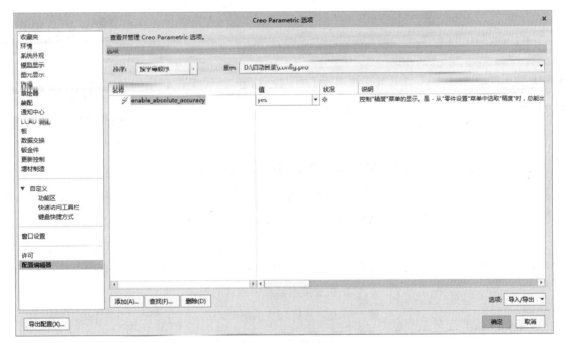

图10-4 设置选项

④ 单击该对话框底部的 确定 按钮，退出对话框。此时，系统将启用绝对精度功能。这样在装配参考零件过程中，可以将组件模型的精度设置为和参考模型精度相同。

- -

提示：在模具设计过程中，如果不启用绝对精度功能，则有可能因为精度问题，而导致后续分割工件操作失败。

10.4.3 新建模具文件

① 单击"快速访问"工具栏上的 按钮，打开"新建"对话框。选中"类型"选项组中的"制造"单选按钮、"子类型"选项组中的"模具型腔"单选按钮。

② 在"名称"文本框中输入文件名"ex10",取消选中"使用默认模板"复选框,如图10-5所示。单击对话框底部的 确定 按钮,打开"新文件选项"对话框。

③ 在该对话框中选择"mmns_mfg_mold"模板,如图10-6所示。单击对话框底部的 确定 按钮,进入模具设计模块。

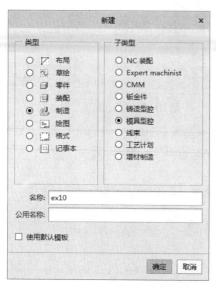

图10-5 "新建"对话框

图10-6 "新文件选项"对话框

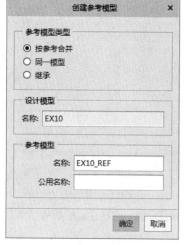

图10-7 "创建参考模型"对话框

10.4.4 装配参考零件

① 单击"模具"选项卡中"参考模型和工件"面板上的 按钮,系统弹出"布局"对话框和"打开"对话框。

② 在"打开"对话框中,系统会自动选中"ex10.prt"文件。单击对话框底部的 打开 按钮,打开如图10-7所示的"创建参考模型"对话框。

③ 接受该对话框中默认的设置,单击对话框底部的 确定 按钮,返回"布局"对话框,如图10-8所示。单击对话框底部的 预览 按钮,参考零件在图形窗口中的位置如图10-9所示。从图中可以看出该零件的位置不对,需要重新调整。

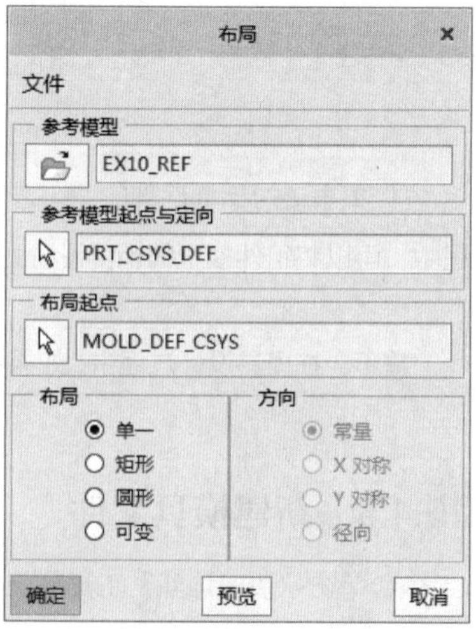

提示:参考零件的正确位置是开模方向指向默认的拖动方向。在图形窗口中,系统用一个双组箭头来表示默认的拖动方向。

④ 单击"参考模型起点与定向"选项中的 按钮,系统弹出如图10-10所示的"获得坐标系类型"菜单,并打开另外一个窗口。单击"获

图10-8 "布局"对话框

得坐标系类型"菜单中的"动态"命令，打开"参
考模型方向"对话框。

⑤ 在"调整坐标系"选项组中的"角度"文本
框中输入数值"90"，如图10-11所示，并按"Enter"
确认。接受其他选项默认的设置，单击对话框底部
的 确定 按钮，返回"布局"对话框。

⑥ 在"布局"区域选中"可变"单选按钮，系
统弹出"可变"区域。然后单击 添加 按钮，增加

图10-9 错误位置   图10-10 "获得坐标系类型"菜单

一个型腔，并输入如图10-12所示的数值。单击该对话框底部的 预览 按钮，参考零件在图形窗口中的位置如图
10-13所示。图中可以看出该零件的位置现在是正确的。

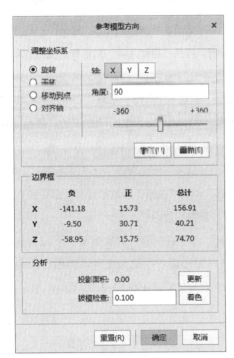

图10-11 "参考模型方向"对话框

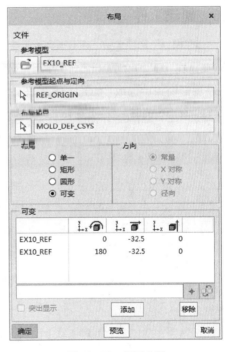

图10-12 设置参数

图10-13 正确位置

⑦ 单击该对话框底部的 确定 按钮，退出对话框。系统弹出如图10-14所示的
"警告"对话框，单击对话框底部的 确定 按钮，接受绝对精度值的设置。单击如图
10-15所示的"型腔布置"菜单中的"完成/返回"命令，关闭该菜单。

图10-14 "警告"对话框   图10-15 "型腔布置"菜单

10.4.5　设置收缩率

① 单击"模具"选项卡中"修饰符"面板上的 收缩 按钮，然后在图形窗口中选取任意一个参考零件，打开"按比例收缩"对话框。此时，系统将自动选择"坐标系"选项中的 按钮，要求用户选取坐标系。

提示：由于有两个参考零件，所以系统会要求选取一个参考零件。

---

② 在图形窗口中选取"PRT_CSYS_DEF"坐标系，然后在"收缩率"文本框中输入收缩值"0.005"，如图10-16所示。单击对话框底部的 ✓ 按钮，退出对话框。

10.4.6　创建工件

图10-16　"按比例收缩"对话框

① 单击"模具"选项卡中"参考模型和工件"面板上的 按钮，打开"自动工件"对话框。此时，系统将自动选择"坐标系"选项中的 按钮，要求用户选取坐标系。

② 在图形窗口中选取"MOLD_DEF_CSYS"坐标系为模具原点，然后在"形状"下拉列表框中选择"BLOCK_ROUND"选项。在"整体尺寸"和"平移工件"选项组中输入如图10-17所示的尺寸，并接受其他选项默认的设置。单击对话框底部的 确定 按钮，退出对话框。

③ 单击窗口顶部的"文件"→"准备"→"模型属性"命令，打开"模型属性"对话框。单击"关系、参数和实例"选项组中"参数"右边的 更改 按钮，打开"参数"对话框。

④ 在"查找范围"选项组中的"对象类型"下拉列表框中选择"零件"选项，并在图形窗口中选取工件。然后在列表中改变"CHAMFER"参数的值为"15"，如图10-18所示。

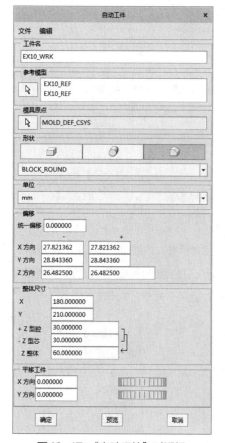

图10-17　"自动工件"对话框

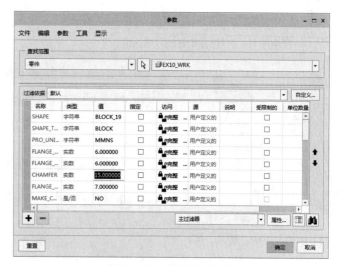

图10-18　"参数"对话框

⑤ 单击该对话框底部的 确定 按钮，返回"模型属性"对话框。单击对话框底部的 关闭 按钮，退出对话框。

⑥ 单击"编辑"工具栏上的 ☒ 按钮，再生工件。此时，创建的工件如图10-19所示。

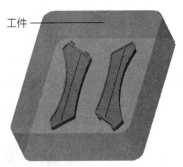

工件 ——

图10-19 创建的工件

10.4.7 创建分型曲面

① 单击"模具"选项卡中"分型面和模具体积块"面板上的 ☐ 按钮，进入分型曲面设计界面。

② 在图形窗口中单击鼠标右键，在弹出的快捷菜单中选择"属性"命令，打开"属性"对话框。在"名称"文本框中输入分型曲面的名称"main"，如图10-20所示。单击对话框底部的 确定 按钮，退出对话框。

③ 单击"曲面设计"面板上的 ☐ 按钮，打开"填充"操控面板。单击对话栏中的 参考 按钮，并在弹出的"参考"下滑面板中单击 定义... 按钮，打开"草绘"对话框。

④ 在图形窗口中选取"MAIN_PARTING_PLN"基准平面为草绘平面，系统将自动选取"MOLD_RIGHT"基准平面为"右"参考平面。单击对话框底部的 草绘 按钮，进入草绘模式。

⑤ 绘制如图10-21所示的二维截面，单击"草绘器工具"工具栏上的 ☑ 按钮，完成草绘操作，返回"填充"操控面板。单击操控面板右侧的 ☑ 按钮，完成创建平整曲面操作。

图10-20 "属性"对话框

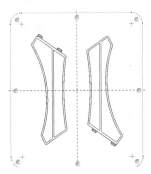

图10-21 二维截面

⑥ 单击"编辑"面板上的 ☑ 按钮，完成分型曲面的创建操作。此时，系统将返回模具设计模块主界面。

10.4.8 分割工件

① 单击"模具"选项卡中"分型面和模具体积块"面板上的 ☐ 按钮，打开"参考零件切除"操控面板。单击对话栏中的 参考 按钮，打开"参考"下滑面板。

② 选中"参考零件"选项组中的"包括全部"复选框，如图10-22所示。单击操控面板右侧的 ☑ 按钮，完成参考零件切除操作。此时，系统会自动选取"参考零件切除1"特征。

③ 单击"模具"选项卡中"分型面和模具体积块"面板上的 模具体积块 按钮，在弹出的下拉列表中单击 ☐ 体积块分割 按钮，打开"体积块分割"操控面板。

④ 单击 ☐ 收集器，并在图形窗口中选取图10-23中的"MAIN"分型曲面。

图10-22 "参考"下滑面板

提示: 用户可以设置模型显示方式为"无隐藏线",这样可以准确地选取分型曲面。

---

⑤ 单击对话栏中的 体积块 按钮,打开"体积块"下滑面板。改变体积块的名称,如图10-24所示。单击右侧的 ✔ 按钮,完成分割体积块操作。

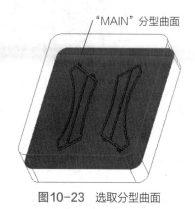

图10-23 选取分型曲面

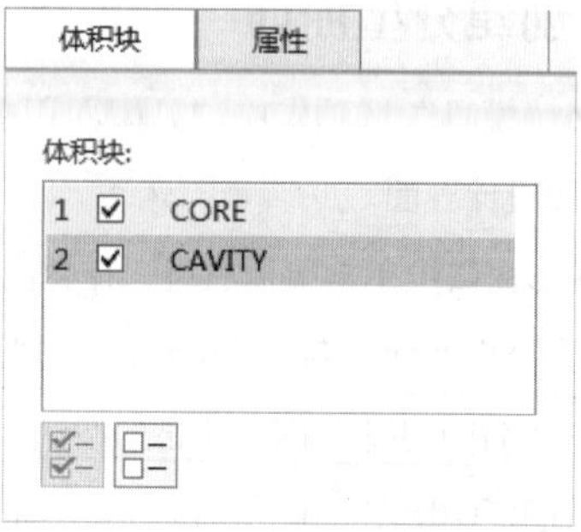

图10-24 "体积块"下滑面板

10.4.9 创建模具元件

① 单击"模具"选项卡中"元件"面板上的 按钮,打开"创建模具元件"对话框。单击 ■ 按钮,选中所有模具体积块。

② 单击"高级"选项组前面的三角形符号,在弹出的"高级"选项组中单击 ■ 按钮,选中所有模具体积块,如图10-25所示。

③ 单击"复制自"选项组中的 按钮,打开"选择模板"对话框。改变目录到"mmns_part_solid.prt"模板文件所在的目录(如"D:\Program Files\PTC\Creo 4.0\M030\Common Files\templates")。

④ 在"文件"列表中选中"mmns_part_solid.prt"模板文件,单击对话框底部的 打开 按钮,返回"创建模具元件"对话框。此时,系统会将"mmns_part_solid.prt"模板文件指定给模具元件。

图10-25 "创建模具元件"对话框

提示: 在抽取模具体积块时,如果不将模板文件指定给模具元件,将来对模具元件修改时,则没有任何基准平面、坐标系等可供使用。

---

⑤ 单击该对话框底部的 确定 按钮,此时,系统将自动将模具体积块抽取为模具元件,并退出对话框。

10.4.10 创建浇注系统

1. 遮蔽模具元件和分型面

① 单击"图形"工具栏上的 按钮,打开"遮蔽和取消遮蔽"对话框。按住"Ctrl"键,并在"可见元件"

列表中选中"EX10_REF"和"EX10_WRK"元件，如图10-26所示，然后单击 遮蔽 按钮，将其遮蔽。

② 单击"过滤"选项组中的 分型面 按钮，切换到"分型面"过滤类型。单击 按钮，选中"MAIN"分型曲面，如图10-27所示，然后单击 遮蔽 按钮，将其遮蔽。单击对话框底部的 确定 按钮，退出对话框。

图10-26 遮蔽模景元件

图10-27 遮蔽分型曲面

提示 用户还可以将曲线、基准平面、基准轴、基准点和坐标系隐藏，以使窗口显示得更加清楚。

2. 创建注入口

① 单击 模型 按钮，切换到"模型"选项卡。单击"切口和曲面"面板上的 旋转 按钮，打开"旋转"操控面板。在图形窗口中选取"MOLD_FRONT"基准平面为草绘平面，系统将自动进入草绘模式。

② 选取基准平面"MOLD_FRONT"为草绘平面，系统将自动选取基准平面"MOLD_RIGHT"为"右"参考平面。然后单击鼠标中键，进入草绘模式。

③ 绘制如图10-28所示的二维截面，并单击"草绘器工具"工具栏上的 按钮，完成草绘操作，返回"旋转"操控面板。单击操控面板右侧的 按钮，完成创建注入口操作。

3. 创建流道

① 单击 模具 按钮，切换到"模具"选项卡。单击"生产特征"面板上的 流道 按钮，打开"流道"对话框。

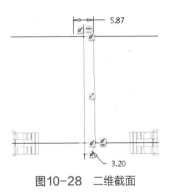

图10-28 二维截面

② 在弹出的如图10-29所示的"形状"菜单中单击"倒圆角"命令，然后在消息区的文本框中输入流道直径"6"，并单击右侧的 按钮。

③ 选取基准平面"MAIN_PARTING_PLN"为草绘平面，然后在弹出的"方向"菜单中单击"确定"→"默认"命令，进入草绘模式。

④ 绘制如图10-30所示的二维截面，并单击"草绘器工具"工具栏上的 按钮，完成草绘操作。

⑤ 系统将弹出"元件相交"对话框，单击对话框中的 自动添加(A) 按钮，此时系统将自动添加"CORE.PRT"和"CAVITY.PRT"元件，如图10-31所示。然后单击对话框底部的 确定(O) 按钮，返回"流道"对话框。

图10-29　"形状"菜单

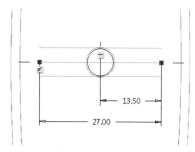

图10-30　二维截面

图10-31　"相交元件"对话框

⑥ 单击对话框底部的 确定 按钮，完成流道的创建操作。

4. 创建浇口

① 单击"生产特征"面板上的 流道 按钮，打开"流道"对话框。

② 在弹出的"形状"菜单中单击"梯形"命令，然后在消息区的文本框中输入流道宽度"2"，并单击右侧的 ✓ 按钮。

③ 在消息区的文本框中输入流道深度"1"，并单击右侧的 ✓ 按钮。

④ 在消息区的文本框中输入流道侧角度"10"，并单击右侧的 ✓ 按钮。

⑤ 在消息区的文本框中输入流道拐角半径"0.2"，并单击右侧的 ✓ 按钮。

⑥ 在弹出的"设置草绘平面"菜单中单击"使用先前的"→"确定"命令，进入草绘模式。

⑦ 绘制如图10-32所示的二维截面，并单击"草绘器工具"工具栏上的 ✓ 按钮，完成草绘操作。

⑧ 系统将弹出"元件相交"对话框，单击对话框中的 自动添加(A) 按钮，此时系统将自动添加"CORE.PRT"和"CAVITY.PRT"元件，如图10-31所示。然后单击对话框底部的 确定(O) 按钮，返回"流道"对话框。

⑨ 单击对话框底部的 确定 按钮，完成流道的创建操作。

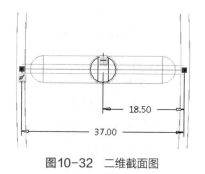

图10-32　二维截面图

10.4.11　铸模

① 单击"模具"选项卡中"元件"面板上的 创建制模 按钮，在弹出的文本框中输入铸件名称"molding"，并单击右侧的 ✓ 按钮。

② 接受铸件默认的公用名称"molding"，并单击消息区右侧的 ✓ 按钮，完成创建铸件操作。

③ 在模型树中单击"复制1"特征，并在弹出的快捷面板中单击 ◎ 遮蔽 按钮，将铸件遮蔽。

10.4.12　保存模具文件

① 单击"视图"工具栏上的 ▤▾ 按钮，在弹出的下拉列表中单击"层数"命令，切换到"层数"选项。

② 在模型树中单击鼠标右键，并在弹出的快捷菜单中选择"新建层"命令，打开"层属性"对话框。

③ 接受默认的层名称"LAY0001"，并在图形窗口中选取"F16（RUNNER_1）"和"F17（RUNNER _2）"特征，如图10-33所示。然后单击对话框底部的 确定(O) 按钮，退出对话框。

- -

提示：可以使用查询选取的方法来选取"F16（RUNNER_1）"和"F17（RUNNER _2）"特征。

图10-33　"层属性"对话框

④ 系统会自动选中"LAY0001"层，单击鼠标右键，并在弹出的快捷菜单中选择"隐藏"命令。然后再单击鼠标右键，并在弹出的快捷菜单中选择"保存状态"命令。此时，系统会将图形窗口中的流道路径线隐藏。

⑤ 单击"视图"工具栏上的 ▤▾ 按钮，在弹出的下拉列表中单击"模型树"命令，切换到"模型树"选项。

⑥ 单击"快速访问"工具栏上的 🖫 按钮，打开"保存对象"对话框。单击"常用文件夹"列表中的 📑 工作目录 按钮，返回当前工作目录中。单击对话框底部的 确定 按钮，保存模具文件。

- -

提示：如果用户是第一次保存模具文件，由于此时系统默认的目录是"mmns_part_solid.prt"模板文件所在的目录（如"D:\Program Files\PTC\Creo 4.0\M030\Common Files\templates"），所以必须单击"公用文件夹"列表中的 📑 工作目录 按钮，返回当前工作目录中。这样，才能将模具文件保存在正确的位置。

⑦ 单击窗口顶部的"文件"→"管理会话"→"拭除当前"命令，打开"拭除"对话框。单击 ☰ 按钮，选中所有文件，如图10-34所示。单击对话框底部的 确定 按钮，关闭当前文件，并将其从内存中拭除。

10.4.13　其他部件设计

1. 开始新项目

① 单击窗口顶部的 EMX 按钮，切换到"EMX"选项卡。然后单击"项目"面板上的 🔳 按钮，打开"项目"对话框。

② 在"项目名称"和"前缀"文本框中输入名称"ex10_1"，如图10-35所示。接受对话框中其他选项的默认设置，单击对话框底部的 确定 按钮，完成新项目的建立。此时，系统将进入组件模式。

图10-34　"拭除"对话框

图10-35　"项目"对话框

2. 装配起始组件

① 单击窗口顶部的 EMX 装配 按钮，切换到"EMX 装配"选项卡。然后单击"模架"面板上的 按钮，打开"型腔"对话框，如图10-36所示。

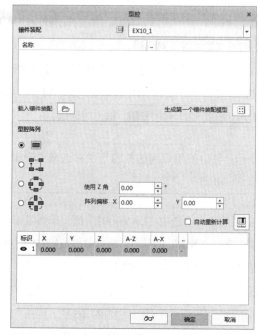

图10-36　"型腔"对话框

② 单击"型腔装配"选项组中的 按钮，打开"打开"对话框。在对话框中，系统会自动选中"ex10.asm"文件。单击对话框底部的 打开 按钮，返回"型腔"对话框。

③ 接受该对话框中其他选项的默认设置，单击对话框底部的 确定 按钮，退出对话框。

④ 单击"准备"面板上的 按钮，打开"分类"对话框。改变"CAVITY"模型类型为"插入定模"，如图10-37所示。单击对话框底部的 确定 按钮，退出对话框。

3. 调入模架及标准件

① 单击"模架"面板上的 按钮，打开"模架定义"对话框，如图10-38所示。然后单击 按钮，打开"载入EMX装配"对话框。

② 在该对话框中选择供应商为"futabs_s"，并选择"SA-Type"型号，如图10-39所示。然后单击 按钮，加载该模架。

图10-37　"分类"对话框

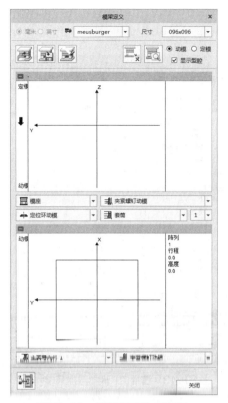

图10-38 "模架定义"对话框

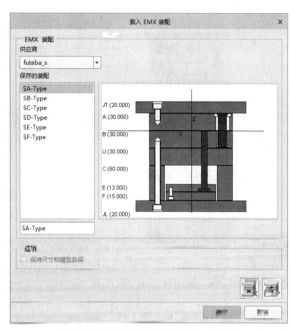

图10-39 "截入EMX装配"对话框

③ 单击该对话框底部的 确定 按钮,返回"模架定义"对话框。此时,系统将自动加载选择的模架。然后改变模架尺寸为"300×300",如图10-40所示。系统弹出如图10-41所示的"EMX问题"对话框,单击对话框底部的 是 按钮,返回"模架定义"对话框。此时,系统将自动更新模架。

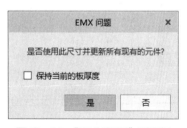

图10-41 "EMX问题"对话框

④ 在该对话框中显示了模架的示意图和尺寸,如图10-42所示。在模架示意图中右键单击"A板"零件,打开"板"对话框。然后选择"A板"的厚度尺寸为"60",如图10-43所示。单击对话框底部的 确定 按钮,返回"模架定义"对话框。

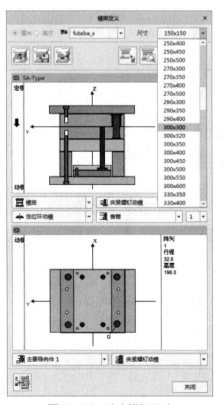

图10-40 改变模架尺寸

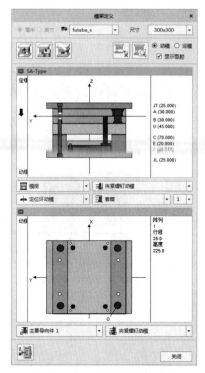

图10-42　模架示意图和尺寸

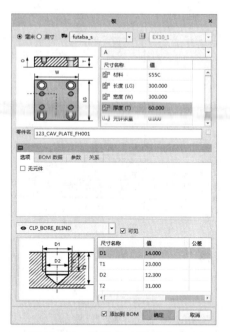

图10-43　选择"A板"厚度尺寸

⑤ 在模架示意图中右键单击"B板"零件，打开"板"对话框。然后选择"B板"的厚度尺寸为"60"，如图10-44所示。单击对话框底部的 确定 按钮，返回"模架定义"对话框。

⑥ 在模架示意图中右键单击"带肩衬套"零件，打开"导向件"对话框。然后选择长度尺寸为"59"，如图10-45所示。单击对话框底部的 确定 按钮，返回"模架定义"对话框。

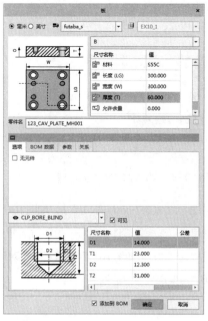

图10-44　选择"B板"厚度尺寸

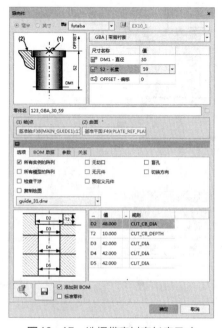

图10-45　选择带肩衬套长度尺寸

⑦ 在模架示意图中右键单击"直身顶板导柱"零件，打开"导向件"对话框。然后选择长度尺寸为"117"，如图 10-46 所示。单击对话框底部的 确定 按钮，返回"模架定义"对话框。

⑧ 单击"添加设备"下拉列表框，并在弹出的下拉列表中单击 定位环定模 按钮，打开"定位环"对话框。然后选择定位环的类型为"LRJS"，如图 10-47 所示。

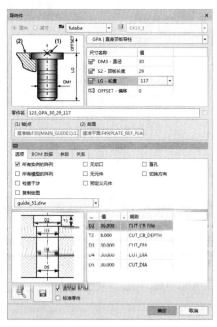

图10-46　选择直身顶板导柱长度尺寸

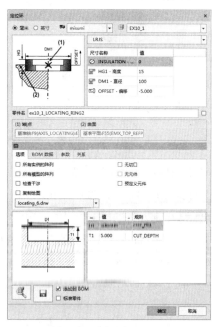

图10-47　添加定位环

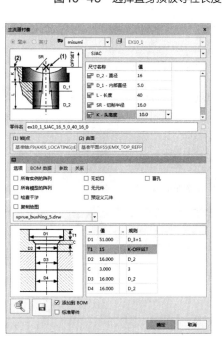

图10-48　添加主流道衬套

⑨ 接受该对话框中其他选项的默认设置，单击对话框底部的 确定 按钮，返回"模架定义"对话框。

⑩ 单击"添加设备"下拉列表框，并在弹出的下拉列表中单击 主流道衬套 按钮，打开"主流道衬套"对话框。然后选择衬套的类型为"SJAC"，并选择如图 10-48 所示的尺寸。

⑪ 接受该对话框中其他选项的默认设置，单击对话框底部的 确定 按钮，返回"模架定义"对话框。单击对话框底部的 关闭 按钮，退出对话框。

⑫ 在模型树中单击"EX10_1_SJAC_16_5_0_40_16_0"元件，系统弹出如图 10-49 所示的快捷面板。然后单击 按钮，打开"元件放置"操控面板。

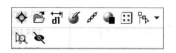

图10-49　快捷面板

⑬ 单击 放置 按钮，打开"放置"下滑面板。然后单击第二个约束，将其激活，在"偏移"文本框中输入数值

"-5"，并按"Enter"键确认，如图10-50所示。单击操控面板右侧的
☑按钮，完成元件放置操作。

图10-50　"放置"下滑面板

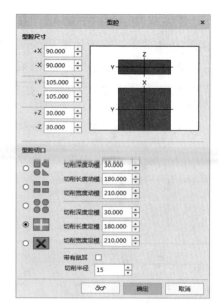

图10-51　"型腔"对话框

⑭ 单击"模架"面板上的██按钮，打开"型腔"对话框。然后输
入型腔尺寸如图10-51所示，选中"矩形"单选按钮，并输入图中所示
的尺寸。单击对话框底部的██████按钮，退出对话框。

⑮ 单击"模架"面板上的██按钮，打开"元件状况"对话框。然后单击██按钮，选中所有元件，如图10-52
所示。单击对话框底部的██████按钮，退出对话框。等待系统重新生成后，在模架上会出现导柱、导套、螺钉等
元件，如图10-53所示。

图10-52　"元件状况"对话框

图10-53　装配元件后的模架

10.4.14　保存模具文件

① 单击"快速访问"工具栏上的██按钮，打开"保存对象"对话框。单击对话框底部的██████按钮，保存模
具文件。

② 单击窗口顶部的"文件"→"管理会话"→"拭除当前"命令，打开"拭除"对话框。单击██按钮，选

中所有文件。单击对话框底部的 █ 确定 █ 按钮，关闭当前文件，并将其从内存中拭除。

10.5　实例总结

　　本章通过支架的模具设计，详细介绍了在EMX 10.0中进行注射模具设计的方法。本实例首先在模具模式中进行分模设计，然后在EMX 10.0中进行模架及标准件设计。主分型曲面通过使用填充功能来创建一个平整曲面。

第3篇

>>

实例提高篇

教学目标 ▶

　　本篇通过6个较复杂的实例，详细讲解了模具设计的全过程。通过本篇的学习，让读者在实战中提高模具设计水平，并将所学知识融合到自己的工作中。

主要内容 ▶

　　本篇主要包括以下内容：

第11章　外罩模具设计实例

第12章　阀体模具设计实例

第13章　壳体模具设计实例

第14章　箱体模具设计实例

第15章　盒体模具设计实例

第16章　棱镜罩模具设计实例

第11章

外罩模具设计实例

本章介绍的实例为外罩模具设计，最终效果如图11-1所示。

11.1 实例分析

由于产品零件是模具设计的重要依据，所以在设计模具前，首先需要对产品零件进行分析。外罩的三维模型如图11-2所示，材料为聚丙烯，壁厚较均匀，采用注射成型。

本实例中的外罩形状较简单，侧面上有两个通孔。在设计模具型腔时，需要设计侧向成型部分，注塑件才能顺利脱模。

图11-1　效果图

图11-2　外罩三维模型

11.2 主要知识点

本实例的主要知识点如下。

（1）装配参考零件：使用参考零件布局功能装配参考零件。

（2）创建工件：使用自动工件功能来创建工件。

（3）直接创建体积块：使用聚合、草绘和滑块功能来直接创建体积块。

（4）创建分型曲面：通过在零件模式中复制曲面的方法来创建分型曲面。

（5）创建体积块：通过分割工件来创建体积块。

（6）抽取模具元件：抽取创建的体积块，使其成为实体零件。

11.3 设计流程

本实例的设计流程如下：

（1）设置工作目录；

（2）设置配置文件；

（3）新建模具文件；

（4）设置模型树；

（5）装配参考零件；

（6）设置收缩率；

（7）创建工件；

（8）创建分型曲面；

（9）创建模具体积块；

（10）分割工件和模具体积块；

（11）创建模具元件；

（12）创建铸件；

（13）仿真开模；

（14）保存模具文件。

11.4 具体的设计步骤

11.4.1 设置工作目录

① 单击窗口顶部的"文件"→"管理会话"→"选择工作目录"命令，打开"选择工作目录"对话框。改变目录到"ex11.prt"文件所在的目录（如"D:\实例源文件\第11章"）。

② 单击该对话框底部的 确定 按钮，即可将"ex11.prt"文件所在的目录设置为当前进程中的工作目录。

11.4.2 设置配置文件

① 单击窗口顶部的"文件"→"选项"命令，打开"Creo Parametric选项"对话框。单击底部的 配置编辑器 按钮，切换到"查看并管理Creo Parametric选项"。

② 单击对话框底部的 添加(A) 按钮，打开"添加选项"对话框。在"选项名称"文本框中输入文字"enable_absolute_accuracy"，此时，在"选项值"编辑框会显示"no"选项，表示没有启用绝对精度功能，如图11-3所示。

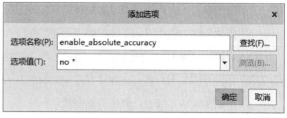

③ 单击"选项值"编辑框右侧的 · 按钮，并在打开的下拉列表中选择"yes"选项。单击对话框底部的 确定 按钮，返回到"Creo Parametric选项"对话框，此时"enable_absolute_accuracy"选项和值会出现在"选项"显示选项组中，如图11-4所示。

图11-3 "添加选项"对话框

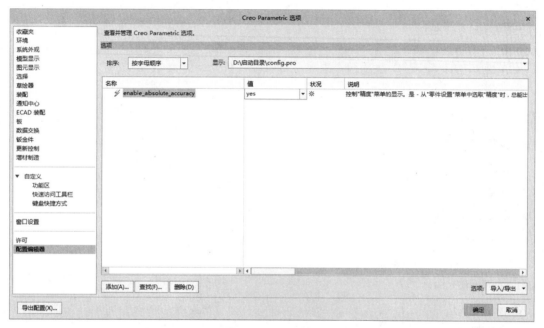

图11-4 设置选项

④ 单击该对话框底部的 确定 按钮，退出对话框。此时，系统将启用绝对精度功能。这样在装配参考零件过程中，可以将组件模型的精度设置为和参考模型精度相同。

提示：在模具设计过程中，如果不启用绝对精度功能，则有可能因为精度问题，而导致后续分割工件操作失败。

11.4.3 新建模具文件

① 单击"快速访问"工具栏上的 □ 按钮，打开"新建"对话框。选中"类型"选项组中的"制造"单选按钮、"子类型"选项组中的"模具型腔"单选按钮。

② 在"名称"文本框中输入文件名"ex11"，取消选中"使用默认模板"复选框，如图11-5所示。单击对话框底部的 确定 按钮，打开"新文件选项"对话框。

③ 在该对话框中选择"mmns_mfg_mold"模板，如图11-6所示。单击对话框底部的 确定 按钮，进入模具设计模块。

图11-5 "新建"对话框

图11-6 "新文件选项"对话框

11.4.4 装配参考零件

① 单击"模具"选项卡中"参考模型和工件"面板上的 📷 按钮，系统弹出"布局"对话框和"打开"对话框。

② 在"打开"对话框中，系统会自动选中"ex11.prt"文件。单击对话框底部的 打开 按钮，打开如图11-7所示的"创建参考模型"对话框。

③ 接受该对话框中默认的设置，单击对话框底部的 确定 按钮，返回"布局"对话框，如图11-8所示。单击对话框底部的 预览 按钮，参考零件在图形窗口中的位置如图11-9所示。从图中可以看出该零件的位置不对，需要重新调整。

图11-7 "创建参考模型"对话框

图11-8 "布局"对话框

图11-9 错误位置

提示：参考零件的正确位置是开模方向指向默认的拖动方向。在图形窗口中，系统用一个双组箭头来表示默认的拖动方向。

④ 单击"参考模型起点与定向"选项中的 按钮，系统弹出如图11-10所示的"获得坐标系类型"菜单，并打开另外一个窗口。单击"获得坐标系类型"菜单中的"动态"命令，打开"参考模型方向"对话框。

⑤ 在"调整坐标系"选项组中的"角度"文本框中输入数值"90"，如图11-11所示，并按"Enter"确认。接受其他选项默认的设置，单击对话框底部的 确定 按钮，返回"布局"对话框。

⑥ 单击该对话框底部的 预览 按钮，参考零件在图形窗口中的位置如图11-12所示。从图中可以看出该零件的位置现在是正确的。

图11-11　"参考模型方向"对话框

图11-12　正确位置

⑦ 单击该对话框底部的 确定 按钮，退出对话框。系统弹出如图11-13所示的"警告"对话框，单击对话框底部的 确定 按钮，接受绝对精度值的设置。单击如图11-14所示的"型腔布置"菜单中的"完成/返回"命令，关闭该菜单。

图11-13　"警告"对话框

图11-14　"型腔布置"菜单

11.4.5　设置收缩率

① 单击"模具"选项卡中"修饰符"面板上的 按钮，打开"按比例收缩"对话框。此时，系统将自动选择"坐标系"选项中的 按钮，要求用户选取坐标系。

② 在图形窗口中选取"PRT_CSYS_DEF"坐标系，然后在"收缩率"文本框中输入收缩值"0.016"，如图11-15所示。单击对话框底部的 ✔ 按钮，退出对话框。

图11-15　"按比例收缩"对话框

图11-16　"自动工件"对话框

11.4.6　创建工件

① 单击"模具"选项卡中"参考模型和工件"面板上的 ⬚ 按钮，打开"自动工件"对话框。此时，系统将自动选择"坐标系"选项中的 ⬚ 按钮，要求用户选取坐标系。

② 在图形窗口中选取"MOLD_DEF_CSYS"坐标系为模具原点，然后在"整体尺寸"和"平移工件"选项组中输入如图11-16所示的尺寸，并接受其他选项默认的设置。单击对话框底部的 确定 按钮，退出对话框。此时，创建的工件如图11-17所示。

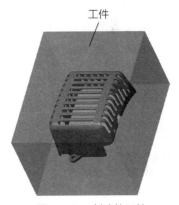

图11-17　创建的工件

11.4.7　创建分型曲面

1. 第一次复制分型曲面

① 单击"快速访问"工具栏上的 ⬚ 按钮，打开"文件打开"对话框。然后在"文件"列表中选取"ex_11.

prt"文件，单击对话框底部的 打开 按钮，进入零件设计模块。

② 在模型树中将插入定位符拖动到"倒圆角3"特征下面，如图11-18所示。旋转模型至如图11-19所示的位置，然后在图形窗口中选取图中所示的面为种子面，此时被选中的面呈红色。

图11-18　模型树

种子面

图11-19　选取种子面

③ 单击"操作"面板上的 复制 按钮，然后单击"操作"面板上的 粘贴 按钮，打开"复制曲面"操控面板。

④ 按住"Shift"键，并在图形窗口中选取图11-20中的底面为边界面。松开"Shift"键，完成种子和边界曲面集的定义。

⑤ 单击对话栏中的 参考 按钮，并在弹出的下滑面板中单击 细节... 按钮，打开"曲面集"对话框。然后单击对话框顶部的"种子和边界曲面"选项，并在弹出的区域选中"包括边界曲面"复选框，如图11-21所示。

边界面

图11-20　选取边界面

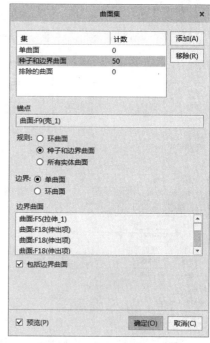

图11-21　"曲面集"对话框

⑥ 单击该对话框底部的 确定 按钮，返回"复制曲面"操控面板。然后单击操控面板右侧的 ✔ 按钮，完成复制曲面操作。此时，复制的曲面如图11-22所示。

⑦ 在模型树中将插入定位符拖动到"阵列1"特征下面，取消插入模式。单击"快速访问"工具栏上的 ✕ 按钮，关闭"ex11_7.prt"文件。此时，系统将回到模具设计模块中。

2. 第二次复制分型曲面

① 单击"快速访问"工具栏上的 ▦ 按钮，重新生成参考零件。系统重新生成完成后，在参考零件上会显示刚才复制的曲面。

② 单击"模具"选项卡中"分型面和模具体积块"面板上的 ▢ 按钮，进入分型曲面设计界面。

③ 在图形窗口中单击鼠标右键，在弹出的快捷菜单中选择"属性"命令，打开"属性"对话框。在"名称"文本框中输入分型曲面的名称"main"，如图11-23所示。单击对话框底部的 确定 按钮，退出对话框。

④ 在图形窗口中选取在零件模块中复制的曲面，此时被选中的面呈红色。

图11-22　复制的曲面

图11-23　"属性"对话框

注意：可以使用查询选取的方法来选取在零件模块中复制的曲面。

⑤ 单击 模具 按钮，切换到"模具"选项卡。单击"编辑"面板上的 ▢复制 按钮，然后单击"编辑"面板上的 ▢粘贴▾ 按钮，打开"复制曲面"操控面板。

⑥ 单击该操控面板右侧的 ✔ 按钮，完成复制曲面操作。此时，复制的曲面如图11-22所示。

3. 第一次延伸操作

① 单击 分型面 按钮，切换到"分型面"选项卡。旋转模型至如图11-24所示的位置，然后在图形窗口中选取图中的圆弧边，单击"编辑"面板上的 ▢延伸 按钮，打开"延伸"操控面板。

选取此面

图11-24　选取延伸边

注意：用户在选取延伸边时，必须选取复制曲面上的边，才能进行延伸操作。可以使用查询选取的方法来选取复制曲面上的边。

② 单击对话栏中的 参考 按钮，并在弹出的下滑面板中单击 细节... 按钮，打开"链"对话框。然后选中"基于规则"单选按钮，并在"规则"选项组选中"部分环"单选按钮，如图11-25所示。

③ 在图形窗口中选取图11-26中的直边为延伸参考边，然后单击对话框底部的 确定(O) 按钮，返回"延伸"操控面板。

④ 单击操控面板中的 ▢ 按钮，选中"将曲面延伸到参考平面"选项，然后在图形窗口中选取图11-27中的面为延伸参考平面。单击操控面板右侧的 ✔ 按钮，完成延伸操作。

图11-25 "链"对话框

图11-26 选取延伸参考边

图11-27 选取延伸参考平面

4. 第二次延伸操作

① 旋转参考零件至如图11-28所示的位置，并在图形窗口中选取图中所示的直边，单击"编辑"面板上的 □延伸 按钮，打开"延伸"操控面板。

② 单击对话栏中的 参考 按钮，并在弹出的下滑面板中单击 细节... 按钮，打开"链"对话框。然后选中"基于规则"单选按钮，并在"规则"选项组选中"部分环"单选按钮。

③ 在图形窗口中选取图11-28中的圆弧边为延伸参考边，然后单击对话框底部的 确定(O) 按钮，返回"延伸"操控面板。

④ 单击操控面板中的 🔲 按钮，选中"将曲面延伸到参考平面"选项，然后在图形窗口中选取图11-29中的面为延伸参考平面。单击操控面板右侧的 ✓ 按钮，完成延伸操作。

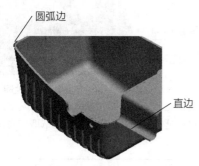

图11-28 选取延伸边及参考边

图11-29 选取延伸参考平面

5. 第三次延伸操作

① 旋转参考零件至如图11-30所示的位置，并在图形窗口中选取图中的直边，单击"编辑"面板上的 □延伸 按钮，打开"延伸"操控面板。

② 单击对话栏中的 参考 按钮，并在弹出的下滑面板中单击 细节... 按钮，打开"链"对话框。然后选中"基于规则"单选按钮，并在"规则"选项组选中"部分环"单选按钮。

③ 在图形窗口中选取图11-30中的圆弧边为延伸参考边，然后单击对话框底部的 ![确定(O)] 按钮，返回"延伸"操控面板。

④ 单击操控面板中的 ![] 按钮，选中"将曲面延伸到参考平面"选项，然后在图形窗口中选取图11-31中的面为延伸参考平面。单击操控面板右侧的 ![✓] 按钮，完成延伸操作。

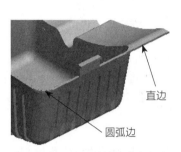

图11-30　选取延伸边及参考边

图11-31　选取延伸参考平面

6. 第四次延伸操作

① 旋转参考零件至如图11-32所示的位置，并在图形窗口中选取图中的直边，单击"编辑"面板上的 ![延伸] 按钮，打开"延伸"操控面板。

② 单击对话栏中的 ![参考] 按钮，并在弹出的下滑面板中单击 ![细节...] 按钮，打开"链"对话框。然后选中"基于规则"单选按钮，并接受系统自动选中的"相切"单选按钮。单击对话框底部的 ![确定(O)] 按钮，返回"延伸"操控面板。

③ 单击操控面板中的 ![] 按钮，选中"将曲面延伸到参考平面"选项，然后在图形窗口中选取图11-33中的面为延伸参考平面。单击操控面板右侧的 ![✓] 按钮，完成延伸操作。

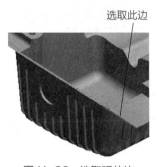

图11-32　选取延伸边

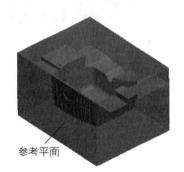

图11-33　选取延伸参考平面

7. 创建拉伸曲面

① 单击"形状"面板上的 ![] 按钮，打开"拉伸"操控面板。在图形窗口中选取"MAIN_PARTING_PLN"基准平面为草绘平面，系统将自动进入草绘模式。

② 绘制如图11-34所示的二维截面，并单击"草绘器工具"工具栏上的 ![✓] 按钮，完成草绘操作，返回"拉伸"操控面板。选择深度类型为 ![] ，并在图形窗口中选取图11-35中的面为深度参考面。

③ 单击对话栏中的 ![选项] 按钮，并在弹出的"选项"下滑面板中选中"封闭端"复选框，如图11-36所示。单击操控面板右侧的 ![✓] 按钮，完成创建拉伸曲面操作。

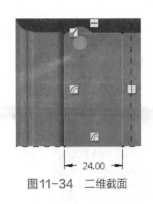
图11-34 二维截面

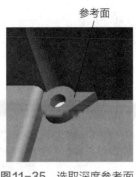
参考面
图11-35 选取深度参考面

图11-36 "选项"下滑面板

8. 移除曲面

① 在图形窗口中选取图11-37中的曲面,此时被选中的面呈红色。单击"编辑特征"面板上的 按钮,打开 "移除"操控面板。

② 在对话栏中选中"保持打开状态"复选框,如图11-38所示。单击操控面板右侧的 按钮,完成移除曲 面操作。此时,在模型树中,系统会自动选中"移除1"特征。

移除面
图11-37 选取移除面

图11-38 "移除"操控面板

图11-39 "参考"下滑面板

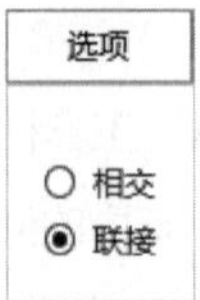

9. 合并曲面

① 按住"Ctrl"键,并在模型树中选中"复制1"特征。单击"编辑"面板上的 按钮,打开"合并"操控面板。单击对话栏中的 参考 按钮,打开"参考"下滑面板。

② 在该下滑面板的"面组"收集器中选中"面组:F7(MAIN)",单击 按钮,使"面组:F7(MAIN)"位于收集器顶部,如图11-39所示。

③ 单击对话栏中的 选项 按钮,打开"选项"下滑面板。选中"联接"单选按钮,如图11-40所示。

④ 单击对话栏中的 按钮,改变第二个面组要包括在合并曲面中的部分。单击操控面板右侧的 按钮,完成合并曲面操作。

图11-40 "选项"下滑面板

10. 着色分型曲面

① 单击"图形"工具栏上的 按钮，系统弹出如图11-41所示的"继续体积块选取"菜单，并将创建的分型曲面单独显示在图形窗口中，如图11-42所示。

图11-41　"继续体积块选取"菜单

图11-42　着色分型曲面

② 单击"继续体积块选取"菜单中的"完成/返回"命令，关闭该菜单。

③ 单击"编辑"面板上的 按钮，完成分型曲面的创建操作。此时，系统将返回模具设计模块主界面。

11.4.8　创建模具体积块

1. 创建型芯体积块

（1）聚合法创建模具体积块

① 单击"模具"选项卡中"分型面和模具体积块"面板上的 按钮，进入模具体积块设计界面。

② 在图形窗口中单击鼠标右键，在弹出的快捷菜单中选择"属性"命令，打开"属性"对话框。在"名称"文本框中输入模具体积块的名称"core_insert"，如图11-43所示。单击对话框底部的 按钮，退出对话框。

③ 在模型树中单击"复制1"特征，系统弹出如图11-44所示的快捷面板，然后单击 按钮，将主分型曲面遮蔽。

图11-43　"属性"对话框

图11-44　快捷面板

④ 单击"体积块工具"面板上的 按钮，系统弹出如图11-45所示的"聚合步骤"菜单。接受菜单中默认的设置，并单击"完成"命令，系统又弹出"聚合选择"菜单，如图11-46所示。

图11-45　"聚合步骤"菜单

图11-46　"聚合选择"菜单

⑤ 单击该菜单中的"曲面"→"完成"命令，然后按住"Ctrl"键，并在图形窗口中选取图11-47中的两个半圆柱面。

⑥ 单击"特征参考"菜单中的"完成参考"命令，系统弹出如图11-48所示的"封合"菜单。

图11-47　选取面

图11-48　"封合"菜单

⑦ 接受该菜单中默认的设置，并单击"完成"命令。系统弹出"封闭环"菜单，并要求用户选取一个平面，以封闭模具体积块。旋转模型至如图11-49所示的位置，在图形窗口中选取图中的平面为顶平面。此时，系统要求用户选取一条边，以封闭模具体积块。

⑧ 在图形窗口中选取图11-49中孔的边界线，单击"选取"对话框中的 <u>确定</u> 按钮，返回"封合"菜单。在菜单中选中"全部环"选项，单击"完成"命令，系统又弹出"封闭环"菜单，并要求用户选取一个平面，以封闭模具体积块。

⑨ 旋转模型至如图11-50中的位置，在图形窗口中选取图中工件的底面为顶平面，系统将返回"封合"菜单。单击菜单中的"退出"命令，返回"封闭环"菜单。

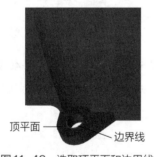

图11-49　选取顶平面和边界线

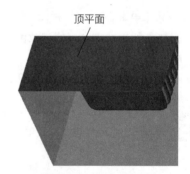

图11-50　选取顶平面

⑩ 单击该菜单中的"完成/返回"命令，返回"聚合体积块"菜单。单击菜单中的"完成"命令，完成聚合法创建模具体积块的操作。

（2）使用拉伸工具创建模具体积块

① 单击"形状"面板上的 按钮，打开"拉伸"操控面板。在图形窗口中选取图11-50中工件的底面为草绘平面，系统将自动进入草绘模式。

② 绘制如图11-51所示的二维截面，并单击"草绘器工具"工具栏上的 按钮，完成草绘操作，返回"拉伸"操控面板。在"深度"文本框中输入深度值"5"，并按"Enter"键确认。单击"深度"文本框右侧的 按

钮,改变拉伸方向。

③ 单击操控面板右侧的 ✓ 按钮,完成创建拉伸操作。

(3)着色模具体积块

① 单击"图形"工具栏上的 ◩ 按钮,系统弹出"继续体积块选取"菜单,并将创建的模具体积块单独显示在图形窗口中,如图11-52所示。

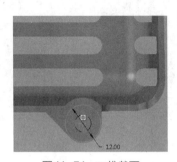

图11-51 二维截面

图11-52 着色动模型芯体积块

② 单击"继续体积块选取"菜单中的"完成/返回"命令,关闭该菜单。

③ 单击"编辑"面板上的 ✓ 按钮,完成模具体积块的创建操作。此时,系统将返回模具设计模块主界面。

2. 创建右侧型体积块

(1)拉伸模具体积块

① 单击"模具"选项卡中"分型面和模具体积块"面板上的 ◩ 按钮,进入模具体积块设计界面。

② 在图形窗口中单击鼠标右键,在弹出的快捷菜单中选择"属性"命令,打开"属性"对话框。在"名称"文本框中输入模具体积块的名称"slide_core_1",如图11-53所示。单击对话框底部的 确定 按钮,退出对话框。

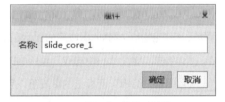

图11-53 "属性"对话框

③ 在模型树中单击"聚合"特征,并在弹出的快捷面板中单击 ◉ 按钮,将动模型芯体积块遮蔽。

④ 单击"形状"面板上的 按钮,打开"拉伸"操控面板。然后在图形窗口中单击鼠标右键,并在弹出的快捷菜单中选择"定义内部草绘"命令,打开"草绘"对话框。

⑤ 在图形窗口中选取图11-54中工件的侧面为草绘平面,基准平面"MAIN_PRATING_PLN"为"上"参考平面,如图11-55所示。单击对话框底部的 草绘 按钮,进入草绘模式。

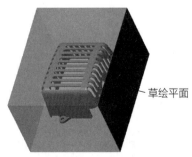

图11-54 选取草绘平面

图11-55 "草绘"对话框

⑥ 绘制如图11-56所示的二维截面，并单击"草绘器工具"工具栏上的 ![btn] 按钮，完成草绘操作，返回"拉伸"操控面板。选择深度类型为 ![btn]，并在图形窗口中选取图11-57中的面为深度参考面。

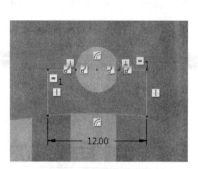

图11-56　二维截面

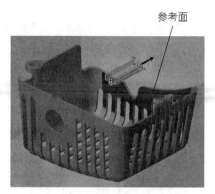

参考面

图11-57　选取深度参考面

⑦ 单击操控面板右侧的 ![btn] 按钮，完成创建拉伸操作。

（2）修剪模具体积块

① 单击"体积块工具"面板上的 ![参考零件切除] 按钮，系统将自动从模具体积块中切除参考零件几何。

② 单击"图形"工具栏上的 ![btn] 按钮，系统弹出"继续体积块选取"菜单，并将创建的模具体积块单独显示在图形窗口中，如图11-58所示。

图11-58　着色右侧型体积块

③ 单击"继续体积块选取"菜单中的"完成/返回"命令，关闭该菜单。

④ 单击"编辑"面板上的 ![btn] 按钮，完成模具体积块的创建操作。此时，系统将返回模具设计模块主界面。

3. 创建左侧型体积块

（1）创建滑块

① 单击"模具"选项卡中"分型面和模具体积块"面板上的 ![btn] 按钮，进入模具体积块设计界面。

② 在图形窗口中单击鼠标右键，在弹出的快捷菜单中选择"属性"命令，打开"属性"对话框。在"名称"文本框中输入模具体积块的名称"slide_core_2"，如图11-59所示。单击对话框底部的 ![确定] 按钮，退出对话框。

③ 在模型树中单击"拉伸3"特征，并在弹出的快捷面板中单击 ![btn] 按钮，将右侧型体积块遮蔽。

④ 单击"体积块工具"面板上的 ![滑块] 按钮，打开"滑块体积块"对话框。

取消选中"拖拉方向"选项组中的"使用默认值"复选框，系统弹出如图11-60所示的"一般选择方向"菜单。

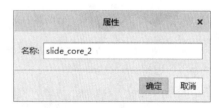

图11-59　"属性"对话框

图11-60　"一般选择方向"菜单

图11-61 选取参考边

⑤ 在该菜单中单击"曲线/边/轴"命令，在图形窗口中选取图11-61中的边为拖拉方向参考边，此时，在图形窗口中会出现一个红色箭头，表示拖拉方向。

注意：由于零件的表面上有斜度，所以必须沿着斜度方向来指定拖拉方向。用户可以使用默认的拖拉方向来创建滑块，然后比较创建的滑块之间的区别。

-----

⑥ 单击对话框中的 计算底切边界 按钮，系统将自动进行计算。计算完成后，按住"Ctrl"键，并单击"排除"列表中的"面组11"和"面组12"，将其选中。单击 << 按钮，将其放置到"包括"列表中，如图11-62所示。

⑦ 单击对话框底部"投影平面"选项中的 按钮，并在图形窗口中选取图11-63中工件的侧面为投影平面。然后单击对话框底部的 ✓ 按钮，退出对话框。

（2）拉伸模具体积块

① 单击"形状"面板上的 按钮，打开"拉伸"操控面板。然后在图形窗口中单击鼠标右键，并在弹出的快捷菜单中选择"定义内部草绘"命令，打开"草绘"对话框。

图11-62 "滑块体积块"对话框

图11-63 选取投影平面

② 在图形窗口中选取图11-63中工件的侧面为草绘平面，基准平面"MAIN_PRATING_PLN"为"上"参考平面。单击对话框底部的 草绘 按钮，进入草绘模式。

③ 绘制如图11-64所示的二维截面，并单击"草绘器工具"工具栏上的 按钮，完成草绘操作，返回"拉伸"操控面板。选择深度类型为 ，并在图形窗口中选取图11-65中的面为深度参考面。

④ 单击操控面板右侧的 ✓ 按钮，完成创建拉伸操作。

（3）着色模具体积块

① 单击"图形"工具栏上的 按钮，系统弹出"继续体积块选取"菜单，并将创建的模具体积块单独显示在图形窗口中，如图11-66所示。

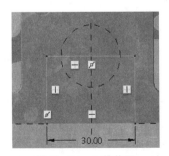

图11-64 二维截面

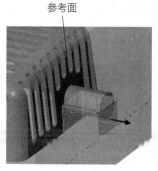
参考面

图11-65　选取深度参考面

图11-66　着色右侧型体积块

② 单击"继续体积块选取"菜单中的"完成/返回"命令，关闭该菜单。

③ 单击"编辑"面板上的✓按钮，完成模具体积块的创建操作。此时，系统将返回模具设计模块主界面。

11.4.9　分割工件和模具体积块

1. 分割工件

① 按住"Ctrl"键，并在模型树中单击"复制1""聚合"和"拉伸3"3个特征，并在弹出的快捷面板中单击◎按钮，将主分型曲面、动模型芯体积块和右侧型显示出来。

② 单击"模具"选项卡中"分型面和模具体积块"面板上的 🗎 参考零件切除 按钮，打开"参考零件切除"操控面板。此时，系统会自动选取工件和参考零件。单击该操控面板右侧的✓按钮，完成参考零件切除操作。此时，系统会自动选取"参考零件切除1"特征。

③ 单击"模具"选项卡中"分型面和模具体积块"面板上的 模具体积块 按钮，在弹出的下拉列表中单击 🗇 体积块分割 按钮，打开"体积块分割"操控面板。

④ 单击📥收集器，在图形窗口中选取图11-67中的"CORE_INSERT""SLIDE_ CORE_1"和"SLIDE_ CORE _2"体积块。

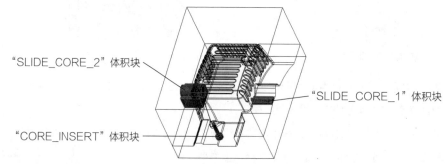
"SLIDE_CORE_2"体积块

"SLIDE_CORE_1"体积块

"CORE_INSERT"体积块

图11-67　选取"CORE_INSERT""SLIDE_ CORE_1"和"SLIDE_ CORE _2"体积块

提示：用户可以设置模型显示方式为"无隐藏线"，这样可以准确地选取分型曲面。

---

⑤ 单击对话栏中的 体积块 按钮，打开"体积块"下滑面板。取消选中"体积块_2""体积块_6"和"体积块_7"，并改变体积块的名称，如图11-68所示。单击操控面板右侧的✓按钮，完成分割体积块操作。此时，系

统会自动选取"体积块分割1"特征。

2. 分割"TEMP"体积块

① 单击"模具"选项卡中"分型面和模具体积块"面板上的 按钮，打开"体积块分割"操控面板。

② 单击 收集器，并在图形窗口中选取图11-69中的"MAIN"分型曲面，单击对话栏中的 体积块 按钮，打开"体积块"下滑面板。改变体积块的名称，如图11-70所示。单击操控面板右侧的 按钮，完成分割体积块操作。

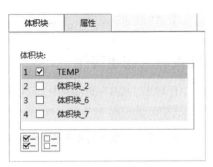

图11-68　"体积块"下滑面板

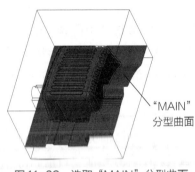

图11-69　选取"MAIN"分型曲面

图11-70　"体积块"下滑面板

11.4.10　创建模具元件

① 单击"模具"选项卡中"元件"面板上的 按钮，打开"创建模具元件"对话框。单击 按钮，选中所有模具体积块。

② 单击"高级"选项组前面的三角形符号，系统弹出"高级"选项组。然后单击 按钮，选中所有模具体积块，如图11-71所示。

③ 单击"复制自"选项组中的 按钮，打开"选择模板"对话框。改变目录到"mmns_part_solid.prt"模板文件所在的目录（如"D:\Program Files\PTC\Creo 4.0\M030\Common Files\templates"）。

④ 在"文件"列表中选中"mmns_part_solid.prt"模板文件，单击对话框底部的 打开 按钮，返回"创建模具元件"对话框。此时，系统会将"mmns_part_solid.prt"模板文件指定给模具元件。

- -

注意：在抽取模具体积块时，如果不将模板文件指定给模具元件，将来对模具元件修改时，则没有任何基准平面、坐标系等可供使用。

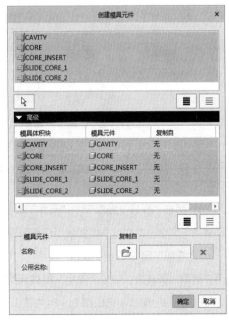

图11-71　"创建模具元件"对话框

⑤ 单击该对话框底部的 确定 按钮，此时，系统自动将模具体积块抽取为模具元件。

11.4.11　创建铸件

① 单击"模具"选项卡中"元件"面板上的 创建制模 按钮，在弹出的文本框中输入铸件名称"molding"，并单击右侧的 ✓ 按钮。

② 接受铸件默认的公用名称"molding"，并单击消息区右侧的 ✓ 按钮，完成创建铸件操作。

11.4.12　仿真开模

1. 移动 "CAVITY" 元件

① 单击"图形"工具栏上的 🖫 按钮，打开"遮蔽和取消遮蔽"对话框。按住"Ctrl"键，并在"可见元件"列表中选中"EX11_REF"和"EX11_WRK"元件，如图11-72所示，然后单击 遮蔽 按钮，将其遮蔽。

② 单击"过滤"选项组中的 🔍分型面 按钮，切换到"分型面"过滤类型。单击 ≣ 按钮，选中所有分型曲面，如图11-73所示，然后单击 遮蔽 按钮，将其遮蔽。单击对话框底部的 确定 按钮，退出对话框。

图11-72　遮蔽模具元件

图11-73　遮蔽分型曲面

注意：用户还可以将曲线、基准平面、基准轴、基准点和坐标系隐藏，以使窗口显示得更加清楚。

③ 单击"模具"选项卡中"元件"面板上的 🖫 按钮，在弹出的"模具开模"菜单中单击"定义步骤"→"定义移动"命令。此时，系统要求用户选取要移动的模具元件。

④ 在图形窗口中选取图11-74中的"CAVITY"元件，单击"选取"对话框中的 确定 按钮。此时，系统要求用户选取一条直边、轴或面来定义模具元件移动的方向。

⑤ 在图形窗口中选取图11-74中的面，此时在图形窗口中会出现一个红色箭头，表示移动的方向。在弹出的文本框中输入数值"180"，单击右侧的 ✓ 按钮，返回"定义步骤"菜单。

⑥ 单击"定义步骤"菜单中的"完成"命令，返回"模具开模"菜单。此时，"CAVITY"元件将向上移动。

2. 移动 "SLIDE_CORE_1" 元件

① 单击 "模具开模" 菜单中的 "定义步骤" → "定义移动" 命令, 在图形窗口中选取图11-75中的 "SLIDE_CORE_1" 元件, 并单击 "选取" 对话框中的 确定 按钮。

② 在图形窗口中选取图11-75中的面, 在弹出的文本框中输入数值 "50", 然后单击右侧的 ✓ 按钮, 返回 "定义步骤" 菜单。

③ 单击 "定义步骤" 菜单中的 "完成" 命令, 返回 "模具开模" 菜单。此时, "SLIDE_CORE_1" 元件将向右移动。

图11-74 移动 "CAVITY" 元件

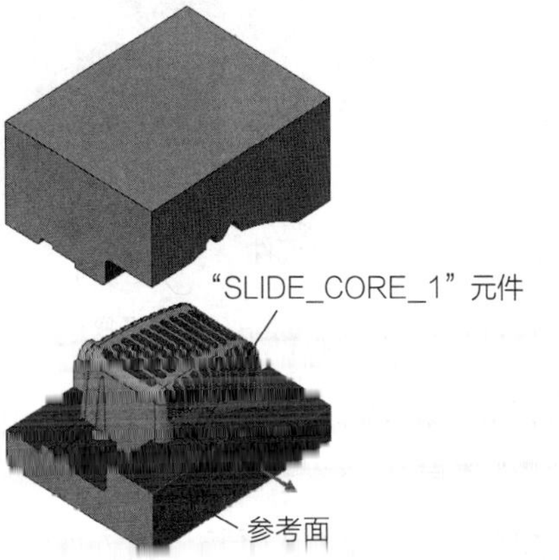

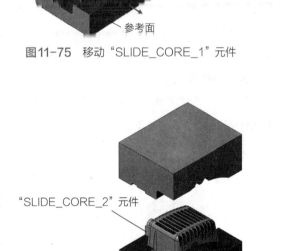

图11-75 移动 "SLIDE_CORE_1" 元件

3. 移动 "SLIDE_CORE_2" 元件

① 单击 "模具开模" 菜单中的 "定义步骤" → "定义移动" 命令, 在图形窗口中选取图11-76中的 "SLIDE_CORE_2" 元件, 并单击 "选取" 对话框中的 确定 按钮。

② 在图形窗口中选取图11-76中的面, 在弹出的文本框中输入数值 "-50", 然后单击右侧的 ✓ 按钮, 返回 "定义步骤" 菜单。

③ 单击 "定义步骤" 菜单中的 "完成" 命令, 返回 "模具开模" 菜单。此时, "SLIDE_CORE_2" 元件将向左移动。

图11-76 移动 "SLIDE_CORE_2" 元件

4. 移动 "CORE_INSERT" 元件

① 单击 "模具开模" 菜单中的 "定义步骤" → "定义移动" 命令, 在图形窗口中选取图11-77中的 "CORE_INSERT" 元件, 并单击 "选取" 对话框中的 确定 按钮。

② 在图形窗口中选取图11-77中的面, 在弹出的文本框中输入数值 "-80", 然后单击右侧的 ✓ 按钮, 返回 "定义步骤" 菜单。

③ 单击 "定义步骤" 菜单中的 "完成" 命令, 返回 "模具开模" 菜单。此时, "CORE_INSERT" 元件将向下移动。

5. 移动"MOLDING"元件

① 单击"模具开模"菜单中的"定义步骤"→"定义移动"命令，在图形窗口中选取图11-78中的"MOLDING"元件，并单击"选取"对话框中的 确定 按钮。

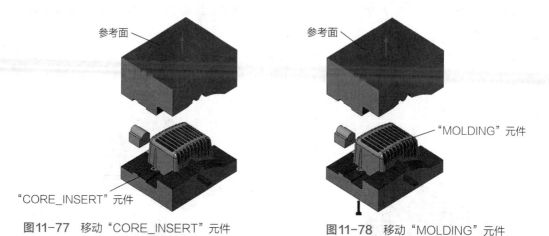

图11-77　移动"CORE_INSERT"元件　　　　图11-78　移动"MOLDING"元件

② 在图形窗口中选取图11-78中的面，在弹出的文本框中输入数值"70"，然后单击右侧的 ☑ 按钮，返回"定义步骤"菜单。

③ 单击"定义步骤"菜单中的"完成"命令，返回"模具开模"菜单。此时，"MOLDING"元件将向上移动。

6. 打开模具

① 单击"模具开模"菜单中的"分解"命令，系统弹出如图11-79所示的"逐步"菜单。此时，所有的模具元件将回到移动前的位置。

② 单击"逐步"菜单中的"打开下一个"命令，系统将打开定模，如图11-80所示。

③ 再次单击"逐步"菜单中的"打开下一个"命令，系统将打开右侧型，如图11-81所示。

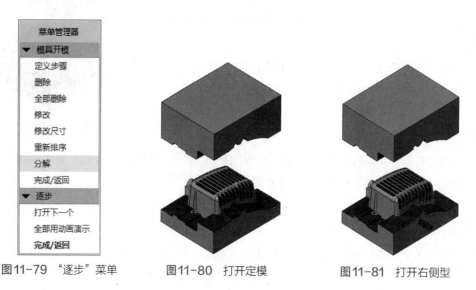

图11-79　"逐步"菜单　　　　图11-80　打开定模　　　　图11-81　打开右侧型

④ 再次单击"逐步"菜单中的"打开下一个"命令，系统将打开左侧型，如图11-82所示。

⑤ 再次单击"逐步"菜单中的"打开下一个"命令，系统将打开动模型芯，如图11-83所示。

⑥ 再次单击"逐步"菜单中的"打开下一个"命令，系统将打开铸件，如图11-84所示。

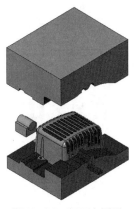
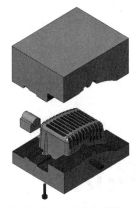
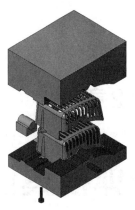

图11-82 打开左侧型　　　　图11-83 打开动模型芯　　　　图11-84 打开铸件

⑦ 单击"模具开模"菜单中的"完成/返回"命令，关闭菜单。此时，所有的模具元件又将回到移动前的位置。

11.4.13　保存模具文件

① 单击"快速访问"工具栏上的■按钮，打开"保存对象"对话框。单击"常用文件夹"列表中的 工作目录 按钮，返回当前工作目录中。单击对话框底部的 确定 按钮，保存模具文件。

注意：如果用户是第一次保存模具文件，由于此时系统默认的目录是"mmns_part_solid.prt"模板文件所在的目录（如"D:\Program Files\PTC\Creo 4.0\M030\Common Files\templates"），所以必须单击"公用文件夹"列表中的 工作目录 按钮，返回当前工作目录中。这样，才能将模具文件保存在正确的位置。

------

② 单击窗口顶部的"文件"→"管理会话"→"拭除当前"命令，打开"拭除"对话框。单击■按钮，选中所有文件，如图11-85所示。单击对话框底部的 确定 按钮，关闭当前文件，并将其从内存中拭除。

11.5　实例总结

本章详细介绍了外罩模具设计的过程，通过本章的学习，读者可以掌握在零件模块中复制曲面来创建分型曲面，使用聚合、草绘和滑块功能来直接创建模具体积块的方法。

直接创建动模型芯体积块、右侧型体积块和左侧型体积块，可以节省创建分型曲面的时间，从而提高设计效率，达到事半功倍的效果。

图11-85 "拭除"对话框

第12章

▲

阀体模具设计实例

本章介绍的是阀体模具设计实例，最终效果如图12-1所示。

▌12.1 产品结构分析

由于产品零件是模具设计的重要依据，所以在设计模具前，首先需要对产品零件进行分析。阀座的三维模型如图12-2所示，材料为压铸铝合金（牌号为YL113），壁厚不均匀，采用压铸成型。

本实例中的阀体形状较简单，侧面上有几处通孔。在设计模具型腔时，需要设计侧向成型部分，压铸件才能顺利脱模。

图12-1 效果图

图12-2 阀体三维模型

▌12.2 主要知识点

本实例的主要知识点如下。

（1）装配参考零件：使用参考零件布局功能装配参考零件。

（2）创建工件：使用自动工件功能来创建工件。

（3）创建分型曲面：通过复制曲面和创建拉伸曲面来创建分型曲面。

（4）创建模具体积块：通过分割工件来创建模具体积块。

（5）创建模具元件：抽取创建的模具体积块，使其成为实体零件。

12.3 设计流程

本实例的设计流程如下：

（1）设置工作目录；

（2）设置配置文件；

（3）新建模具文件；

（4）装配参考零件；

（5）设置收缩率；

（6）创建工件；

（7）创建分型曲面；

（8）分割工件和模具体积块；

（9）创建模具元件；

（10）创建铸件；

（11）仿真开模；

（12）保存模具文件。

12.4 具体的设计步骤

12.4.1 设置工作目录

① 单击窗口顶部的"文件"→"管理会话"→"选择工作目录"命令，打开"选择工作目录"对话框。改变目录到"ex12.prt"文件所在的目录（如"D:\实例源文件\第12章"）。

② 单击该对话框底部的 确定 按钮，即可将"ex12.prt"文件所在的目录设置为当前进程中的工作目录。

12.4.2 设置配置文件

① 单击窗口顶部的"文件"→"选项"命令，打开"Creo Parametric选项"对话框。单击底部的 配置编辑器 按钮，切换到"查看并管理Creo Parametric选项"。

② 单击对话框底部的 添加(A)... 按钮，打开"添加选项"对话框。在"选项名称"文本框中输入文字"enable_absolute_accuracy"，此时，在"选项值"编辑框会显示"no"选项，表示没有启用绝对精度功能，如图12-3所示。

③ 单击"选项值"编辑框右侧的 按钮，并在打开的下拉列表中选择"yes"选项。单击对话框底部的 确定 按钮，返回到"Creo Parametric选项"对话框。此时"enable_absolute_accuracy"选项和值会出现在"选项"显示选项组中，如图12-4所示。

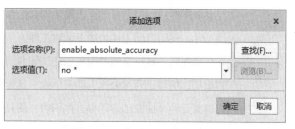

图12-3 "添加选项"对话框

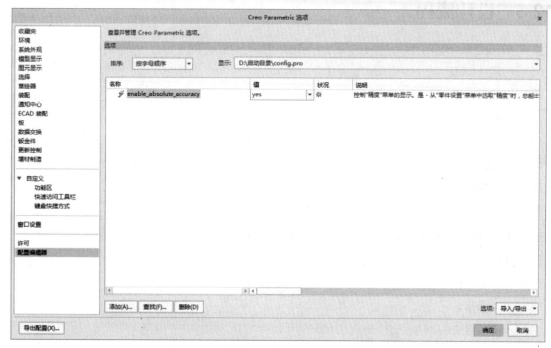

图12-4 设置选项

④ 单击该对话框底部的 确定 按钮，退出对话框。此时，系统将启用绝对精度功能。这样在装配参考零件过程中，可以将组件模型的精度设置为和参考模型精度相同。

提示：在模具设计过程中，如果不启用绝对精度功能，则有可能因为精度问题，而导致后续分割工件操作失败。

12.4.3 新建模具文件

① 单击"快速访问"工具栏上的 按钮，打开"新建"对话框。选中"类型"选项组中的"制造"单选按钮、"子类型"选项组中的"模具型腔"单选按钮。

② 在"名称"文本框中输入文件名"ex12"，取消选中"使用默认模板"复选框，如图12-5所示。单击对话框底部的 确定 按钮，打开"新文件选项"对话框。

③ 在该对话框中选择"mmns_mfg_mold"模板，如图12-6所示。单击对话框底部的 确定 按钮，进入模具设计模块。

图12-5 "新建"对话框

图12-6 "新文件选项"对话框

12.4.4 装配参考零件

① 单击"模具"选项卡中"参考模型和工件"面板上的 按钮，系统弹出"布局"对话框和"打开"对话框。

② 在"打开"对话框中，系统会自动选中"ex12.prt"文件。单击对话框底部的 打开 按钮，打开如图12-7所示的"创建参考模型"对话框。

③ 接受该对话框中默认的设置，单击对话框底部的 确定 按钮，返回"布局"对话框，如图12-8所示。单击对话框底部的 预览 按钮，参考零件在图形窗口中的位置如图12-9所示。从图中可以看出该零件的位置不对，需要重新调整。

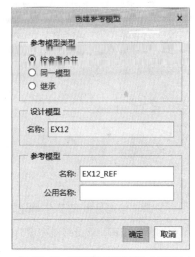

图12-7 "创建参考模型"对话框

图12-8 "布局"对话框

图12-9 错误位置

图12-10 "获得坐标系类型"菜单

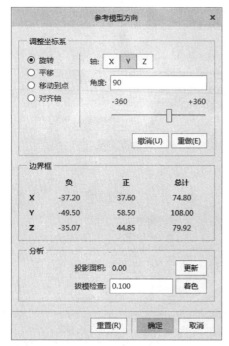

图12-11 "参考模型方向"对话框

提示：参考零件的正确位置是开模方向指向默认的拖动方向。在图形窗口中，系统用一个双组箭头来表示默认的拖动方向。

④ 单击"参考模型起点与定向"选项中的 按钮，系统弹出如图 12-10 所示的"获得坐标系类型"菜单，并打开另外一个窗口。单击"获得坐标系类型"菜单中的"动态"命令，打开"参考模型方向"对话框。

⑤ 单击"调整坐标系"选项组中的 按钮，在"角度"文本框中输入数值"90"，并按"Enter"确认，如图12-11所示。单击"调整坐标系"选项组中的 按钮，在"角度"文本框中输入数值"90"，并按"Enter"确认。单击对话框底部的 按钮，返回"布局"对话框。

⑥ 单击该对话框底部的 按钮，参考零件在图形窗口中的位置如图12-12所示。从图中可以看出该零件的位置现在是正确的。

图12-12 正确位置

⑦ 单击该对话框底部的 按钮，退出对话框。系统弹出如图 12-13 所示的"警告"对话框，单击对话框底部的 按钮，接受绝对精度值的设置。单击如图 12-14 所示的"型腔布置"菜单中的"完成/返回"命令，关闭该菜单。

图12-13 "警告"对话框

图12-14 "型腔布置"菜单

12.4.5 设置收缩率

① 单击"模具"选项卡中"修饰符"面板上的 按钮，打开"按比例收缩"对话框。此时，系统将自动

图12-15　"按比例收缩"对话框

图12-16　"自动工件"对话框

选择"坐标系"选项中的 ▣ 按钮，要求用户选取坐标系。

② 在图形窗口中选取"PRT_CSYS_DEF"坐标系，然后在"收缩率"文本框中输入收缩值"0.005"，如图12-15所示。单击对话框底部的 ✓ 按钮，退出对话框。

12.4.6　创建工件

① 单击"模具"选项卡中"参考模型和工件"面板上的 ▣ 按钮，打开"自动工件"对话框。此时，系统将自动选择"坐标系"选项中的 ▣ 按钮，要求用户选取坐标系。

② 在图形窗口中选取"MOLD_DEF_CSYS"坐标系为模具原点，然后在"整体尺寸"和"平移工件"选项组中输入如图12-16所示的尺寸，并接受其他选项默认的设置。单击对话框底部的 确定 按钮，退出对话框。此时，创建的工件如图12-17所示。

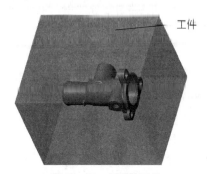

图12-17　创建的工件

12.4.7　创建分型曲面

1. 创建主分型曲面

（1）创建拉伸曲面

① 单击"模具"选项卡中"分型面和模具体积块"面板上的 ▣ 按钮，进入分型曲面设计界面。

② 在图形窗口中单击鼠标右键，在弹出的快捷菜单中选择"属性"命令，打开"属性"对话框。在"名称"文本框中输入分型曲面的名称"main"，如图12-18所示。单击对话框底部的 确定 按钮，退出对话框。

③ 单击"形状"面板上的 ▣ 按钮，打开"拉伸"操控面板。在图形窗口中选取"MOLD_FRONT"基准平面为草绘平面，系统将自动进入草绘模式。

④ 绘制如图12-19所示的二维截面，并单击"草绘器工具"工具栏上的 ✓ 按钮，完成草绘操作，返回"拉伸"操控面板。选择深度类型为 ▣，在"深度"文本框中输入深度值"170"，并按"Enter"键确认。单击操控

面板右侧的 ✓ 按钮，完成创建拉伸曲面操作。

图12-18 "属性"对话框

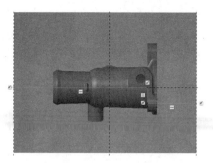

图12-19 绘制的二维截面

（2）着色分型曲面

① 单击"图形"工具栏上的 按钮，系统弹出如图12-20所示的"继续体积块选取"菜单，并将创建的分型曲面单独显示在图形窗口中，如图12-21所示。单击"继续体积块选取"菜单中的"完成/返回"命令，关闭该菜单。

② 单击"编辑"面板上的 ✓ 按钮，完成分型曲面的创建操作。此时，系统将返回模具设计模块主界面。

图12-20 "继续体积块选取"菜单

图12-21 着色的分型曲面

2. 创建上侧型分型曲面

（1）第一次复制曲面

① 单击"模具"选项卡中"分型面和模具体积块"面板上的 按钮，进入分型曲面设计界面。

② 在图形窗口中单击鼠标右键，在弹出的快捷菜单中选择"属性"命令，打开"属性"对话框。在"名称"文本框中输入分型曲面的名称"slide_core_1"，如图12-22所示。单击对话框底部的 确定 按钮，退出对话框。

③ 在模型树中单击"拉伸1"特征，系统弹出图12-23所示的快捷面板，然后单击 按钮，将主分型曲面遮蔽。

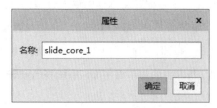

图12-22 "属性"对话框

图12-23 快捷面板

④ 在模型树中单击"EX12_WRK.PRT"元件，并在弹出的快捷面板中单击 遮蔽 按钮，将其隐藏。

注意：本步骤主要是为了便于选取参考零件上的表面，从而将工件暂时隐藏。用户还可以将基准平面、基准轴、基准点、坐标系隐藏，以使窗口显示得更加清楚。

⑤ 旋转参考零件至如图12-24所示的位置，并在图形窗口中选取图中的平面，此时被选中的表面呈红色。

⑥ 单击 模具 按钮，切换到"模具"选项卡。单击"编辑"面板上的 复制 按钮，然后单击"编辑"面板上的 粘贴 按钮，打开"复制曲面"操控面板。

⑦ 按住"Ctrl"键，并在图形窗口中选取图12-24中孔的内表面。此时，系统将构建一个单个曲面集，如图12-25所示。单击该操控面板右侧的 ✔ 按钮，完成复制曲面操作。

图12-24　选取表面

图12-25　单个曲面集

注意：由于系统会将孔分为2个半圆柱面，所以用户需要选中2个半圆柱面，才能选取如图12-24所示孔的内表面。

（2）第二次复制曲面

① 旋转参考零件至如图12-26所示的位置，并在图形窗口中选取图中孔的半圆柱面，此时被选中的表面呈红色。

② 单击"编辑"面板上的 复制 按钮，然后单击"编辑"面板上的 粘贴 按钮，打开"复制曲面"操控面板。此时，系统将构建一个单个曲面集。

③ 单击对话栏中的 选项 按钮，并在弹出的"选项"下滑面板中选中"排除曲面并填充孔"单选按钮。此时，系统将自动激活"填充孔/曲面"收集器，如图12-27所示。

图12-26　选取半圆柱面

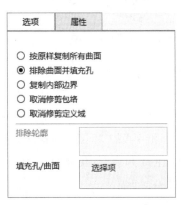

图12-27　"选项"下滑面板

④ 在图形窗口中再次选取图12-26中孔的半圆柱面，此时，系统自动将所选半圆柱面中的破孔封闭。单击该操控面板右侧的✔按钮，完成复制曲面操作。此时，在模型树中系统会自动选中"复制2"特征。

（3）第一次合并曲面

① 单击 分型面 按钮，切换到"分型面"选项卡。按住"Ctrl"键，并在模型树中选中"复制1"特征。单击"编辑"面板上的图按钮，打开"合并"操控面板。单击对话栏中的 参考 按钮，打开"参考"下滑面板。

② 在该下滑面板的"面组"收集器中选中"面组：F8（SLIDE_CORE_1）"，单击图按钮，使"面组：F8（SLIDE_CORE_1）"位于收集器顶部，成为主面组，如图12-28所示。

③ 单击对话栏中的图按钮，改变第二个面组要包括在合并曲面中的部分。单击操控面板右侧的✔按钮，完成合并曲面操作。

（4）创建拉伸曲面

① 在模型树中单击"EX12_WRK.PRT"元件，并有弹出的快捷面板中单击 取消遮蔽 按钮，将其显示出来。

② 单击"形状"面板上的图按钮，打开"拉伸"操控面板。在图形窗口中选取图12-29中工件的侧面为草绘平面，系统将自动进入草绘模式。

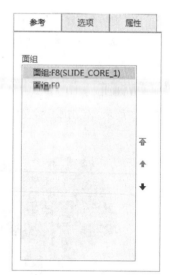

图12-28　"参考"下滑面板

③ 绘制如图12-30所示的二维截面，并单击"草绘器工具"工具栏上的✔按钮，完成草绘操作，返回"拉伸"操控面板。选择深度类型为图，并在图形窗口中选取图12-31中的面为深度参考面。单击操控面板右侧的✔按钮，完成创建拉伸曲面操作。此时，在模型树中系统会自动选中"拉伸2"特征。

图12-29　选取草绘平面

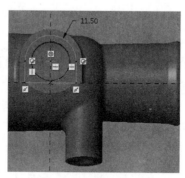

图12-30　绘制的二维截面

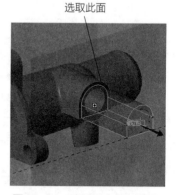

图12-31　选取深度参考平面

（5）第二次合并曲面

① 按住"Ctrl"键，并在模型树中选中"复制1"特征。单击"编辑"面板上的图按钮，打开"合并"操控面板。单击对话栏中的 参考 按钮，打开"参考"下滑面板。

② 在该下滑面板的"面组"收集器中选中"面组：F8（SLIDE_CORE_1）"，单击图按钮，使"面组：F8（SLIDE_CORE_1）"位于收集器顶部，成为主面组。单击操控面板右侧的✔按钮，完成合并曲面操作。

（6）着色分型曲面

① 单击"图形"工具栏上的图按钮，系统弹出"继续体积块选取"菜单，并将创建的分型曲面单独显示在图

形窗口中，如图12-32所示。单击"继续体积块选取"菜单中的"完成/返回"命令，关闭该菜单。

② 单击"编辑"面板上的 ✓ 按钮，完成分型曲面的创建操作。此时，系统将返回模具设计模块主界面。

3. 创建右侧型分型曲面

（1）复制曲面

① 单击"模具"选项卡中"分型面和模具体积块"面板上的 按钮，进入分型曲面设计界面。

图12-32　着色的分型曲面

② 在图形窗口中单击鼠标右键，在弹出的快捷菜单中选择"属性"命令，打开"属性"对话框。在"名称"文本框中输入分型曲面的名称"slide_core_2"，如图12-33所示。单击对话框底部的 确定 按钮，退出对话框。

③ 在模型树中单击"复制1"特征，并在弹出的快捷面板中单击 按钮，将上侧型分型曲面遮蔽。

④ 在模型树中单击"EX12_WRK.PRT"元件，并在弹出的快捷面板中单击 遮蔽 按钮，将其隐藏。

⑤ 旋转参考零件至如图12-34所示的位置，并在图形窗口中选取图中的平面，此时被选中的表面呈红色。

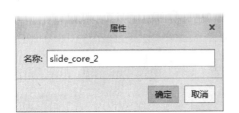

图12-33　"属性"对话框

选取平面和孔的内表面

图12-34　选取表面

⑥ 单击 模具 按钮，切换到"模具"选项卡。单击"编辑"面板上的 复制 按钮，然后单击"编辑"面板上的 粘贴 按钮，打开"复制曲面"操控面板。

⑦ 按住"Ctrl"键，并在图形窗口中选取图12-34中的内表面。此时，系统将构建一个单个曲面集。

⑧ 单击对话栏中的 选项 按钮，并在弹出的"选项"下滑面板中选中"排除曲面并填充孔"单选按钮。此时，系统将自动激活"填充孔/曲面"收集器。

⑨ 按住"Ctrl"键，并在图形窗口中选取图12-35中的两个半圆柱面。单击该操控面板右侧的 ✓ 按钮，完成复制曲面操作。

（2）创建填充环曲面

① 在模型树中单击"EX12_WRK.PRT"元件，并有弹出的快捷面板中单击 取消遮蔽 按钮，将其显示出来。

② 单击 分型面 按钮，切换到"分型面"选项卡。单击"曲面设计"面板上的 按钮，打开"填充环"操控面板。在图形窗口中选取图13-36中的边1，单击对话栏中的 闭合 按钮，并在弹出的下滑面板中单击 细节 按钮，打开"链"对话框。

选取半圆柱面

图12-35　选取表面

③ 在该对话框中选中"基于规则"单选按钮，并接受系统自动选中的"相切"单选按钮，如图12-37所示。单击对话框底部的 按钮，返回"填充环"操控面板。

④ 单击该操控面板右侧的 按钮，完成创建填充环曲面操作。此时，在模型树中系统会自动选中"填充环1"特征。

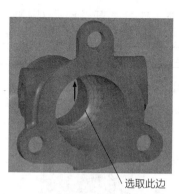

选取此边

图12-36　选取边

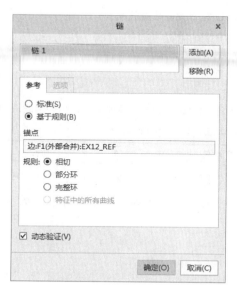

图12-37　"链"对话框

（3）第一次合并曲面

① 按住"Ctrl"键，并在模型树中选中"复制3"特征。单击"编辑"面板上的 按钮，打开"合并"操控面板。单击对话栏中的 按钮，打开"参考"下滑面板。

② 在该下滑面板的"面组"收集器中选中"面组：F13（SLIDE_CORE_2）"，单击 按钮，使"面组：F13（SLIDE_CORE_2）"位于收集器顶部，成为主面组。单击操控面板右侧的 按钮，完成合并曲面操作。

（4）创建关闭曲面

① 在图形窗口中选取图12-38中的平面，此时被选中的面呈红色。

② 单击"曲面设计"面板上的 按钮，打开"关闭"操控面板。然后选中"封闭所有内环"复选框，如图12-39所示。单击操控面板右侧的 按钮，完成创建关闭曲面操作。此时，在模型树中系统会自动选中"关闭1"特征。

选取此面

图12-38　选取面

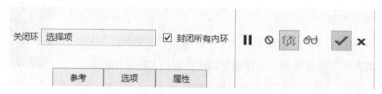

图12-39　"关闭"操控面板

（5）第二次合并曲面

① 按住"Ctrl"键，并在模型树中选中"复制3"特征。单击"编辑"面板上的 按钮，打开"合并"操控面板。单击对话栏中的 按钮，打开"参考"下滑面板。

② 在该下滑面板的"面组"收集器中选中"面组：F13（SLIDE_CORE_2）"，单击 按钮，使"面组：F13（SLIDE_CORE_2）"位于收集器顶部，成为主面组。单击操控面板右侧的 按钮，完成合并曲面操作。

（6）创建拉伸曲面

① 单击"形状"面板上的 按钮，打开"拉伸"操控面板。然后在图形窗口中单击鼠标右键，并在弹出的快捷菜单中选择"定义内部草绘"命令，打开"草绘"对话框。

② 在图形窗口中选取图12-40中工件的侧面为草绘平面，基准平面"MAIN_PRATING_PLN"为"上"参考平面，如图12-41所示。单击对话框底部的 按钮，进入草绘模式。

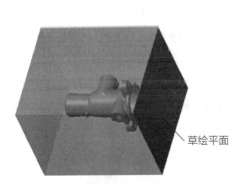

图12-40　选取草绘平面

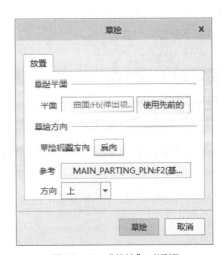

图12-41　"草绘"对话框

③ 绘制如图12-42所示的二维截面，并单击"草绘器工具"工具栏上的 按钮，完成草绘操作，返回"拉伸"操控面板。选择深度类型为 ，并在图形窗口中选取图12-43中的面为深度参考面。

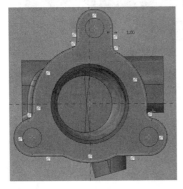

图12-42　绘制的二维截面

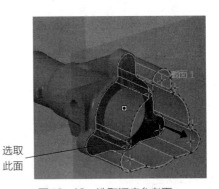

图12-43　选取深度参考面

④ 单击该操控面板右侧的 按钮，完成创建拉伸曲面操作。此时，在模型树中系统会自动选中"拉伸3"特征。

（7）第三次合并曲面

① 按住"Ctrl"键，并在模型树中选中"复制3"特征。单击"编辑"面板上的■按钮，打开"合并"操控面板。单击对话栏中的 **参** 按钮，打开"参考"下滑面板。

② 在该下滑面板的"面组"收集器中选中"面组：F13（SLIDE_CORE_2）"，单击■按钮，使"面组：F13（SLIDE_CORE_2）"位于收集器顶部，成为主面组。单击操控面板右侧的✔按钮，完成合并曲面操作。

（8）着色分型曲面

① 单击"图形"工具栏上的■按钮，系统弹出"继续体积块选取"菜单，并将创建的分型曲面单独显示在图形窗口中，如图12-44所示。单击"继续体积块选取"菜单中的"完成/返回"命令，关闭该菜单。

② 单击"编辑"面板上的✔按钮，完成分型曲面的创建操作。此时，系统将返回模具设计模块主界面。

图12-44 着色的分型曲面

4.创建下侧型分型曲面

（1）第一次复制曲面

① 单击"模具"选项卡中"分型面和模具体积块"面板上的■按钮，进入分型曲面设计界面。

② 在图形窗口中单击鼠标右键，在弹出的快捷菜单中选择"属性"命令，打开"属性"对话框。在"名称"文本框中输入分型曲面的名称"slide_core_3"，如图12-45所示。单击对话框底部的 **确定** 按钮，退出对话框。

③ 在模型树中单击"复制3"特征，并在弹出的快捷面板中单击◎按钮，将右侧型分型曲面遮蔽。

④ 在模型树中单击"EX12_WRK.PRT"元件，并在弹出的快捷面板中单击◎ **遮蔽** 按钮，将其隐藏。

⑤ 旋转参考零件至如图12-46所示的位置，并在图形窗口中选取图中的平面，此时被选中的表面呈红色。

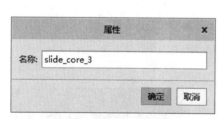

图12-45 "属性"对话框

选取平面
和孔的
内表面

图12-46 选取表面

⑥ 单击 **模具** 按钮，切换到"模具"选项卡。单击"编辑"面板上的 **复制** 按钮，然后单击"编辑"面板上的 **粘贴** 按钮，打开"复制曲面"操控面板。

⑦ 按住"Ctrl"键，并在图形窗口中选取图12-46中孔的内表面。此时，系统将构建一个单个曲面集。单击该操控面板右侧的✔按钮，完成复制曲面操作。

（2）第二次复制曲面

① 旋转参考零件至如图12-47所示的位置，并在图形窗口中选取图中孔的半圆柱面，此时被选中的表面呈红色。

② 单击"编辑"面板上的 **复制** 按钮，然后单击"编辑"面板上的 **粘贴** 按钮，打开"复制曲面"操控面板。

此时，系统将构建一个单个曲面集。

③ 单击对话栏中的 选项 按钮，并在弹出的"选项"下滑面板中选中"排除曲面并填充孔"单选按钮。此时，系统将自动激活"填充孔/曲面"收集器。

④ 在图形窗口中再次选取图12-47中孔的半圆柱面，此时，系统自动将所选半圆柱面中的破孔封闭。单击该操控面板右侧的 ✓ 按钮，完成复制曲面操作。此时，在模型树中系统会自动选中"复制5"特征。

（3）第一次合并曲面

① 单击 分型面 按钮，切换到"分型面"选项卡。按住"Ctrl"键，并在模型树中选中"复制1"特征。单击"编辑"面板上的 按钮，打开"合并"操控面板。单击对话栏中的 参考 按钮，打开"参考"下滑面板。

② 在该下滑面板的"面组"收集器中选中"面组：F20（SLIDE_CORE_3）"，单击 按钮，使"面组：F20（SLIDE_CORE_3）"位于收集器顶部，成为主面组。

③ 单击对话栏中的 按钮，改变第二个面组要包括在合并曲面中的部分。单击操控面板右侧的 ✓ 按钮，完成合并曲面操作。

（4）创建拉伸曲面

① 在模型树中单击"EX12_WRK.PRT"元件，并有弹出的快捷面板中单击 按钮，将其显示出来。

② 单击"形状"面板上的 按钮，打开"拉伸"操控面板。在图形窗口中选取图12-48中工件的侧面为草绘平面，系统将自动进入草绘模式。

③ 绘制如图12-49所示的二维截面，并单击"草绘器工具"工具栏上的 按钮，完成草绘操作，返回"拉伸"操控面板。选择深度类型为 ，并在图形窗口中选取图12-50中的面为深度参考面。单击操控面板右侧的 ✓ 按钮，完成创建拉伸曲面操作。此时，在模型树中系统会自动选中"拉伸4"特征。

选取此面

图12-47 选取半圆柱面

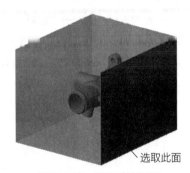

选取此面

图12-48 选取草绘平面

选取此面

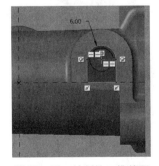

图12-49 绘制的二维截面

图12-50 选取深度参考平面

（5）第二次合并曲面

① 按住"Ctrl"键，并在模型树中选中"复制4"特征。单击"编辑"面板上的 按钮，打开"合并"操控

面板。单击对话栏中的 ▁参考▁ 按钮,打开"参考"下滑面板。

② 在该下滑面板的"面组"收集器中选中"面组:F20(SLIDE_CORE_3)",单击▣按钮,使"面组:F20(SLIDE_CORE_3)"位于收集器顶部,成为主面组。单击操控面板右侧的✔按钮,完成合并曲面操作。

(6)着色分型曲面

① 单击"图形"工具栏上的▣按钮,系统弹出"继续体积块选取"菜单,并将创建的分型曲面单独显示在图形窗口中,如图12-51所示。单击"继续体积块选取"菜单中的"完成/返回"命令,关闭该菜单。

② 单击"编辑"面板上的✔按钮,完成分型曲面的创建操作。此时,系统将返回模具设计模块主界面。

图12-51 着色的分型曲面

5. 创建左侧型分型曲面

(1)复制曲面

① 单击"模具"选项卡中"分型面和模具体积块"面板上的▣按钮,进入分型曲面设计界面。

② 在图形窗口中单击鼠标右键,在弹出的快捷菜单中选择"属性"命令,打开"属性"对话框。在"名称"文本框中输入分型曲面的名称"slide_core_4",如图12-52所示。单击对话框底部的 ▁确定▁ 按钮,退出对话框。

③ 在模型树中单击"复制4"特征,并在弹出的快捷面板中单击▣按钮,将下侧型分型曲面遮蔽。

④ 在模型树中单击"EX12_WRK.PRT"元件,并在弹出的快捷面板中单击 ▁遮蔽▁ 按钮,将其隐藏。

⑤ 旋转参考零件至如图12-53所示的位置,并在图形窗口中选取图中的两个半圆柱面中的任意一个,此时被选中的表面呈红色。

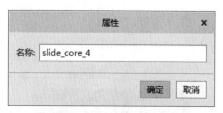

图12-52 "属性"对话框

选取半圆柱面

图12-53 选取半圆柱面

⑥ 单击 ▁模具▁ 按钮,切换到"模具"选项卡。单击"编辑"面板上的▁复制▁按钮,然后单击"编辑"面板上的 ▁粘贴▁·按钮,打开"复制曲面"操控面板。

⑦ 按住"Ctrl"键,并在图形窗口中选取图12-53中的另外一个半圆柱面。此时,系统将构建一个单个曲面集。单击该操控面板右侧的✔按钮,完成复制曲面操作。

(2)创建填充环曲面

① 在模型树中单击"EX12_WRK.PRT"元件,并有弹出的快捷面板中单击 ▁取消遮蔽▁ 按钮,将其显示出来。

② 单击 ▁分型面▁ 按钮,切换到"分型面"选项卡。单击"曲面设计"面板上的▣按钮,打开"填充环"操控面板。在图形窗口中选取图12-54中的圆弧边,单击对话栏中的 ▁闭合▁ 按钮,并在弹出的下滑面板中单击 ▁细节▁按

钮，打开"链"对话框。

③ 在该对话框中选中"基于规则"单选按钮，并接受系统自动选中的"相切"单选按钮。单击对话框底部的 确定(O) 按钮，返回"填充环"操控面板。

④ 单击该操控面板右侧的 ✓ 按钮，完成创建填充环曲面操作。此时，在模型树中系统会自动选中"填充环2"特征。

（3）第一次合并曲面

① 按住"Ctrl"键，并在模型树中选中"复制6"特征。单击"编辑"面板上的 按钮，打开"合并"操控面板。单击对话栏中的 参考 按钮，打开"参考"下滑面板。

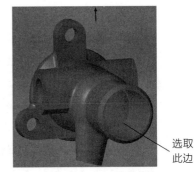

图12-54 选取圆弧边

② 在该下滑面板的"面组"收集器中选中"面组：F25（SLIDE_CORE_4）"，单击 按钮，使"面组：F25（SLIDE_CORE_4）"位于收集器顶部，成为主面组。单击操控面板右侧的 ✓ 按钮，完成合并曲面操作。

（4）延伸曲线

① 单击"曲面设计"面板上的 按钮，打开"延伸曲线"操控面板。在图形窗口中选取图12-55中的圆弧边，单击对话栏中的 延伸 按钮，并在弹出的下滑面板中单击 按钮，打开"链"对话框。

② 在该对话框中选中"基于规则"单选按钮，并接受系统自动选中的"相切"单选按钮。单击对话框底部的 按钮，返回"延伸曲线"操控面板。选中"垂直于边界"单选按钮，如图12-56所示。

图12-55 选取延伸边

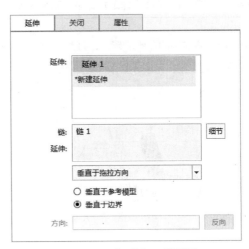

图12-56 "延伸"下滑面板

③ 单击该操控面板右侧的 ✓ 按钮，完成延伸曲线操作。此时，在模型树中系统会自动选中"延伸曲线1"特征。

（5）第二次合并曲面

① 按住"Ctrl"键，并在模型树中选中"复制6"特征。单击"编辑"面板上的 按钮，打开"合并"操控面板。单击对话栏中的 参考 按钮，打开"参考"下滑面板。

② 在该下滑面板的"面组"收集器中选中"面组：F23（SLIDE_CORE_4）"，单击 按钮，使"面组：F23（SLIDE_CORE_4）"位于收集器顶部，成为主面组。单击操控面板右侧的 ✓ 按钮，完成合并曲面操作。

（6）着色分型曲面

① 单击"图形"工具栏上的 按钮，系统弹出"继续体积块选取"菜单，并将创建的分型曲面单独显示在图形窗口中，如图12-57所示。单击"继续体积块选取"菜单中的"完成/返回"命令，关闭该菜单。

图12-57 着色的分型曲面

② 单击"编辑"面板上的 按钮，完成分型曲面的创建操作。此时，系统将返回模具设计模块主界面。

12.4.8 分割工件和模具体积块

1. 分割工件

① 按住"Ctrl"键，并在模型树中单击"拉伸1""复制1""复制3""复制4"4个特征，并在弹出的快捷面板中单击 按钮，将主分型曲面、上侧型分型曲面、右侧型分型曲面和下侧型分型曲面显示出来。

② 单击"模具"选项卡中"分型面和模具体积块"面板上的 参考零件切除 按钮，打开"参考零件切除"操控面板。此时，系统会自动选取工件和参考零件。单击该操控面板右侧的 按钮，完成参考零件切除操作。此时，系统会自动选取"参考零件切除1"特征。

③ 单击"模具"选项卡中"分型面和模具体积块"面板上的 模具体积块 按钮，在弹出的下拉列表中单击 体积块分割 按钮，打开"体积块分割"操控面板。

④ 单击 收集器，在图形窗口中选取图12-58中的"SLIDE_CORE_1"分型曲面。

- -

注意：用户可以设置模型显示方式为"无隐藏线"，这样可以准确地选取分型曲面。

- -

⑤ 单击对话栏中的 体积块 按钮，打开"体积块"下滑面板。改变体积块的名称，如图12-59所示。单击操控面板右侧的 按钮，完成分割体积块操作。

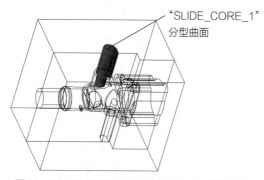

图12-58 选取"SLIDE_CORE_1"分型曲面

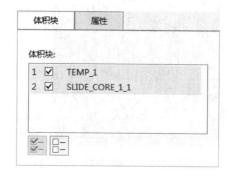

图12-59 "体积块"下滑面板

2. 分割"TEMP_1"体积块

① 单击"模具"选项卡中"分型面和模具体积块"面板上的 按钮，打开"体积块分割"操控面板。

② 单击 收集器，并在图形窗口中选取"TEMP_1"体积块。然后单击 收集器，并在图形窗口中选取图12-60中的"SLIDE_CORE_2"分型曲面。

③ 单击该对话栏中的 体积块 按钮，打开"体积块"下滑面板。改变体积块的名称，如图12-61所示。单击操控面板右侧的 按钮，完成分割体积块操作。

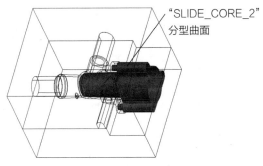

图12-60　选取"SLIDE_CORE_2"分型曲面　　　　　　图12-61　"体积块"下滑面板

3. 分割"TEMP_2"体积块

① 单击"模具"选项卡中"分型面和模具体积块"面板上的 按钮，打开"体积块分割"操控面板。

② 单击 收集器，并在图形窗口中选取"TEMP_2"体积块。然后单击 收集器，并在图形窗口中选取图12-62中的"SLIDE_CORE_3"分型曲面。

③ 单击该对话栏中的 体积块 按钮，打开"体积块"下滑面板。改变体积块的名称，如图12-63所示。单击操控面板右侧的 按钮，完成分割体积块操作。

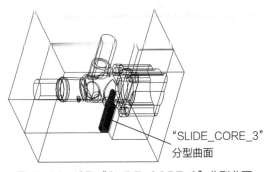

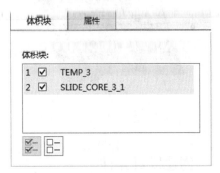

图12-62　选取"SLIDE_CORE_3"分型曲面　　　　　　图12-63　"体积块"下滑面板

4. 分割"TEMP_3"体积块

① 单击"模具"选项卡中"分型面和模具体积块"面板上的 按钮，打开"体积块分割"操控面板。

② 单击 收集器，并在图形窗口中选取"TEMP_3"体积块。然后单击 收集器，并在图形窗口中选取图12-64中的"SLIDE_CORE_4"分型曲面。

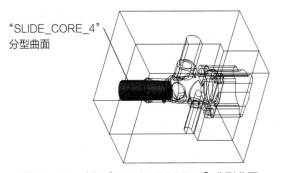

图12-64　选取"SLIDE_CORE_4"分型曲面

③ 单击该对话栏中的 体积块 按钮，打开"体积块"下滑面板。改变体积块的名称，如图12-65所示。单击操控面板右侧的 ✓ 按钮，完成分割体积块操作。

5. 分割"TEMP_4"体积块

① 单击"模具"选项卡中"分型面和模具体积块"面板上的 按钮，打开"体积块分割"操控面板。

② 单击 收集器，并在图形窗口中选取"TEMP_4"体积块。然后单击 收集器，并在图形窗口中选取图12-66中的"MAIN"分型曲面。

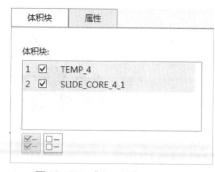

图12-65　"体积块"下滑面板

③ 单击该对话栏中的 体积块 按钮，打开"体积块"下滑面板。改变体积块的名称，如图12-67所示。单击操控面板右侧的 ✓ 按钮，完成分割体积块操作。

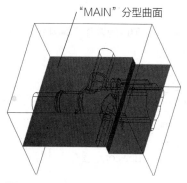

图12-66　选取"MAIN"分型曲面

图12-67　"体积块"下滑面板

12.4.9　创建模具元件

① 单击"模具"选项卡中"元件"面板上的 按钮，打开"创建模具元件"对话框。单击 按钮，选中所有模具体积块。

② 单击"高级"选项组前面的三角形符号，系统弹出"高级"选项组。改变模具体积块的名称，如图12-68所示。然后单击 按钮，选中所有模具体积块。

③ 单击"复制自"选项组中的 按钮，打开"选择模板"对话框。改变目录到"mmns_part_solid.prt"模板文件所在的目录（如"D:\Program Files\PTC\Creo 4.0\M030\Common Files\templates"）。

④ 在"文件"列表中选中"mmns_part_solid.prt"模板文件，单击对话框底部的 打开 按钮，返回"创建模具元件"对话框。此时，系统会将"mmns_part_solid.prt"模板文件指定给模具元件。

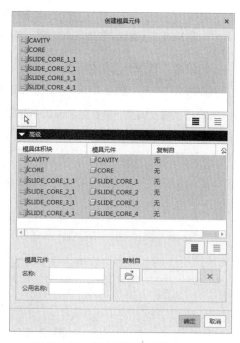

图12-68　"创建模具元件"对话框

注意：在抽取模具体积块时，如果不将模板文件指定给模具元件，将来对模具元件修改时，则没有任何基准平面、坐标系等可供使用。

⑤ 单击该对话框底部的 确定 按钮，此时，系统将自动将模具体积块抽取为模具元件。

12.4.10　创建铸件

① 单击"模具"选项卡中"元件"面板上的 创建制模 按钮，在弹出的文本框中输入铸件名称"molding"，并单击右侧的 ✔ 按钮。

② 接受铸件默认的公用名称"molding"，并单击消息区右侧的 ✔ 按钮，完成创建铸件操作。

12.4.11　仿真开模

1. 定义开模步骤

（1）移动"CAVITY"元件

① 单击"图形"工具栏上的 按钮，打开"遮蔽和取消遮蔽"对话框。按住"Ctrl"键，并在"可见元件"列表中选中"EX12_REF"和"EX12_WRK"元件，如图12-69所示，然后单击 遮蔽 按钮，将其遮蔽。

② 单击"过滤"选项组中的 分型面 按钮，切换到"分型面"过滤类型。单击 按钮，选中所有分型曲面，如图12-70所示，然后单击 遮蔽 按钮，将其遮蔽。单击对话框底部的 确定 按钮，退出对话框。

图12-69　遮蔽模具元件

图12-70　遮蔽分型曲面

注意：用户还可以将曲线、基准平面、基准轴、基准点和坐标系隐藏，以使窗口显示得更加清楚。

③ 单击"模具"选项卡中"元件"面板上的 按钮，在弹出"模具开模"菜单中单击"定义步骤"→"定义移动"命令。此时，系统要求用户选取要移动的模具元件。

④ 在图形窗口中选取图12-71中的"CAVITY"元件，单击"选取"对话框中的 确定 按钮。此时，系统要求

用户选取一条直边、轴或面来定义模具元件移动的方向。

⑤ 在图形窗口中选取图12-71中的面，此时在图形窗口中会出现一个红色箭头，表示移动的方向。在弹出的文本框中输入数值"180"，单击右侧的✔按钮，返回"定义步骤"菜单。

⑥ 单击"定义步骤"菜单中的"完成"命令，返回"模具开模"菜单。此时，"CAVITY"元件将向上移动。

（2）移动"SOLID_CORE_1"元件

① 单击"模具开模"菜单中的"定义步骤"→"定义移动"命令，在图形窗口中选取图12-72中的"SLIDE_CORE_1"元件，并单击"选取"对话框中的 确定 按钮。

② 在图形窗口中选取图12-72中的面，在弹出的文本框中输入数值"-80"，然后单击右侧的✔按钮，返回"定义步骤"菜单。

③ 单击"定义步骤"菜单中的"完成"命令，返回"模具开模"菜单。此时，"SLIDE_CORE_1"元件将向后移动。

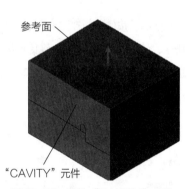

图12-71 移动"CAVITY"元件

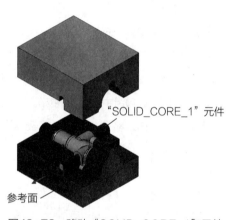

图12-72 移动"SOLID_CORE_1"元件

（3）移动"SOLID_CORE_2"元件

① 单击"模具开模"菜单中的"定义步骤"→"定义移动"命令，在图形窗口中选取图12-73中的"SLIDE_CORE_2"元件，并单击"选取"对话框中的 确定 按钮。

② 在图形窗口中选取图12-73中的面，在弹出的文本框中输入数值"120"，然后单击右侧的✔按钮，返回"定义步骤"菜单。

③ 单击"定义步骤"菜单中的"完成"命令，返回"模具开模"菜单。此时，"SLIDE_CORE_2"元件将向右移动。

（4）移动"SOLID_CORE_3"元件

① 单击"模具开模"菜单中的"定义步骤"→"定义移动"命令，在图形窗口中选取图12-74中的"SLIDE_CORE_3"元件，并单击"选取"对话框中的 确定 按钮。

② 在图形窗口中选取图12-74中的面，在弹出的文本框中输入数值"100"，然后单击右侧的✔按钮，返回"定义步骤"菜单。

③ 单击"定义步骤"菜单中的"完成"命令，返回"模具开模"菜单。此时，"SLIDE_CORE_3"元件将向前移动。

图12-73　移动"SOLID_CORE_2"元件　　　　图12-74　移动"SOLID_CORE_3"元件

（5）移动"SOLID_CORE_4"元件

① 单击"模具开模"菜单中的"定义步骤"→"定义移动"命令，在图形窗口中选取图12-75中的"SLIDE_CORE_4"元件，并单击"选取"对话框中的 确定 按钮。

② 在图形窗口中选取图12-75中的面，在弹出的文本框中输入数值"100"，然后单击右侧的 ✓ 按钮，返回"定义步骤"菜单。

③ 单击"定义步骤"菜单中的"完成"命令，返回"模具开模"菜单。此时，"SLIDE_CORE_4"元件将向右移动。

（6）移动"MOLDING"元件

① 单击"模具开模"菜单中的"定义步骤"→"定义移动"命令，在图形窗口中选取图12-76中的"MOLDING"元件，并单击"选取"对话框中的 确定 按钮。

② 在图形窗口中选取图12-76中的面，在弹出的文本框中输入数值"50"，然后单击右侧的 ✓ 按钮，返回"定义步骤"菜单。

③ 单击"定义步骤"菜单中的"完成"命令，返回"模具开模"菜单。此时，"MOLDING"元件将向上移动。

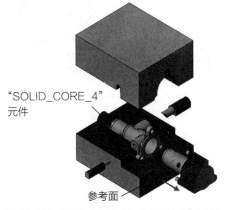

图12-75　移动"SOLID_CORE_4"元件　　　　图12-76　移动"MOLDING"元件

2. 打开模具

① 单击"模具开模"菜单中的"分解"命令，系统弹出如图12-77所示的"逐步"菜单。此时，所有的模

具元件将回到移动前的位置。

　　② 单击"逐步"菜单中的"打开下一个"命令，系统将打开定模，如图12-78所示。

　　③ 再次单击"逐步"菜单中的"打开下一个"命令，系统将打开上侧型，如图12-79所示。

　　④ 再次单击"逐步"菜单中的"打开下一个"命令，系统将打开右侧型，如图12-80所示。

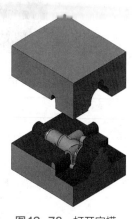
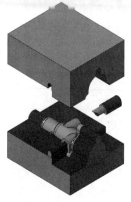
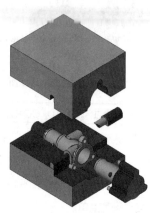

图12-77　"逐步"菜单　　图12-78　打开定模　　图12-79　打开上侧型　　图12-80　打开右侧型

　　⑤ 再次单击"逐步"菜单中的"打开下一个"命令，系统将打开下侧型，如图12-81所示。

　　⑥ 再次单击"逐步"菜单中的"打开下一个"命令，系统将打开左侧型，如图12-82所示。

　　⑦ 再次单击"逐步"菜单中的"打开下一个"命令，系统将打开铸件，如图12-83所示。

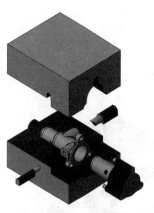
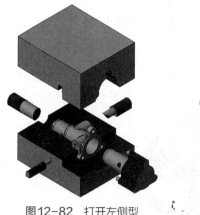
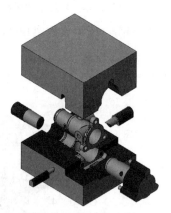

图12-81　打开下侧型　　　　　图12-82　打开左侧型　　　　　图12-83　打开铸件

　　⑧ 单击"模具开模"菜单中的"完成/返回"命令，关闭菜单。此时，所有的模具元件又将回到移动前的位置。

12.4.12　保存模具文件

　　① 单击"快速访问"工具栏上的 按钮，打开"保存对象"对话框。单击"常用文件夹"列表中的 工作目录 按钮，返回当前工作目录中。单击对话框底部的 确定 按钮，保存模具文件。

注意：如果用户是第一次保存模具文件，由于此时系统默认的目录是"mmns_part_solid.prt"模板文件所在的目录（如"D:\Program Files\PTC\Creo 4.0\M030\Common Files\templates"），所以必须单击"公用文件夹"列表中的 工作目录 按钮，返回当前工作目录中。这样，才能将模具文件保存在正确的位置。

② 单击窗口顶部的"文件"→"管理会话"→"拭除当前"命令，打开"拭除"对话框。单击 ▤ 按钮，选中所有文件，如图12-84所示。单击对话框底部的 确定 按钮，关闭当前文件，并将其从内存中拭除。

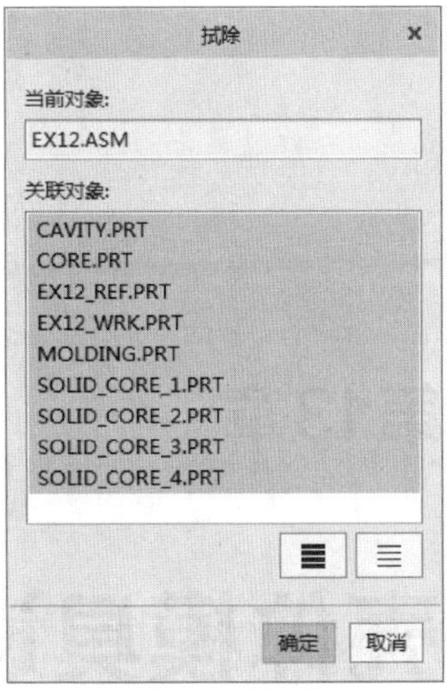

12.5 实例总结

图12-84 "拭除"对话框

本章详细介绍了阀体模具设计的过程，通过本章的学习，读者可以掌握读者可以掌握通过复制曲面和创建拉伸曲面来创建分型曲面的方法。

在创建右侧型和左侧型分型曲面过程中，在创建封闭曲面时，使用"填充坯"和"关闭"功能来快速创建，从而提高设计效率。

第13章

▲

壳体模具设计实例

本章介绍的是壳体模具设计实例，最终效果如图13-1所示。

13.1 产品结构分析

由于产品零件是模具设计的重要依据，所以在设计模具前，首先需要对产品零件进行分析。壳体的三维模型如图13-2所示，材料为压铸铝合金（牌号为YL113），壁厚不均匀，采用压铸成型。

本实例中的壳体形状较简单，侧面上有几处凸台。在设计模具型腔时，需要设计侧向成型部分，压铸件才能顺利脱模。

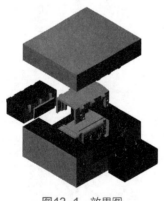

图13-1 效果图

图13-2 壳体三维模型

13.2 主要知识点

本实例的主要知识点如下。

（1）装配参考零件：使用参考零件布局功能装配参考零件。

（2）创建工件：使用自动工件功能来创建工件。

（3）创建分型曲面：使用裙边曲面功能和复制曲面来创建分型曲面。

（4）创建模具体积块：通过分割工件来创建模具体积块。

（5）创建模具元件：抽取创建的模具体积块，使其成为实体零件。

13.3　设计流程

本实例的设计流程如下：

（1）设置工作目录；

（2）设置配置文件；

（3）新建模具文件；

（4）装配参考零件；

（5）设置收缩率；

（6）创建工件；

（7）创建分型曲面；

（8）分割工件和模具体积块；

（9）创建模具元件；

（10）创建铸件；

（11）仿真开模；

（12）保存模具文件。

13.4　具体的设计步骤

13.4.1　设置工作目录

① 单击窗口顶部的"文件"→"管理会话"→"选择工作目录"命令，打开"选择工作目录"对话框。改变目录到"ex13.prt"文件所在的目录（如"D:\实例源文件\第13章"）。

② 单击该对话框底部的 确定 按钮，即可将"ex13.prt"文件所在的目录设置为当前进程中的工作目录。

13.4.2　设置配置文件

① 单击窗口顶部的"文件"→"选项"命令，打开"Creo Parametric选项"对话框。单击底部的 配置编辑器 按钮，切换到"查看并管理Creo Parametric选项"。

② 单击对话框底部的 添加(A)... 按钮，打开"添加选项"对话框。在"选项名称"文本框中输入文字"enable_absolute_accuracy"，此时，在"选项值"编辑框会显示"no"选项，表示没有启用绝对精度功能，如图13-3所示。

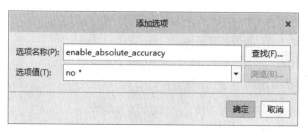

图13-3 "添加选项"对话框

③ 单击"选项值"编辑框右侧的 按钮，并在打开的下拉列表中选择"yes"选项。单击对话框底部的 确定 按钮，返回到"Creo Parametric选项"对话框。此时"enable_absolute_accuracy"选项和值会出现在"选项"显示选项组中，如图13-4所示。

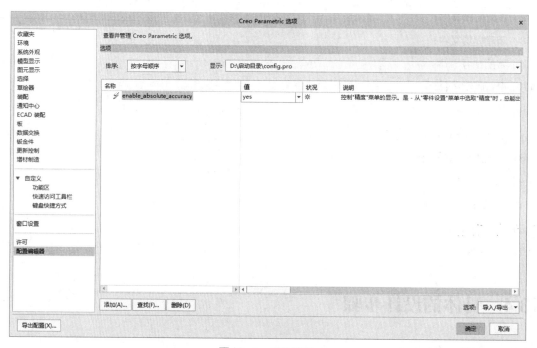

图13-4 设置选项

注意：在模具设计过程中，如果不启用绝对精度功能，则有可能因为精度问题，而导致后续分割工件操作失败。

13.4.3 新建模具文件

① 单击"快速访问"工具栏上的 按钮，打开"新建"对话框。选中"类型"选项组中的"制造"单选按钮、"子类型"选项组中的"模具型腔"单选按钮。

② 在"名称"文本框中输入文件名"ex13"，取消选中"使用默认模板"复选框，如图13-5所示。单击对话框底部的 确定 按钮，打开"新文件选项"对话框。

③ 在该对话框中选择"mmns_mfg_mold"模板，如图13-6所示。单击对话框底部的 确定 按钮，进入模具设计模块。

图13-5　"新建"对话框

图13-6　"新文件选项"对话框

13.4.4　装配参考零件

① 单击"模具"选项卡中"参考模型和工件"面板上的　按钮，系统弹出"布局"对话框和"打开"对话框。

② 在"打开"对话框中，系统会自动选中"ex13.prt"文件。单击对话框底部的　打开　按钮，打开如图13-7所示的"创建参考模型"对话框。

③ 接受该对话框中默认的设置，单击对话框底部的　确定　按钮，返回"布局"对话框，如图13-8所示。单击对话框底部的　预览　按钮，参考零件在图形窗口中的位置如图13-9所示。从图中可以看出该零件的位置不对，需要重新调整。

图13-7　"创建参考模型"对话框

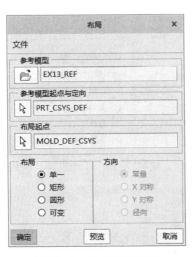

图13-8　"布局"对话框

图13-9　错误位置

图13-10 "获得坐标系类型"菜单

图13-11 "参考模型方向"对话框

注意：参考零件的正确位置是开模方向指向默认的拖动方向。在图形窗口中，系统用一个双组箭头来表示默认的拖动方向。

④ 单击"参考模型起点与定向"选项中的按钮，系统弹出如图13-10所示的"获得坐标系类型"菜单，并打开另外一个窗口。单击"获得坐标系类型"菜单中的"动态"命令，打开"参考模型方向"对话框。

⑤ 在"调整坐标系"选项组中的"角度"文本框中输入数值"90"，如图13-11所示，并按"Enter"确认。单击"调整坐标系"选项组中的按钮，在"角度"文本框中输入数值"180"，并按"Enter"确认。接受其他选项默认的设置，单击对话框底部的确定按钮，返回"布局"对话框。

⑥ 单击该对话框底部的预览按钮，参考零件在图形窗口中的位置如图13-12所示。从图中可以看出该零件的位置现在是正确的。

图13-12 正确位置

⑦ 单击该对话框底部的确定按钮，退出对话框。系统弹出如图13-13所示的"警告"对话框，单击对话框底部的确定按钮，接受绝对精度值的设置。单击如图13-14所示的"型腔布置"菜单中的"完成/返回"命令，关闭该菜单。

图13-13 "警告"对话框

图13-14 "型腔布置"菜单

13.4.5 设置收缩率

① 单击"模具"选项卡中"修饰符"面板上的收缩按钮，打开"按比例收缩"对话框。此时，系统将自动选择"坐标系"选项中的按钮，要求用户选取坐标系。

图13-15　"按比例收缩"对话框

图13-16　"自动工件"对话框

② 在图形窗口中选取"PRT_CSYS_DEF"坐标系，然后在"收缩率"文本框中输入收缩值"0.005"，如图13-15所示。单击对话框底部的 ✓ 按钮，退出对话框。

13.4.6　创建工件

① 单击"模具"选项卡中"参考模型和工件"面板上的 按钮，打开"自动工件"对话框。此时，系统将自动选择"坐标系"选项中的 按钮，要求用户选取坐标系。

② 在图形窗口中选取"MOLD_DEF_CSYS"坐标系为模具原点，然后在"整体尺寸"和"平移工件"选项组中输入如图13-16所示的尺寸，并接受其他选项默认的设置。单击对话框底部的 确定 按钮，退出对话框。此时，创建的工件如图13-17所示。

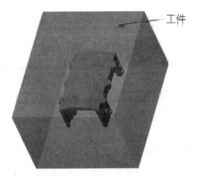

图13-17　创建的工件

13.4.7　创建分型曲面

1. 创建主分型曲面

（1）复制曲面

① 单击"模具"选项卡中"分型面和模具体积块"面板上的 按钮，进入分型曲面设计界面。

② 在图形窗口中单击鼠标右键，在弹出的快捷菜单中选择"属性"命令，打开"属性"对话框。在"名称"文本框中输入分型曲面的名称"main"，如图13-18所示。单击对话框底部的 确定 按钮，退出对话框。

图13-18　"属性"对话框

③ 在模型树中单击"EX13_WRK.PRT"元件，系统弹出如图13-19所示的快捷面板，然后单击 遮蔽 按钮，将其隐藏。

图13-19　快捷面板

注意：本步骤主要是为了便于选取参考零件上的表面，从而将工件暂时隐藏。用户还可以将基准平面、基准轴、基准点、坐标系隐藏，以使窗口显示得更加清楚。

④ 在图形窗口中选取图13-20中3处外表面中的任意一个表面，此时被选中的表面呈红色。

⑤ 单击 模具 按钮，切换到"模具"选项卡。单击"编辑"面板上的 复制 按钮，然后单击"编辑"面板上的 粘贴 按钮，打开"复制曲面"操控面板。

⑥ 按住"Ctrl"键，并在图形窗口中选取图13-20中3处外表面中的其余两个表面。此时，系统将构建一个单个曲面集。单击该操控面板右侧的 ✓ 按钮，完成复制曲面操作。

图13-20　选取外表面

（2）第一次延伸操作

① 在模型树中单击"EX13_WRK.PRT"元件，并在弹出的快捷面板中单击 取消遮蔽 按钮，将其显示出来。

② 单击 分型面 按钮，切换到"分型面"选项卡。在图形窗口中选取图13-21中的直边。单击"编辑"面板上的 延伸 按钮，打开"延伸"操控面板。

注意：用户在选取延伸边时，必须选取复制曲面上的边，才能进行延伸操作。可以使用查询选取的方法来选取复制曲面上的边。

③ 单击操控面板中的 按钮，选中"将曲面延伸到参考平面"选项，然后在图形窗口中选取图13-22中的面为延伸参考平面。单击操控面板右侧的 ✓ 按钮，完成延伸操作。

（3）第二次延伸操作

① 旋转参考零件至如图13-23所示的位置，并在图形窗口中选取图中的直边1。单击"编辑"面板上的 延伸 按钮，打开"延伸"操控面板。

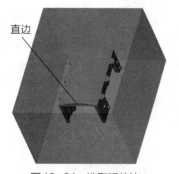

图13-21　选取延伸边

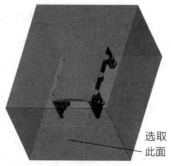

图13-22　选取延伸参考平面

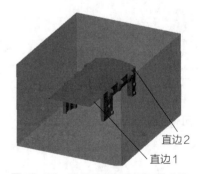

图13-23　选取延伸边和范围参考边

② 单击对话栏中的 参考 按钮，并在弹出的下滑面板中单击 细节 按钮，打开"链"对话框。然后选中"基于

规则"单选按钮，并在"规则"选项组选中"部分环"单选按钮，如图13-24所示。

③ 在图形窗口中选取图13-23中的直边2为范围参考边，单击"范围"选项组中的 反向 按钮。此时，系统自动将直边1和直边2之间所有的边全部选中。单击对话框底部的 确定(O) 按钮，返回"延伸"操控面板。

④ 单击操控面板中的 按钮，选中"将曲面延伸到参考平面"选项，然后在图形窗口中选取图13-25中的面为延伸参考平面。单击操控面板右侧的 ✓ 按钮，完成延伸操作。

（4）第三次延伸操作

① 旋转参考零件至如图13-26所示的位置，并在图形窗口中选取图中的直边1。单击"编辑"面板上的 延伸 按钮，打开"延伸"操控面板。

图13-24 "链"对话框

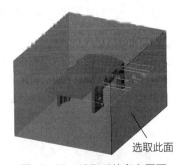

图13-25 选取延伸参考平面

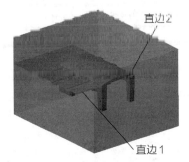

图13-26 选取延伸边和范围参考边

② 单击对话栏中的 参考 按钮，并在弹出的下滑面板中单击 细节... 按钮，打开"链"对话框。然后选中"基于规则"单选按钮，并在"规则"选项组选中"部分环"单选按钮。

③ 在图形窗口中选取图13-26中的直边2为范围参考边，单击"范围"选项组中的 反向 按钮。此时，系统自动将直边1和直边2之间所有的边全部选中。单击对话框底部的 确定(O) 按钮，返回"延伸"操控面板。

④ 单击操控面板中的 按钮，选中"将曲面延伸到参考平面"选项，然后在图形窗口中选取图13-27中的面为延伸参考平面。单击操控面板右侧的 ✓ 按钮，完成延伸操作。

（5）第四次延伸操作

① 在图形窗口中选取图13-28中的直边1。单击"编辑"面板上的 延伸 按钮，打开"延伸"操控面板。

② 单击对话栏中的 参考 按钮，并在弹出的下滑面板中单击 细节... 按钮，打开"链"对话框。然后选中"基于规则"单选按钮，并在"规则"选项组选中"部分环"单选按钮。

③ 在图形窗口中选取图13-28中的直边2为范围参考边，单击"范围"选项组中的 反向 按钮。此时，系统自

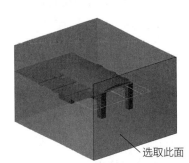

图13-27 选取延伸参考平面

动将直边1和直边2之间所有的边全部选中。单击对话框底部的 确定(O) 按钮，返回"延伸"操控面板。

④ 单击操控面板中的 按钮，选中"将曲面延伸到参考平面"选项，然后在图形窗口中选取图13-29中的面为延伸参考平面。单击操控面板右侧的 按钮，完成延伸操作。

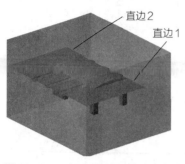

图13-28　选取延伸边和范围参考边

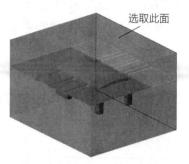

图13-29　选取延伸参考平面

（6）着色分型曲面

① 单击"图形"工具栏上的 按钮，系统弹出如图13-30所示的"继续体积块选取"菜单，并将创建的分型曲面单独显示在图形窗口中，如图13-31所示。单击"继续体积块选取"菜单中的"完成/返回"命令，关闭该菜单。

② 单击"编辑"面板上的 按钮，完成分型曲面的创建操作。此时，系统将返回模具设计模块主界面。

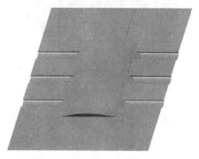

图13-30　"继续体积块选取"菜单

图13-31　着色的分型曲面

2.创建右侧型分型曲面

（1）第一次复制曲面

① 单击"模具"选项卡中"分型面和模具体积块"面板上的 按钮，进入分型曲面设计界面。

② 在图形窗口中单击鼠标右键，在弹出的快捷菜单中选择"属性"命令，打开"属性"对话框。在"名称"文本框中输入分型曲面的名称"slide_core_1"，如图13-32所示。单击对话框底部的 确定 按钮，退出对话框。

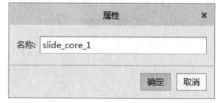

图13-32　"属性"对话框

③ 在模型树中单击"复制1"特征，并在弹出的快捷面板中单击 按钮，将主分型曲面遮蔽。

④ 在模型树中单击"EX13_WRK.PRT"元件，并在弹出的快捷面板中单击 遮蔽 按钮，将其隐藏。

⑤ 在图形窗口中选取图13-33中的外表面为种子面，此时被选中的表面呈红色。

⑥ 单击 模具 按钮，切换到"模具"选项卡。单击"编辑"面板上的 复制 按钮，然后单击"编辑"面板上的 粘贴 按钮，打开"复制曲面"操控面板。

⑦ 按住"Shift"键，并在图形窗口中选取图13-34中的3处外表面为第一组边界面。松开"Shift"键，旋转参考零件至如图13-35所示的位置，然后按住"Shift"键不放，并选取图13-35中的5处内表面为第二组边界面。

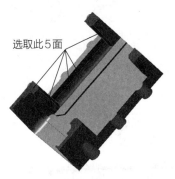

图13-33　选取种子面　　　　　　图13-34　选取第一组边界面　　　　　图13-35　选取第二组边界面

⑧ 松开"Shift"键，完成种子和边界曲面集的定义。此时，系统将构建一个种子和边界曲面集，如图13-36所示。

⑨ 单击对话栏中的 选项 按钮，并在弹出的"选项"下滑面板中选中"排除曲面并填充孔"单选按钮。此时，系统将自动激活"排除轮廓"收集器，如图13-37所示。

图13-36　种子和边界曲面集

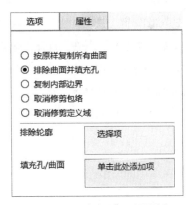

图13-37　"选项"下滑面板

⑩ 旋转参考零件至如图13-38所示的位置，并在图形窗口中分别选取图中的3处表面的边界线，此时，系统会将选取的3处表面从种子和边界曲面集中排除。单击该操控面板右侧的 ✓ 按钮，完成复制曲面操作。

（2）第二次复制曲面

① 在图形窗口中选取图13-39中的内表面，此时被选中的表面呈红色。

② 单击"编辑"面板上的 复制 按钮，然后单击"编辑"面板上的 粘贴 按钮，打开"复制曲面"操控面板。此时，系统将构建一个单个曲面集。

③ 单击该操控面板右侧的 ✓ 按钮，完成复制曲面操作。此时，在模型树中系统会自动选中"复制2"特征。

图13-38　选取边界线

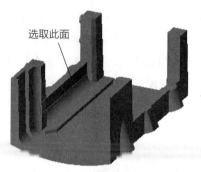

图13-39　选取内表面

（3）第一次延伸操作

① 单击 分型面 按钮，切换到"分型面"选项卡。在图形窗口中选取图13-40中的直边。单击"编辑"面板上的 延伸 按钮，打开"延伸"操控面板。

② 在该操控面板中的"距离"文本框中输入延伸距离值"30"，并按"Enter"键确认。单击操控面板右侧的 ✓ 按钮，完成延伸操作。

（4）修剪曲面

① 单击"编辑"面板上的 修剪 按钮，打开"修剪"操控面板。此时系统要求用户选取修剪曲面的参考对象。

② 在图形窗口中选取基准平面"MAIN_PARTING_PLN"为修剪平面，此时，在图形窗口中被修剪的分型曲面将加亮显示。单击操控面板右侧的 ✓ 按钮，完成修剪分型曲面操作。此时，在模型树中系统会自动选中"修剪1"特征。

（5）合并曲面

① 按住"Ctrl"键，并在模型树中选中"复制2"特征。单击"编辑"面板上的 按钮，打开"合并"操控面板。单击对话栏中的 参考 按钮，打开"参考"下滑面板。

② 在该下滑面板的"面组"收集器中选中"面组：F12（SLIDE_CORE_1）"，单击 按钮，使"面组：F12（SLIDE_CORE_1）"位于收集器顶部，成为主面组，如图13-41所示。

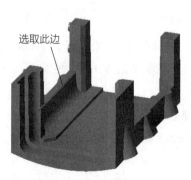

图13-40　选取延伸边

图13-41　"参考"下滑面板

③ 单击对话栏中的 ✗ 按钮，改变第二个面组要包括在合并曲面中的部分。单击操控面板右侧的 ✓ 按钮，完成合并曲面操作。

（6）第二次延伸操作

① 在模型树中单击"EX13_WRK.PRT"元件，并在弹出的快捷面板中单击 取消遮蔽 按钮，取消遮蔽工件。

② 旋转参考零件至如图13-42所示的位置，并在图形窗口中选取图中的边。单击"编辑"面板上的 ▣延伸 按钮，打开"延伸"操控面板。

③ 单击对话栏中的 参考 按钮，并在弹出的下滑面板中单击 细节... 按钮，打开"链"对话框。然后选中"基于规则"单选按钮，并在"规则"选项组选中"完整环"单选按钮。此时，系统自动将所有的边全部选中。单击对话框底部的 确定(O) 按钮，返回"延伸"操控面板。

④ 单击操控面板中的 ▣ 按钮，选中"将曲面延伸到参考平面"选项，然后在图形窗口中选取图13-43中的面为延伸参考平面。单击操控面板右侧的 ✓ 按钮，完成延伸操作。

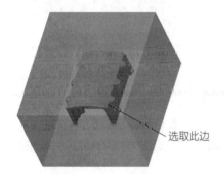

图13-42 选取延伸边

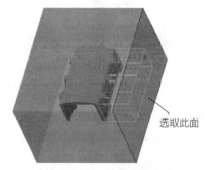

图13-43 选取延伸参考平面

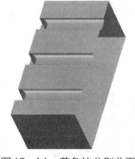

图13-44 着色的分型曲面

（7）着色分型曲面

① 单击"图形"工具栏上的 ▣ 按钮，系统弹出"继续体积块选取"菜单，并将创建的分型曲面单独显示在图形窗口中，如图13-44所示。

② 单击"继续体积块选取"菜单中的"完成/返回"命令，关闭该菜单。

③ 单击"编辑"面板上的 ✓ 按钮，完成分型曲面的创建操作。此时，系统将返回模具设计模块主界面。

3. 创建左侧型分型曲面

（1）第一次复制曲面

① 单击"模具"选项卡中"分型面和模具体积块"面板上的 ▣ 按钮，进入分型曲面设计界面。

② 在图形窗口中单击鼠标右键，在弹出的快捷菜单中选择"属性"命令，打开"属性"对话框。在"名称"文本框中输入分型曲面的名称"slide_core_2"，如图13-45所示。单击对话框底部的 确定 按钮，退出对话框。

图13-45 "属性"对话框

③ 在模型树中单击"复制2"特征，并在弹出的快捷面板中单击 ◉ 按钮，将右侧型分型曲面遮蔽。

④ 在模型树中单击"EX13_WRK.PRT"元件，并在弹出的快捷面板中单击 遮蔽 按钮，将其隐藏。

⑤ 旋转参考零件至如图13-46所示的位置，并在图形窗口中选取图中外表面的任意一个面，此时被选中的表面呈红色。

⑥ 单击 模具 按钮，切换到"模具"选项卡。单击"编辑"面板上的 复制 按钮，然后单击"编辑"面板上的 粘贴▼ 按钮，打开"复制曲面"操控面板。

⑦ 按住"Ctrl"键，并在图形窗口中选取图13-46中的其余外表面。松开"Ctrl"键，旋转参考零件至如图13-47所示的位置，然后按住"Ctrl"键，并在图形窗口中选取图中的内表面。此时，系统将构建一个单个曲面集。

图13-46　选取外表面

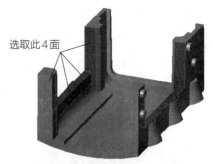

图13-47　选取内表面

⑧ 单击对话栏中的 选项 按钮，并在弹出的"选项"下滑面板中选中"排除曲面并填充孔"单选按钮。此时，系统将自动激活"排除轮廓"收集器。

⑨ 在图形窗口中分别选取图13-48中3处表面的边界线，此时，系统会将选取的3处表面从种子和边界曲面集中排除。单击该操控面板右侧的 ✓ 按钮，完成复制曲面操作。

（2）延伸曲线

① 在模型树中单击"EX13_WRK.PRT"元件，并在弹出的快捷面板中单击 取消遮蔽 按钮，将其显示出来。

② 单击"曲面设计"面板上的 按钮，打开"延伸曲线"操控面板。在图形窗口中选取图13-49中的直边，单击对话栏中的 延伸 按钮，并在弹出的下滑面板中选中"与模型相切"单选按钮，如图13-50所示。

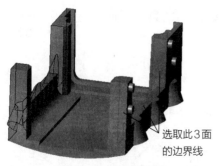

图13-48　选取边界线

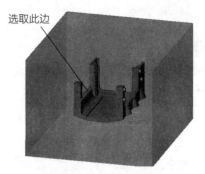

图13-49　选取延伸边

③ 单击该操控面板右侧的 ✓ 按钮，完成延伸曲线操作。此时，在模型树中系统会自动选中"延伸曲线1"特征。

（3）修剪曲面

① 单击"编辑"面板上的 修剪 按钮，打开"修剪"操控面板。此时系统要求用户选取修剪曲面的参考对象。

图13-50 "延伸"下滑面板

② 在图形窗口中选取基准平面"MAIN_PARTING_PLN"为修剪平面，此时，在图形窗口中被修剪的分型曲面将加亮显示。单击操控面板右侧的✔按钮，完成修剪分型曲面操作。此时，在模型树中系统会自动选中"修剪2"特征。

（4）合并曲面

① 按住"Ctrl"键，并在模型树中选中"复制1"特征。单击"编辑"面板上的 🔲按钮，打开"合并"操控面板。单击对话栏中的 参考 按钮，打开"参考"下滑面板。

② 在该下滑面板的"面组"收集器中选中"面组.F10（SLIDE_CORE_2）"，单击➕按钮，使"面组：F18（SLIDE_CORE_2）"位于收集器顶部，成为主面组。单击操控面板右侧的✔按钮，完成合并曲面操作。

（5）延伸曲面

① 旋转参考零件至如图13-51所示的位置，并在图形窗口中选取图中的边。单击"编辑"面板上的 🔲延伸按钮，打开"延伸"操控面板。

② 单击对话栏中的 参考 按钮，并在弹出的下滑面板中单击 细节... 按钮，打开"链"对话框。然后选中"基于规则"单选按钮，并在"规则"选项组选中"完整环"单选按钮。此时，系统自动将所有的边全部选中。单击对话框底部的 确定(O) 按钮，返回"延伸"操控面板。

③ 单击操控面板中的🔲按钮，选中"将曲面延伸到参考平面"选项，然后在图形窗口中选取图13-52中的面为延伸参考平面。单击操控面板右侧的✔按钮，完成延伸操作。

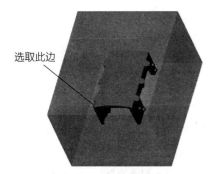

选取此边

图13-51 选取延伸边

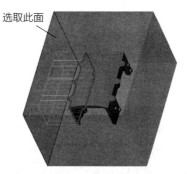

选取此面

图13-52 选取延伸参考平面

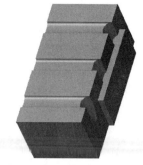

（6）着色分型曲面

① 单击"图形"工具栏上的 ![] 按钮，系统弹出"继续体积块选取"菜单，并将创建的分型曲面单独显示在图形窗口中，如图13-53所示。

② 单击"继续体积块选取"菜单中的"完成/返回"命令，关闭该菜单。

③ 单击"编辑"面板上的 ![] 按钮，完成分型曲面的创建操作。此时，系统将返回模具设计模块主界面。

13.4.8 分割工件和模具体积块

图13-53 着色的分型曲面

1. 分割工件

① 按住"Ctrl"键，在模型树中单击"复制1"和"复制2"两个特征，并在弹出的快捷面板中单击 ![] 按钮，将主分型曲面和右侧型分型曲面显示出来。

② 单击"模具"选项卡中"分型面和模具体积块"面板上的 参考零件切除 按钮，打开"参考零件切除"操控面板。此时，系统会自动选取工件和参考零件。单击该操控面板右侧的 ![] 按钮，完成参考零件切除操作。此时，系统会自动选取"参考零件切除1"特征。

③ 单击"模具"选项卡中"分型面和模具体积块"面板上的 模具体积块 按钮，在弹出的下拉列表中单击 体积块分割 按钮，打开"体积块分割"操控面板。

④ 单击 ![] 收集器，在图形窗口中选取图13-54中的"SLIDE_CORE_1"分型曲面。

- -

注意：用户可以设置模型显示方式为"无隐藏线"，这样可以准确地选取分型曲面。

- -

⑤ 单击对话栏中的 体积块 按钮，打开"体积块"下滑面板。改变体积块的名称，如图13-55所示。单击操控面板右侧的 ![] 按钮，完成分割体积块操作。

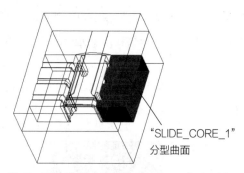

"SLIDE_CORE_1"
分型曲面

图13-54 选取"SLIDE_CORE_1"分型曲面

图13-55 "体积块"下滑面板

2. 分割"TEMP_1"体积块

① 单击"模具"选项卡中"分型面和模具体积块"面板上的 ![] 按钮，打开"体积块分割"操控面板。

② 单击 ![] 收集器，并在图形窗口中选取"TEMP_1"体积块。然后单击 ![] 收集器，并在图形窗口中选取图13-56中的"SLIDE_CORE_2"分型曲面。

③ 单击该对话栏中的 体积块 按钮，打开"体积块"下滑面板。改变体积块的名称，如图13-57所示。单击操控面板右侧的 ![] 按钮，完成分割体积块操作。

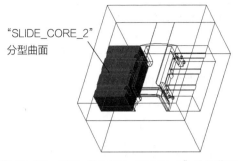

图13-56　选取"SLIDE_CORE_2"分型曲面

图13-57　"体积块"下滑面板

3. 分割"TEMP_3"体积块

① 单击"模具"选项卡中"分型面和模具体积块"面板上的 按钮，打开"体积块分割"操控面板。

② 单击 收集器，并在图形窗口中选取"TEMP_3"体积块。然后单击 收集器，并在图形窗口中选取图13-58中的"MAIN"分型曲面。

③ 单击该对话栏中的 体积块 按钮，打开"体积块"下滑面板。改变体积块的名称，如图13-59所示。单击操控面板右侧的 按钮，完成分割体积块操作。

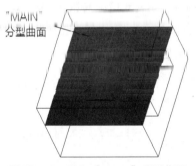

图13-58　选取"MAIN"分型曲面

图13-59　"体积块"下滑面板

13.4.9　创建模具元件

① 单击"模具"选项卡中"元件"面板上的 按钮，打开"创建模具元件"对话框。单击 按钮，选中所有模具体积块。

② 单击"高级"选项组前面的三角形符号，系统弹出"高级"选项组。改变模具体积块的名称，如图13-60所示。然后单击 按钮，选中所有模具体积块。

③ 单击"复制自"选项组中的 按钮，打开"选择模板"对话框。改变目录到"mmns_part_solid.prt"模板文件所在的目录（如"D:\Program Files\PTC\Creo 4.0\M030\Common Files\templates"）。

④ 在"文件"列表中选中"mmns_part_solid.prt"模板文件，单击对话框底部的 打开 按钮，返回"创建模具元件"对话框。此时，系统会将"mmns_part_solid.prt"模板文件指定给模具元件。

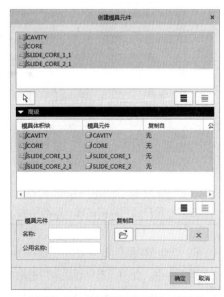

图13-60　"创建模具元件"对话框

注意：在抽取模具体积块时，如果不将模板文件指定给模具元件，将来对模具元件修改时，则没有任何基准平面、坐标系等可供使用。

----

⑤ 单击该对话框底部的 确定 按钮，此时，系统将自动将模具体积块抽取为模具元件。

13.4.10　创建铸件

① 单击"模具"选项卡中"元件"面板上的 创建制模 按钮，在弹出的文本框中输入铸件名称"molding"，并单击右侧的 ✓ 按钮。

② 接受铸件默认的公用名称"molding"，并单击消息区右侧的 ✓ 按钮，完成创建铸件操作。

13.4.11　仿真开模

1.定义开模步骤

（1）移动"CAVITY"元件

① 单击"图形"工具栏上的 按钮，打开"遮蔽和取消遮蔽"对话框。按住"Ctrl"键，并在"可见元件"列表中选中"EX13_REF"和"EX13_WRK"元件，如图13-61所示，然后单击 遮蔽 按钮，将其遮蔽。

② 单击"过滤"选项组中的 分型面 按钮，切换到"分型面"过滤类型。单击 按钮，选中所有分型曲面，如图13-62所示，然后单击 遮蔽 按钮，将其遮蔽。单击对话框底部的 确定 按钮，退出对话框。

图13-61　遮蔽模具元件

图13-62　遮蔽分型曲面

注意：用户还可以将曲线、基准平面、基准轴、基准点和坐标系隐藏，以使窗口显示得更加清楚。

----

③ 单击"模具"选项卡中"元件"面板上的 按钮，在弹出的"模具开模"菜单中单击"定义步骤"→"定义移动"命令。此时，系统要求用户选取要移动的模具元件。

④ 在图形窗口中选取图13-63中的"CAVITY"元件，单击"选取"对话框中的 确定 按钮。此时，系统要求

用户选取一条直边、轴或面来定义模具元件移动的方向。

⑤ 在图形窗口中选取图13-63中的面，此时在图形窗口中会出现一个红色箭头，表示移动的方向。在弹出的文本框中输入数值"180"，单击右侧的✓按钮，返回"定义步骤"菜单。

⑥ 单击"定义步骤"菜单中的"完成"命令，返回"模具开模"菜单。此时，"CAVITY"元件将向上移动。

（2）移动"SOLID_CORE_1"元件

① 单击"模具开模"菜单中的"定义步骤"→"定义移动"命令，在图形窗口中选取图13-64中的"SLIDE_CORE_1"元件，并单击"选取"对话框中的 确定 按钮。

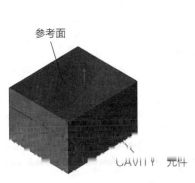

图13-63　移动"CAVITY"元件

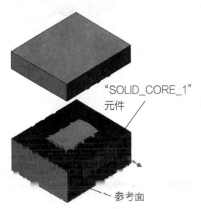

图13-64　移动"SOLID_CORE_1"元件

② 在图形窗口中选取图13-65中的面，在弹出的文本框中输入数值"100"，然后单击右侧的✓按钮，返回"定义步骤"菜单。

③ 单击"定义步骤"菜单中的"完成"命令，返回"模具开模"菜单。此时，"SLIDE_CORE_1"元件将向右移动。

（3）移动"SOLID_CORE_2"元件

① 单击"模具开模"菜单中的"定义步骤"→"定义移动"命令，在图形窗口中选取图13-65中的"SLIDE_CORE_2"元件，并单击"选取"对话框中的 确定 按钮。

② 在图形窗口中选取图13-65中的面，在弹出的文本框中输入数值"-100"，然后单击右侧的✓按钮，返回"定义步骤"菜单。

③ 单击"定义步骤"菜单中的"完成"命令，返回"模具开模"菜单。此时，"SLIDE_CORE_2"元件将向左移动。

（4）移动"MOLDING"元件

① 单击"模具开模"菜单中的"定义步骤"→"定义移动"命令，在图形窗口中选取图13-66中的"MOLDING"元件，并单击"选取"对话框中的 确定 按钮。

② 在图形窗口中选取图13-66中的面，在弹出的文本框中输入数值"80"，然后单击右侧的✓按钮，返回"定义步骤"菜单。

③ 单击"定义步骤"菜单中的"完成"命令，返回"模具开模"菜单。此时，"MOLDING"元件将向上移动。

图13-65　移动"SOLID_CORE_2"元件

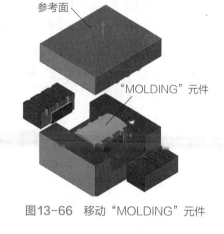

图13-66　移动"MOLDING"元件

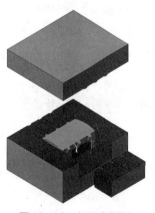

图13-67　"逐步"菜单　　图13-68　打开定模

2. 打开模具

① 单击"模具开模"菜单中的"分解"命令，系统弹出如图13-67所示的"逐步"菜单。此时，所有的模具元件将回到移动前的位置。

② 单击"逐步"菜单中的"打开下一个"命令，系统将打开定模，如图13-68所示。

③ 再次单击"逐步"菜单中的"打开下一个"命令，系统将打开右侧型，如图13-69所示。

④ 再次单击"逐步"菜单中的"打开下一个"命令，系统将打开左侧型，如图13-70所示。

⑤ 再次单击"逐步"菜单中的"打开下一个"命令，系统将打开铸件，如图13-71所示。

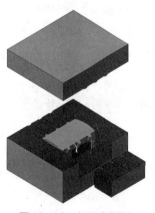

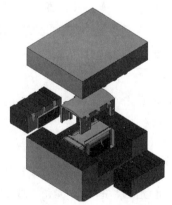

图13-69　打开右侧型　　　　　图13-70　打开左侧型　　　　　图13-71　打开铸件

⑥ 单击"模具开模"菜单中的"完成/返回"命令，关闭菜单。此时，所有的模具元件又将回到移动前的位置。

13.4.12　保存模具文件

① 单击"快速访问"工具栏上的 ■ 按钮，打开"保存对象"对话框。单击"常用文件夹"列表中的 ⬜工作目录 按钮，返回当前工作目录中。单击对话框底部的 确定 按钮，保存模具文件。

注意：如果用户是第一次保存模具文件，由于此时系统默认的目录是"mmns_part_solid.prt"模板文件所在的目录（如"D:\Program Files\PTC\Creo 4.0\M030\Common Files\templates"），所以必须单击"公用文件夹"列表中的 ⬜工作目录 按钮，返回当前工作目录中。这样，才能将模具文件保存在正确的位置。

----

② 单击窗口顶部的"文件"→"管理会话"→"拭除当前"命令，打开"拭除"对话框。单击 ☰ 按钮，选中所有文件，如图13-72所示。单击对话框底部的 确定 按钮，关闭当前文件，并将其从内存中拭除。

图13-72　"拭除"对话框

▎13.5　实例总结

本章详细介绍了壳体模具设计的过程，通过本章的学习，读者可以掌握通过复制曲面和延伸曲面来创建分型曲面的方法。

通过复制曲面的方法创建的分型曲面，还需要将其边界延伸到工件的边界，这样才能用于分割操作。使用"延伸"功能，可以快速将分型曲面的边界延伸指定的距离或延伸到选定的平面，从而提高设计效率。

第14章
▲

箱体模具设计实例

本章介绍的是箱体模具设计实例，最终效果如图14-1所示。

▌14.1　产品结构分析

由于产品零件是模具设计的重要依据，所以在设计模具前，首先需要对产品零件进行分析。壳体的三维模型如图14-2所示，材料为压铸铝合金（牌号为YL113），壁厚不均匀，采用压铸成型。

本实例中的箱体形状较简单，侧面上有两处通孔。在设计模具型腔时，需要设计侧向成型部分，压铸件才能顺利脱模。

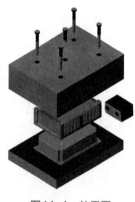

图14-1　效果图

图14-2　壳体三维模型

▌14.2　主要知识点

本实例的主要知识点如下。

（1）装配参考零件：使用参考零件布局功能装配参考零件。

（2）创建工件：使用自动工件功能来创建工件。

（3）创建分型曲面：通过复制曲面来创建分型曲面。

（4）创建模具体积块：通过分割工件来创建模具体积块。

（5）创建模具元件：抽取创建的模具体积块，使其成为实体零件。

14.3　设计流程

本实例的设计流程如下：

（1）设置工作目录；

（2）设置配置文件；

（3）新建模具文件；

（4）装配参考零件；

（5）设置收缩率；

（6）创建工件；

（7）创建分型曲面；

（8）分割工件和模具体积块；

（9）创建模具元件；

（10）创建铸件；

（11）仿真开模；

（12）保存模具文件。

14.4　具体的设计步骤

14.4.1　设置工作目录

① 单击窗口顶部的"文件"→"管理会话"→"选择工作目录"命令，打开"选择工作目录"对话框。改变目录到"ex14.prt"文件所在的目录（如"D:\实例源文件\第14章"）。

② 单击该对话框底部的 确定 按钮，即可将"ex14.prt"文件所在的目录设置为当前进程中的工作目录。

14.4.2　设置配置文件

① 单击窗口顶部的"文件"→"选项"命令，打开"Creo Parametric选项"对话框。单击底部的 配置编辑器 按钮，切换到"查看并管理Creo Parametric选项"。

② 单击对话框底部的 添加(A)... 按钮，打开"添加选项"对话框。在"选项名称"文本框中输入文字"enable_absolute_accuracy"，此时，在"选项值"编辑框会显示"no"选项，表示没有启用绝对精度功能，如图14-3所示。

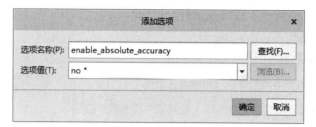

图14-3　"添加选项"对话框

③ 单击"选项值"编辑框右侧的 按钮，并在打开的下拉列表中选择"yes"选项。单击对话框底部的 确定 按钮，返回到"Creo Parametric选项"对话框。此时"enable_absolute_accuracy"选项和值会出现在"选项"显示选项组中，如图14-4所示。

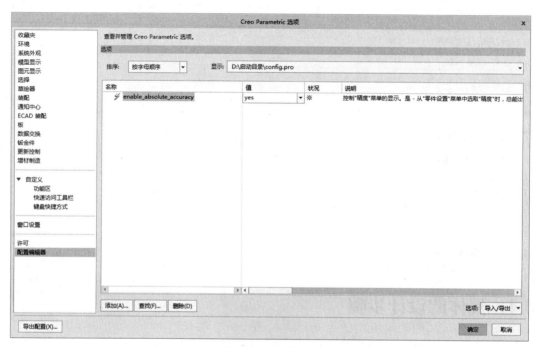

图14-4　设置选项

注意：在模具设计过程中，如果不启用绝对精度功能，则有可能因为精度问题，而导致后续分割工件操作失败。

14.4.3　新建模具文件

① 单击"快速访问"工具栏上的 按钮，打开"新建"对话框。选中"类型"选项组中的"制造"单选按钮、"子类型"选项组中的"模具型腔"单选按钮。

② 在"名称"文本框中输入文件名"ex13"，取消选中"使用默认模板"复选框，如图14-5所示。单击对话框底部的 确定 按钮，打开"新文件选项"对话框。

③ 在该对话框中选择"mmns_mfg_mold"模板，如图14-6所示。单击对话框底部的 确定 按钮，进入模具设计模块。

图14-5　"新建"对话框

图14-6　"新文件选项"对话框

14.4.4　装配参考零件

① 单击"模具"选项卡中"参考模型和工件"面板上的 ▣ 按钮，系统弹出"布局"对话框和"打开"对话框。

② 在"打开"对话框中，系统会自动选中"ex14.prt"文件。单击对话框底部的 打开 按钮，打开如图14-7所示的"创建参考模型"对话框。

③ 接受该对话框中默认的设置，单击对话框底部的 确定 按钮，返回"布局"对话框，如图14-8所示。单击对话框底部的 预览 按钮，参考零件在图形窗口中的位置如图14-9所示。从图中可以看出该零件的位置不对，需要重新调整。

图14-7　"创建参考模型"对话框

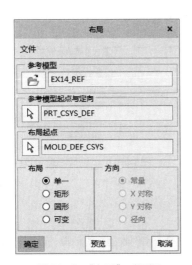

图14-8　"布局"对话框

图14-9　错误位置

图14-10　"获得坐标系类型"菜单

图14-11　"参考模型方向"对话框

注意：参考零件的正确位置是开模方向指向默认的拖动方向。在图形窗口中，系统用一个双组箭头来表示默认的拖动方向。

④ 单击"参考模型起点与定向"选项中的 ☒ 按钮，系统弹出如图14-10所示的"获得坐标系类型"菜单，并打开另外一个窗口。单击"获得坐标系类型"菜单中的"动态"命令，打开"参考模型方向"对话框。

⑤ 在"调整坐标系"选项组中的"角度"文本框中输入数值"90"，如图14-11所示，并按"Enter"确认。单击"调整坐标系"选项组中的 ☑ 按钮，在"角度"文本框中输入数值"180"，并按"Enter"确认。接受其他选项默认的设置，单击对话框底部的 确定 按钮，返回"布局"对话框。

⑥ 单击该对话框底部的 预览 按钮，参考零件在图形窗口中的位置如图14-12所示。从图中可以看出该零件的位置现在是正确的。

图14-12　正确位置

⑦ 单击该对话框底部的 确定 按钮，退出对话框。系统弹出如图14-13所示的"警告"对话框，单击对话框底部的 确定 按钮，接受绝对精度值的设置。单击如图14-14所示的"型腔布置"菜单中的"完成/返回"命令，关闭该菜单。

图14-13　"警告"对话框

图14-14　"型腔布置"菜单

14.4.5　设置收缩率

① 单击"模具"选项卡中"修饰符"面板上的 收缩 按钮，打开"按比例收缩"对话框。此时，系统将自动选择"坐标系"选项中的 ☒ 按钮，要求用户选取坐标系。

② 在图形窗口中选取"PRT_CSYS_DEF"坐标系，然后在"收缩率"文本框中输入收缩值"0.005"，如图14-15所示。单击对话框底部的 ✓ 按钮，退出对话框。

14.4.6　创建工件

① 单击"模具"选项卡中"参考模型和工件"面板上的 ▣ 按钮，打开"自动工件"对话框。此时，系统将自动选择"坐标系"选项中的 ▹ 按钮，要求用户选取坐标系。

② 在图形窗口中选取"MOLD_DEF_CSYS"坐标系为模具原点，然后在"整体尺寸"和"平移工件"选项组中输入如图14-16所示的尺寸，并接受其他选项默认的设置。单击对话框底部的 确定 按钮，退出对话框。此时，创建的工件如图14-17所示。

图14-15　"按比例收缩"对话框

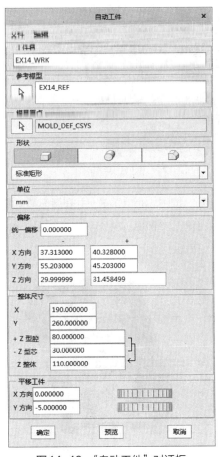

图14-16　"自动工件"对话框

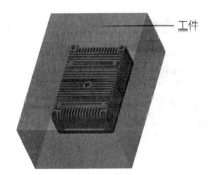

图14-17　创建的工件

14.4.7　创建分型曲面

1. 创建主分型曲面

（1）复制曲面

① 单击"模具"选项卡中"分型面和模具体积块"面板上的 ▣ 按钮，进入分型曲面设计界面。

② 在图形窗口中单击鼠标右键，在弹出的快捷菜单中选择"属性"命令，打开"属性"对话框。在"名称"文本框中输入分型曲面的名称"main"，如图14-18所示。单击对话框底部的 确定 按钮，退出对话框。

③ 在模型树中单击"EX14_WRK.PRT"元件，系统弹出如图14-19所示的快捷面板，然后单击 ◉ 隐藏 按钮，将其隐藏。

- -

注意：本步骤主要是为了便于选取参考零件上的表面，从而将工件暂时隐藏。用户还可以将基准平面、基准轴、基准点、坐标系隐藏，以使窗口显示得更加清楚。

图14-18 "属性"对话框

图14-19 快捷面板

④ 在图形窗口中选取图14-20中的表面为种子面，此时被选中的表面呈红色。

⑤ 单击 模具 按钮，切换到"模具"选项卡。单击"编辑"面板上的 复制 按钮，然后单击"编辑"面板上的 粘贴 按钮，打开"复制曲面"操控面板。

⑥ 按住"Shift"键，并在图形窗口中选取图14-21中的平面和孔的内表面为边界面。然后松开"Shift"键，完成种子和边界曲面集的定义，此时，系统将构建一个种子和边界曲面集。

图14-20 选取种子面

选取平面和孔的内表面

图14-21 选取边界面

⑦ 按住"Ctrl"键，并在图形窗口中选取图14-22中的表面为种子面。按住"Shift"键，并在图形窗口中选取图14-23中的平面为边界面。此时，系统又将构建一个种子和边界曲面集，如图14-24所示。

选取此面

图14-22 选取种子面

选取此面

图14-23 选取边界面

图14-24 种子和边界曲面集

⑧ 单击对话栏中的 选项 按钮，并在弹出的"选项"下滑面板中选中"排除曲面并填充孔"单选按钮。此时，系统将自动激活"填充孔/曲面"收集器。

⑨ 按住"Ctrl"键，并在图形窗口中选取图14-25中的两个平面。此时，系统自动将所选平面中的破孔封

闭。单击该操控面板右侧的☑按钮，完成复制曲面操作。

（2）创建平整曲面

① 在模型树中单击"EX14_WRK.PRT"元件，并在弹出的快捷面板中单击 ⊙ 取消遮蔽 按钮，将其显示出来。

② 单击 分型面 按钮，切换到"分型面"选项卡。单击"曲面设计"面板上的☒按钮，打开"填充"操控面板。

③ 单击对话栏中的 参考 按钮，并在弹出的"参考"下滑面板中单击 定义… 按钮，打开"草绘"对话框。

④ 在图形窗口中选取"MAIN_PARTING_PLN"基准平面为草绘平面，系统将自动选取"MOLD_RIGHT"基准平面为"右"参考平面。单击对话框底部的 草绘 按钮，进入草绘模式。

⑤ 绘制如图14-26所示的二维截面，单击"草绘器工具"工具栏上的☑按钮，完成草绘操作，返回"填充"操控面板。单击操控面板右侧的☑按钮，完成创建平整曲面操作。此时，在模型树中系统会自动选中"填充1"特征。

图14-25 选取面

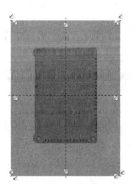

图14-26 二维截面

（3）合并曲面

① 按住"Ctrl"键，并在模型树中选中"复制1"特征。单击"编辑"面板上的☒按钮，打开"合并"操控面板。单击对话栏中的 参考 按钮，打开"参考"下滑面板。

② 在该下滑面板的"面组"收集器中选中"面组：F7（MAIN）"，单击☒按钮，使"面组：F7（MAIN）"位于收集器顶部，成为主面组，如图14-27所示。单击操控面板右侧的☑按钮，完成合并曲面操作。

（4）着色分型曲面

① 单击"图形"工具栏上的☒按钮，系统弹出如图14-28所示的"继续体积块选取"菜单，并将创建的分型曲面单独显示在图形窗口中，如图14-29所示。单击"继续体积块选取"菜单中的"完成/返回"命令，关闭该菜单。

② 单击"编辑"面板上的☑按钮，完成分型曲面的创建操作。此时，系统将返回模具设计模块主界面。

图14-27 "参考"下滑面板

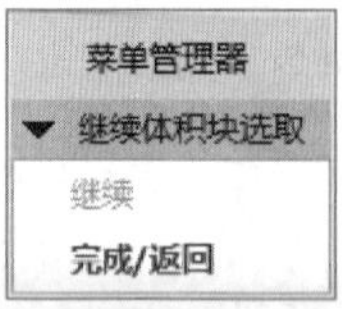

图14-28 "继续体积块选取"菜单

图14-29 着色的分型曲面

2. 创建上侧型分型曲面

（1）第一次复制曲面

① 单击"模具"选项卡中"分型面和模具体积块"面板上的 按钮，进入分型曲面设计界面。

② 在图形窗口中单击鼠标右键，在弹出的快捷菜单中选择"属性"命令，打开"属性"对话框。在"名称"文本框中输入分型曲面的名称"slide_core"，如图14-30所示。单击对话框底部的 确定 按钮，退出对话框。

图14-30 "属性"对话框

③ 在模型树中单击"复制1"特征，并在弹出的快捷面板中单击 按钮，将主分型曲面遮蔽。

④ 在模型树中单击"EX14_WRK.PRT"元件，并在弹出的快捷面板中单击 遮蔽 按钮，将其隐藏。

⑤ 旋转参考零件至如图14-31所示的位置，并在图形窗口中选取图中外表面的任意一个面，此时被选中的表面呈红色。

⑥ 单击 模具 按钮，切换到"模具"选项卡。单击"编辑"面板上的 复制 按钮，然后单击"编辑"面板上的 粘贴 按钮，打开"复制曲面"操控面板。

⑦ 按住"Ctrl"键，并在图形窗口中选取图14-31中的其余外表面。此时，系统将构建一个单个曲面集。单击该操控面板右侧的 按钮，完成复制曲面操作。

（2）创建关闭曲面

① 单击 分型面 按钮，切换到"分型面"选项卡。旋转参考零件至如图14-32所示的位置，并在图形窗口中选取图14-32中的平面，此时被选中的面呈红色。

选取平面、圆弧面和半圆柱面

图14-31 选取外表面

选取此面

图14-32 选取面

② 单击"曲面设计"面板上的 按钮，打开"关闭"操控面板。然后选中"封闭所有内环"复选框，如图14-33所示。单击操控面板右侧的 按钮，完成创建关闭曲面操作。此时，在模型树中系统会自动选中"关闭1"特征。

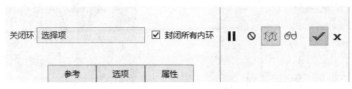

图14-33　"关闭"操控面板

（3）第一次合并曲面

① 按住"Ctrl"键，并在模型树中选中"复制2"特征。单击"编辑"面板上的 按钮，打开"合并"操控面板。单击对话栏中的 参考 按钮，打开"参考"下滑面板。

② 在该下滑面板的"面组"收集器中选中"面组：F10（SLIDE_CORE）"，单击 按钮，使"面组：F10（SLIDE_CORE）"位于收集器顶部，成为主面组。单击操控面板右侧的 按钮，完成合并曲面操作。

（4）创建拉伸曲面

① 在模型树中单击"EX11_WRK.PRT"元件，并在弹出的快捷面板中单击 按钮，将其显示出来。

② 单击"形状"面板上的 按钮，打开"拉伸"操控面板。然后在图形窗口中单击鼠标右键，并在弹出的快捷菜单中选用"定义内部草绘"命令，打开"草绘"对话框。

③ 旋转参考零件至如图14-34所示的位置，并在图形窗口中选取图中工件的侧面为草绘平面，基准平面"MAIN_PRATING_PLN"为"上"参考平面，如图14-35所示。单击对话框底部的 草绘 按钮，进入草绘模式。

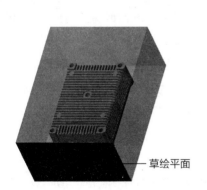

图14-34　选取草绘平面

图14-35　"草绘"对话框

④ 绘制如图14-36所示的二维截面，并单击"草绘器工具"工具栏上的 按钮，完成草绘操作，返回"拉伸"操控面板。选择深度类型为 ，并在图形窗口中选取图14-37中的面为深度参考面。

⑤ 单击该操控面板右侧的 按钮，完成创建拉伸曲面操作。此时，在模型树中系统会自动选中"拉伸1"特征。

（5）第二次合并曲面

① 按住"Ctrl"键，并在模型树中选中"复制2"特征。单击"编辑"面板上的 按钮，打开"合并"操控

面板。单击对话栏中的 参考 按钮，打开"参考"下滑面板。

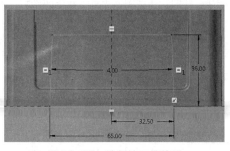

图14-36 绘制的二维截面

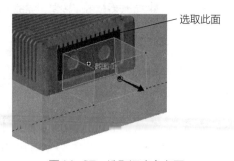

选取此面

图14-37 选取深度参考面

② 在该下滑面板的"面组"收集器中选中"面组：F10（SLIDE_CORE1）"，单击 按钮，使"面组：F10（SLIDE_CORE）"位于收集器顶部，成为主面组。

③ 单击对话栏中的 按钮，改变第二个面组要包括在合并曲面中的部分。单击操控面板右侧的 按钮，完成合并曲面操作。

（6）着色分型曲面

① 单击"图形"工具栏上的 按钮，系统弹出"继续体积块选取"菜单，并将创建的分型曲面单独显示在图形窗口中，如图14-38所示。单击"继续体积块选取"菜单中的"完成/返回"命令，关闭该菜单。

② 单击"编辑"面板上的 按钮，完成分型曲面的创建操作。此时，系统将返回模具设计模块主界面。

图14-38 着色的分型曲面

图14-39 "属性"对话框

3. 创建定模型芯1分型曲面

（1）复制曲面

① 单击"模具"选项卡中"分型面和模具体积块"面板上的 按钮，进入分型曲面设计界面。

② 在图形窗口中单击鼠标右键，在弹出的快捷菜单中选择"属性"命令，打开"属性"对话框。在"名称"文本框中输入分型曲面的名称"cavity_insert_1"，如图14-39所示。单击对话框底部的 确定 按钮，退出对话框。

③ 在模型树中单击"复制2"特征，并在弹出的快捷面板中单击 按钮，将上侧型分型曲面遮蔽。

④ 在模型树中单击"EX14_WRK.PRT"元件，并在弹出的快捷面板中单击 遮蔽 按钮，将其隐藏。

⑤ 旋转参考零件至如图14-40所示的位置，并在图形窗口中选取图中的面为种子面，此时被选中的表面呈红色。，此时被选中的表面呈红色。

⑥ 单击 模具 按钮，切换到"模具"选项卡。单击"编辑"面板上的 复制 按钮，然后单击"编辑"面板上的 粘贴 按钮，打开"复制曲面"操控面板。

⑦ 按住"Shift"键，并在图形窗口中选取图14-41中的平面为第一组边界面。松开"Shift"键，旋转参考零件至如图14-42所示的位置，然后按住"Shift"键，并选取图中的平面为第二组边界面。

⑧ 松开"Shift"键，完成种子和边界曲面集的定义。此时，系统将构建一个种子和边界曲面集。该操控面板右侧的 按钮，完成复制曲面操作。

图14-40　选取种子面

图14-41　选取第一组边界面

图14-42　选取第二组边界面

（2）创建关闭曲面

① 单击 分型面 按钮，切换到"分型面"选项卡。在图形窗口中选取图14-42中的平面，此时被选中的面呈红色。

② 单击"曲面设计"面板上的 按钮，打开"关闭"操控面板。然后选中"封闭所有内环"复选框。单击操控面板右侧的 按钮，完成创建关闭的曲面操作。此时，在模型树中系统会自动生成一个"关闭1"特征。

（3）第一次合并曲面

① 按住"Ctrl"键，并在模型树中选中"复制3"特征。单击"编辑"面板上的 按钮，打开"合并"操控面板。单击对话栏中的 参考 按钮，打开"参考"下滑面板。

② 在该下滑面板的"面组"收集器中选中"面组：F15（CAVITY_INSERT_1）"，单击 按钮，使"面组：F15（CAVITY_INSERT_1）"位于收集器顶部，成为主面组。单击操控面板右侧的 按钮，完成合并曲面操作。

（4）延伸曲面

① 在模型树中单击"EX14_WRK.PRT"元件，并在弹出的快捷面板中单击 取消遮蔽 按钮，取消遮蔽工件。

② 旋转参考零件至如图14-43所示的位置，并在图形窗口中选取图中的圆弧边。单击"编辑"面板上的 延伸（延伸）按钮，打开"延伸"操控面板。

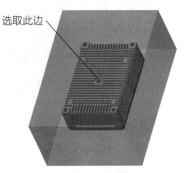

选取此边

图14-43　选取延伸边

③ 单击对话栏中的 参考 按钮，并在弹出的下滑面板中单击 细节... 按钮，打开"链"对话框。然后选中"基于规则"单选按钮，并接受系统自动选中的"相切"单选按钮，如图14-44所示。单击对话框底部的 确定(O) 按钮，返回"延伸"操控面板。

④ 单击操控面板中的 按钮，选中"将曲面延伸到参考平面"选项，然后在图形窗口中选取图14-45中的面为延伸参考平面。单击操控面板右侧的 按钮，完成延伸操作。

（5）创建拉伸曲面

① 单击"形状"面板上的 按钮，打开"拉伸"操控面板。在图形窗口中选取图14-45中工件的顶面为草绘平面，系统将自动进入草绘模式。

② 绘制如图14-46所示的二维截面，并单击"草绘器工具"工具栏上的 按钮，完成草绘操作，返回"拉

伸"操控面板。在"深度"文本框中输入深度值"5",并按"Enter"键确认。

图14-44　"链"对话框

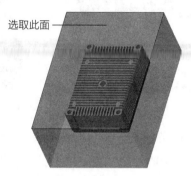

图14-45　选取延伸参考平面

③ 单击对话栏中的 选项 按钮,并在弹出的"选项"下滑面板中选中"封闭端"复选框,如图14-47所示。单击操控面板右侧的 ✓ 按钮,完成创建拉伸曲面操作。此时,在模型树中系统会自动选中"拉伸2"特征。

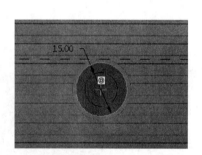

图14-46　绘制的二维截面

图14-47　"选项"下滑面板

(6)第二次合并曲面

① 按住"Ctrl"键,并在模型树中选中"复制3"特征。单击"编辑"面板上的 按钮,打开"合并"操控面板。单击对话栏中的 参考 按钮,打开"参考"下滑面板。

② 在该下滑面板的"面组"收集器中选中"面组:F15(CAVITY_INSERT_1)",单击 按钮,使"面组:F15(CAVITY_INSERT_1)"位于收集器顶部,成为主面组。

③ 单击对话栏中的 ✗ 按钮,改变第一个面组要包括在合并曲面中的部分。单击操控面板右侧的 ✓ 按钮,完成合并曲面操作。

(7)着色分型曲面

① 单击"图形"工具栏上的 按钮,系统弹出"继续体积块选取"菜单,并将创建的分型曲面单独显示在图形窗口中,如图14-48所示。单击"继续体积块选

图14-48　着色的分型曲面

取"菜单中的"完成/返回"命令，关闭该菜单。

② 单击"编辑"面板上的✓按钮，完成分型曲面的创建操作。此时，系统将返回模具设计模块主界面。

4. 创建定模型芯2分型曲面

（1）复制曲面

① 单击"模具"选项卡中"分型面和模具体积块"面板上的🔲按钮，进入分型曲面设计界面。

② 在图形窗口中单击鼠标右键，在弹出的快捷菜单中选择"属性"命令，打开"属性"对话框。在"名称"文本框中输入分型曲面的名称"cavity_insert_2"，如图14-49所示。单击对话框底部的 确定 按钮，退出对话框。

③ 在模型树中单击"复制3"特征，并在弹出的快捷面板中单击👁按钮，将定模型芯分型曲面遮蔽。

④ 在模型树中单击"EX14_WRK.PRT"元件，并在弹出的快捷面板中单击 遮蔽 按钮，将其隐藏。

⑤ 在图形窗口中选取图14-50中的面为种子面，此时被选中的表面呈红色。

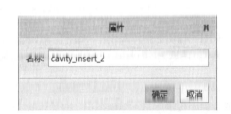

图14-49 "属性"对话框

选取此面 ——

图14-50 选取种子面

⑥ 单击 模具 按钮，切换到"模具"选项卡。单击"编辑"面板上的 复制 按钮，然后单击"编辑"面板上的 粘贴 按钮，打开"复制曲面"操控面板。

⑦ 按住"Shift"键，并在图形窗口中选取图14-51中的平面为第一组边界面。松开"Shift"键，旋转参考零件至如图14-52所示的位置，然后按住"Shift"键，并选取图中的平面为第二组边界面。

选取此面

图14-51 选取第一组边界面

选取此面

图14-52 选取第二组边界面

⑧ 松开"Shift"键，完成种子和边界曲面集的定义。此时，系统将构建一个种子和边界曲面集。该操控面板右侧的✓按钮，完成复制曲面操作。

（2）创建关闭曲面

① 单击 分型面 按钮，切换到"分型面"选项卡。在图形窗口中选取图14-52中的平面，此时被选中的面呈红色。

② 单击"曲面设计"面板上的 按钮，打开"关闭"操控面板。单击对话栏中的 参考 按钮，打开"参考"下滑面板。

图14-53 选取边

③ 单击"包括"收集器，将其激活。在图形窗口中选取图14-53中的圆弧边，单击 详细信息 按钮，打开"链"对话框。然后选中"基丁规则"单选按钮，并接受系统自动选中的"相切"单选按钮。单击对话框底部的 确定(O) 按钮，返回"关闭环"操控面板。

④ 单击该操控面板右侧的 ✔ 按钮，完成创建关闭曲面操作。此时，在模型树中系统会自动选中"关闭3"特征。

（3）第一次合并曲面

① 按住"Ctrl"键，并在模型树中选中"复制4"特征。单击"编辑"面板上的 按钮，打开"合并"操控面板。单击对话栏中的 参考 按钮，打开"参考"下滑面板。

② 在该下滑面板的"面组"收集器中选中"面组：F21（CAVITY_INSERT_2）"，单击 按钮，使"面组：F21（CAVITY_INSERT_2）"位于收集器顶部，成为主面组。单击操控面板右侧的 ✔ 按钮，完成合并曲面操作。

（4）延伸曲面

① 在模型树中单击"EX14_WRK.PRT"元件，并在弹出的快捷面板中单击 取消遮蔽 按钮，取消遮蔽工件。

② 旋转参考零件至如图14-54所示的位置，并在图形窗口中选取图中的圆弧边。单击"编辑"面板上的 延伸 按钮，打开"延伸"操控面板。

③ 单击对话栏中的 参考 按钮，并在弹出的下滑面板中单击 细节... 按钮打开"链"对话框。然后选中"基于规则"单选按钮，并接受系统自动选中的"相切"单选按钮。单击对话框底部的 确定(O) 按钮，返回"延伸"操控面板。

④ 单击操控面板中的 按钮，选中"将曲面延伸到参考平面"选项，然后在图形窗口中选取图14-55中的面为延伸参考平面。单击操控面板右侧的 ✔ 按钮，完成延伸操作。

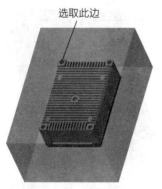
图14-54 选取延伸边

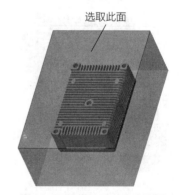
图14-55 选取延伸参考平面

（5）创建拉伸曲面

① 单击"形状"面板上的 按钮，打开"拉伸"操控面板。在图形窗口中选取图14-55中工件的顶面为草绘

平面，系统将自动进入草绘模式。

② 绘制如图14-56所示的二维截面，并单击"草绘器工具"工具栏上的☑按钮，完成草绘操作，返回"拉伸"操控面板。在"深度"文本框中输入深度值"5"，并按"Enter"键确认。

③ 单击对话栏中的 选项 按钮，并在弹出的"选项"下滑面板中选中"封闭端"复选框。单击操控面板右侧的☑按钮，完成创建拉伸曲面操作。此时，在模型树中系统会自动选中"拉伸3"特征。

（6）第二次合并曲面

① 按住"Ctrl"键，并在模型树中选中"复制4"特征。单击"编辑"面板上的☑按钮，打开"合并"操控面板。单击对话栏中的 参考 按钮，打开"参考"下滑面板。

② 在该下滑面板的"面组"收集器中选中"面组：21（CAVITY_INSERT_2）"，单击☑按钮，使"面组：21（CAVITY_INSERT_2）"位于收集器顶部，成为主面组。

③ 单击对话栏中的☑按钮，改变第一个面组要包括在合并曲面中的部分。单击操控面板右侧的☑按钮，完成合并曲面操作。

（7）着色分型曲面

① 单击"图形"工具栏上的☑按钮，系统弹出"继续体积块选取"菜单，并将创建的分型曲面单独显示在图形窗口中，如图14-57所示。单击"继续体积块选取"菜单中的"完成/返回"命令，关闭该菜单。

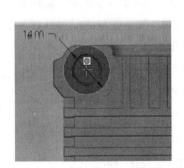

图14-56　绘制的二维截面

图14-57　着色的分型曲面

② 单击"编辑"面板上的☑按钮，完成分型曲面的创建操作。此时，系统将返回模具设计模块主界面。

5. 创建定模型芯3分型曲面

（1）复制分型曲面

① 单击"模具"选项卡中"分型面和模具体积块"面板上的☑按钮，进入分型曲面设计界面。

② 在图形窗口中单击鼠标右键，在弹出的快捷菜单中选择"属性"命令，打开"属性"对话框。在"名称"文本框中输入分型曲面的名称"cavity_insert_3"，如图14-58所示。单击对话框底部的 确定 按钮，退出对话框。

图14-58　"属性"对话框

③ 单击状态栏中的"过滤器"下拉列表框右侧的☑按钮，并在打开的列表中选择"面组"选项，将其设置为当前过滤器。

④ 在图形窗口中选取创建的定模型芯2分型曲面，此时被选中的面组呈红色。

⑤ 单击 模具 按钮，切换到"模具"选项卡。单击"编辑"面板上的 复制 按钮，然后单击"编辑"面板上的 粘贴 按钮，打开"复制曲面"操控面板。此时，系统将构建一个单个曲面集。单击操控面板右侧的 ✓ 按钮，完成复制曲面操作。

（2）镜像分型曲面

① 单击 分型面 按钮，切换到"分型面"选项卡。单击"编辑"面板上的 编辑 按钮，在弹出的下拉列表中单击 变换 按钮，系统弹出如图14-59所示的"选项"菜单。

② 单击该菜单中的"镜像" → "完成"命令，此时，系统要求用户选取要镜像的曲面。在图形窗口中选取刚才复制的曲面，并单击"选取"对话框中的 确定 按钮。此时，系统要求用户选取镜像参考平面。

图14-59　"选项"菜单

③ 在图形窗口中选取"MOLD_RIGHT"基准平面为镜像参考平面，系统会将复制的曲面作镜像操作。

④ 单击"编辑"面板上的 ✓ 按钮，完成分型曲面的创建操作。此时，系统将返回模具设计模块主界面。

6. 创建定模型芯4分型曲面

（1）复制分型曲面

① 单击"模具"选项卡中"分型面和模具体积块"面板上的 按钮，进入分型曲面设计界面。

② 在图形窗口中单击鼠标右键，在弹出的快捷菜单中选择"属性"命令，打开"属性"对话框。在"名称"文本框中输入分型曲面的名称"cavity_insert_4"，如图14-60所示。单击对话框底部的 确定 按钮，退出对话框。

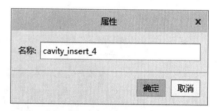

图14-60　"属性"对话框

③ 单击 模具 按钮，切换到"模具"选项卡。单击"编辑"面板上的 粘贴 按钮，打开"复制曲面"操控面板。此时，系统将构建一个单个曲面集。单击操控面板右侧的 ✓ 按钮，完成复制曲面操作。

（2）镜像分型曲面

① 单击 分型面 按钮，切换到"分型面"选项卡。单击"编辑"面板上的 编辑 按钮，在弹出的下拉列表中单击 变换 按钮，并在弹出的"选项"菜单中单击"镜像" → "完成"命令，此时，系统要求用户选取要镜像的曲面。

② 在图形窗口中选取刚才复制的曲面，并"选取"对话框中的 确定 按钮。此时，系统要求用户选取镜像参考平面。

③ 在图形窗口中选取"MOLD_FRONT"基准平面为镜像参考平面，系统会将复制的曲面作镜像操作。

④ 单击"编辑"面板上的 ✓ 按钮，完成分型曲面的创建操作。此时，系统将返回模具设计模块主界面。

7. 创建定模型芯5分型曲面

（1）复制分型曲面

① 单击"模具"选项卡中"分型面和模具体积块"面板上的 按钮，进入分型曲面设计界面。

② 在图形窗口中单击鼠标右键，在弹出的快捷菜单中选择"属性"命令，打开"属性"对话框。在"名称"文本框中输入分型曲面的名称"cavity_insert_5"，如图14-61所示。单击对话框底部的 确定 按钮，退出对话框。

③ 单击 模具 按钮，切换到"模具"选项卡。单击"编辑"面板上的 粘贴 按钮，打开"复制曲面"操控面板。此时，系统将构建一个单个曲面集。单击操控面板右侧的 ✓ 按钮，完成复制曲面操作。

（2）第一次移动分型曲面

① 单击 分型面 按钮，切换到"分型面"选项卡。单击"编辑"面板上的 编辑▾ 按钮，在弹出的下拉列表中单击 变换 按钮，并在弹出的"选项"菜单中单击"移动"→"完成"命令，此时，系统要求用户选取要移动的曲面。

② 在图形窗口中选取刚才复制的曲面，并单击"选取"对话框中的 确定 按钮。系统弹出如图14-62所示的"移动特征"菜单，单击"平移"命令，此时，系统要求用户选取移动参考平面。

图11-61　"属性"对话框

图14-62　"移动特征"菜单

③ 在图形窗口中选取"MOLD_RIGHT"基准平面为移动参考平面，并在弹出的"方向"菜单中单击"确定"命令。在消息区的文本框中输入移动距离"95.27"，单击右侧的 ✓ 按钮。

（3）第二次移动分型曲面

① 单击"移动特征"菜单中的"平移"命令，此时，系统要求用户选取移动参考平面。

② 在图形窗口中选取"MOLD_FRONT"基准平面为移动参考平面，并在弹出的"方向"菜单中单击"确定"命令。在消息区的文本框中输入移动距离"145.52"，单击右侧的 ✓ 按钮。

③ 单击"移动特征"菜单中的"完成移动"命令，系统会将复制的曲面做移动操作。

④ 单击"编辑"面板上的 ✓ 按钮，完成分型曲面的创建操作。此时，系统将返回模具设计模块主界面。

14.4.8　分割工件和模具体积块

1. 分割工件

① 单击"图形"工具栏上的 按钮，打开"遮蔽和取消遮蔽"对话框。单击对话框中的 取消遮蔽 按钮，然后单击"过滤"选项组中的 分型面 按钮，切换到"分型面"过滤类型。

② 单击该对话框中的 按钮，选中所有分型曲面，如图14-63所示，然后单击 取消遮蔽 按钮，将其显示出来。单击对话框底部的 确定 按钮，退出对话框。

③ 单击"模具"选项卡中"分型面和模具体积块"面板上的 参考零件切除 按钮，打开"参考零件切除"操控面板。此时，系统会自动选取工件和参考零件。单击该操控面板右侧的 ✓ 按钮，完成参考零件切除操作。此时，系统会自动选取"参考零件切除1"特征。

图14-63　取消遮蔽分型曲面

④ 单击"模具"选项卡中"分型面和模具体积块"面板上的 模具体积块▾ 按钮，在弹出的下拉列表中单击 ⊟ 体积块分割 按钮，打开"体积块分割"操控面板。

⑤ 单击 ⊜ 收集器，在图形窗口中选取图14-64中的"SLIDE_ CORE""CAVITY_INSERT_1""CAVITY_INSERT_2""CAVITY_INSERT_3""CAVITY_INSERT_4"和"CAVITY_INSERT_5"分型曲面。

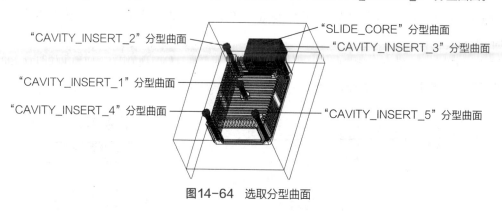

图14-64　选取分型曲面

提示：用户可以设置模型显示方式为"无隐藏线"，这样可以准确地选取分型曲面。

---

⑥ 单击该对话栏中的 体积块 按钮，打开"体积块"下滑面板。改变体积块的名称，如图14-65所示。单击操控面板右侧的 ✓ 按钮，完成分割体积块操作。

2. 分割"TEMP"体积块

① 单击"模具"选项卡中"分型面和模具体积块"面板上的 ⇆ 按钮，打开"体积块分割"操控面板。

② 单击 ⬏ 收集器，并在图形窗口中选取"TEMP"体积块。然后单击 ⊜ 收集器，并在图形窗口中选取图14-66中的"MAIN"分型曲面。

图14-65　"体积块"下滑面板

③ 单击该对话栏中的 体积块 按钮，打开"体积块"下滑面板。改变体积块的名称，如图14-67所示。单击操控面板右侧的 ✓ 按钮，完成分割体积块操作。

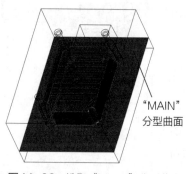

图14-66　选取"MAIN"分型曲面

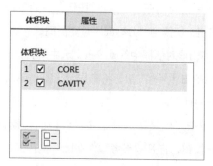

图14-67　"体积块"下滑面板

14.4.9　创建模具元件

① 单击"模具"选项卡中"元件"面板上的 ⊞ 按钮，打开
"创建模具元件"对话框。单击 ▤ 按钮，选中所有模具体积块。

② 单击"高级"选项组前面的三角形符号，系统弹出"高
级"选项组。改变模具体积块的名称，如图14-68所示。然后单
击 ▤ 按钮，选中所有模具体积块。

③ 单击"复制自"选项组中的 ⬛ 按钮，打开"选择模板"
对话框。改变目录到"mmns_part_solid.prt"模板文件所在的
目录（如"D:\Program Files\PTC\Creo 4.0\M030\Common
Files\templates"）。

④ 在"文件"列表中选中"mmns_part_solid.prt"模板文
件，单击对话框底部的 打开 按钮，返回"创建模具元件"对话
框。此时，系统会将"mmns_part_solid.prt"模板文件指定给
模具元件。

注意：在抽取模具体积块时，如果不将模板文件指定给模具
元件，将来对模具元件修改时，则没有任何基准平面、坐标系等
可供使用。

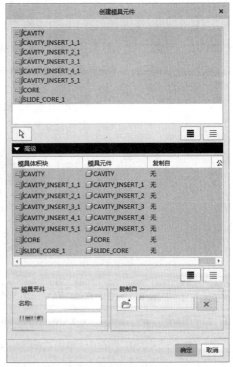

图14-68　"创建模具元件"对话框

⑤ 单击该对话框底部的 确定 按钮，此时，系统将自动将模具体积块抽取为模具元件。

14.4.10　创建铸件

① 单击"模具"选项卡中"元件"面板上的 创建制模 按钮，在弹出的文本框中输入铸件名称"molding"，并
单击右侧的 ✔ 按钮。

② 接受铸件默认的公用名称"molding"，并单击消息区右侧的 ✔ 按钮，完成创建铸件操作。

14.4.11　仿真开模

1.定义开模步骤

（1）移动"CAVITY_INSERT_1""CAVITY_INSERT_2""CAVITY_INSERT_3""CAVITY_INSERT_4"和
"CAVITY_INSERT_5"元件

① 单击"图形"工具栏上的 🔲 按钮，打开"遮蔽和取消遮蔽"对话框。按住"Ctrl"键，并在"可见元件"
列表中选中"EX14_REF"和"EX14_WRK"元件，然后单击 遮蔽 按钮，将其遮蔽。

② 单击"过滤"选项组中的 分型面 按钮，切换到"分型面"过滤类型。单击 ▤ 按钮，选中所有分型曲面，然
后单击 遮蔽 按钮，将其遮蔽。

注意：用户还可以将曲线、基准平面、基准轴、基准点和坐标系隐藏，以使窗口显示得更加清楚。

③ 单击"模具"选项卡中"元件"面板上的 ━ 按钮，在弹出"模具开模"菜单中单击"定义步骤"→"定义移动"命令。此时，系统要求用户选取要移动的模具元件。

④ 在图形窗口中选取图14-69中的"CAVITY_INSERT_1""CAVITY_INSERT_2""CAVITY_INSERT_3""CAVITY_INSERT_4"和"CAVITY_INSERT_5"元件，单击"选取"对话框中的 确定 按钮。此时，系统要求用户选取一条直边、轴或面来定义模具元件移动的方向。

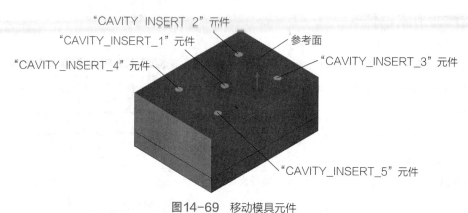

图14-69 移动模具元件

⑤ 在图形窗口中选取图14-69中的面，此时在图形窗口中会出现一个红色箭头，表示移动的方向。在弹出的文本框中输入数值"300"，单击右侧的 ✓ 按钮，返回"定义步骤"菜单。

⑥ 单击"定义步骤"菜单中的"完成"命令，返回"模具开模"菜单。此时，"CAVITY_INSERT_1""CAVITY_INSERT_2""CAVITY_INSERT_3""CAVITY_INSERT_4"和"CAVITY_INSERT_5"元件将向上移动。

（2）移动"CAVITY"元件

① 单击"模具开模"菜单中的"定义步骤"→"定义移动"命令，在图形窗口中选取图14-70中的"CAVITY"元件，并单击"选取"对话框中的 确定 按钮。

② 在图形窗口中选取图14-70中的面，在弹出的文本框中输入数值"200"，然后单击右侧的 ✓ 按钮，返回"定义步骤"菜单。

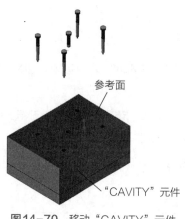

图14-70 移动"CAVITY"元件

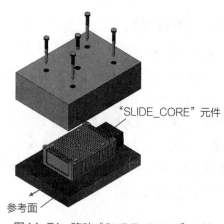

图14-71 移动"SLIDE_CORE"元件

③ 单击"定义步骤"菜单中的"完成"命令，返回"模具开模"菜单。此时，"CAVITY"元件将向上移动。

（3）移动"SOLID_CORE"元件

① 单击"模具开模"菜单中的"定义步骤"→"定义移动"命令，在图形窗口中选取图14-71中的"SLIDE_CORE"元件，并单击"选取"对话框中的 确定 按钮。

② 在图形窗口中选取图14-71中的面，在弹出的文本框中输入数值"-100"，然后单击右侧的 ✓ 按钮，返回"定义步骤"菜单。

③ 单击"定义步骤"菜单中的"完成"命令，返回"模具开模"菜单。此时，"SLIDE_CORE"元件将向后移动。

（4）移动"MOLDING"元件

① 单击"模具开模"菜单中的"定义步骤"→"定义移动"命令，在图形窗口中选取图14-72中的"MOLDING"元件，并单击"选取"对话框中的 确定 按钮。

② 在图形窗口中选取图14-72中的面，在弹出的文本框中输入数值"80"，然后单击右侧的 ✓ 按钮，返回"定义步骤"菜单。

③ 单击"定义步骤"菜单中的"完成"命令，返回"模具开模"菜单。此时，"MOLDING"元件将向上移动。

图14-72 移动"MOLDING"元件

2 打开模具

① 单击"模具开模"菜单中的"分解"命令，系统弹出如图14-73中的"逐步"菜单。此时，所有的模具元件将回到移动前的位置。

② 单击"逐步"菜单中的"打开下一个"命令，系统将打开定模型芯1、定模型芯2、定模型芯3、定模型芯4和定模型芯5，如图14-74所示。

③ 再次单击"逐步"菜单中的"打开下一个"命令，系统将打开定模，如图14-75所示。

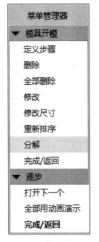

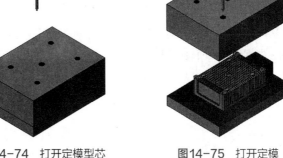

图14-73 "逐步"菜单　　　　图14-74 打开定模型芯　　　　图14-75 打开定模

④ 再次单击"逐步"菜单中的"打开下一个"命令，系统将打开上侧型，如图14-76所示。

⑤ 再次单击"逐步"菜单中的"打开下一个"命令，系统将打开铸件，如图14-77所示。

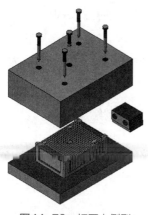

图14-76　打开上侧型

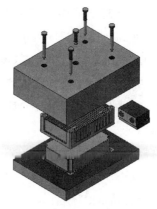

图14-77　打开铸件

⑥ 单击"模具开模"菜单中的"完成/返回"命令，关闭菜单。此时，所有的模具元件又将回到移动前的位置。

14.4.12　保存模具文件

① 单击"快速访问"工具栏上的 █ 按钮，打开"保存对象"对话框。单击"常用文件夹"列表中的 █工作目录 按钮，返回当前工作目录中。单击对话框底部的 ██ 按钮，保存模具文件。

- -

注意：如果用户是第一次保存模具文件，由于此时系统默认的目录是"mmns_part_solid.prt"模板文件所在的目录（如"D:\Program Files\PTC\Creo 4.0\M030\Common Files\templates"），所以必须单击"公用文件夹"列表中的 █工作目录 按钮，返回当前工作目录中。这样，才能将模具文件保存在正确的位置。

② 单击窗口顶部的"文件"→"管理会话"→"拭除当前"命令，打开"拭除"对话框。单击 ▤ 按钮，选中所有文件，如图14-78所示。单击对话框底部的 ██ 按钮，关闭当前文件，并将其从内存中拭除。

▌14.5　实例总结

本章详细介绍了箱体模具设计的过程，通过本章的学习，读者可以掌握通过复制曲面来创建分型曲面的方法。

通过复制参考零件的表面来创建分型曲面的方法，是在实际应用过程中用得最多的一种方法。而在复制参考零件的表面时，通过构建种子和边界曲面集可以快速、准确地选取所需表面，从而提高工作效率。

图14-78　"拭除"对话框

第15章

▲

盒体模具设计实例

本章介绍的是盒体模具设计实例，最终效果如图15-1所示。

15.1　产品结构分析

由于产品零件是模具设计的重要依据，所以在设计模具前，首先需要对产品零件进行分析。盒体的三维模型如图15-2所示，材料为ABS，壁厚较均匀，采用注射成型。

本实例中的盒体形状较复杂，侧面上有通槽。在设计模具型腔时，需要设计斜顶块，注塑件才能顺利脱模。

图15-1　效果图

图15-2　盒体三维模型

15.2　主要知识点

本实例的主要知识点如下。

（1）装配参考零件：使用参考零件布局功能装配参考零件。

（2）创建工件：使用自动工件功能来创建工件。

（3）创建分型曲面：通过复制曲面和创建旋转曲面来创建分型曲面。

（4）直接创建体积块：使用聚合和草绘功能来直接创建模具体积块。

（5）创建模具体积块：通过分割工件来创建模具体积块。

（6）创建模具元件：抽取创建的模具体积块，使其成为实体零件。

15.3　设计流程

本实例的设计流程如下：

（1）设置工作目录；

（2）设置配置文件；

（3）新建模具文件；

（4）装配参考零件；

（5）设置收缩率；

（6）创建工件；

（7）创建分型曲面；

（8）创建模具体积块；

（9）分割工件和模具体积块；

（10）创建模具元件；

（11）创建铸件；

（12）仿真开模；

（13）保存模具文件。

15.4　具体的设计步骤

15.4.1　设置工作目录

① 单击窗口顶部的"文件"→"管理会话"→"选择工作目录"命令，打开"选择工作目录"对话框。改变目录到"ex15.prt"文件所在的目录（如"D:\实例源文件\第 15 章"）。

② 单击该对话框底部的 确定 按钮，即可将"ex15.prt"文件所在的目录设置为当前进程中的工作目录。

15.4.2　设置配置文件

① 单击窗口顶部的"文件"→"选项"命令，打开"Creo Parametric 选项"对话框。单击底部的 配置编辑器 按钮，切换到"查看并管理 Creo Parametric 选项"。

② 单击对话框底部的 添加(A)... 按钮，打开"添加选项"对话框。在"选项名称"文本框中输入文字"enable_

absolute_accuracy"，此时，在"选项值"编辑框会显示"no"选项，表示没有启用绝对精度功能，如图15-3所示。

③ 单击"选项值"编辑框右侧的 按钮，并在打开的下拉列表中选择"yes"选项。单击对话框底部的 确定 按钮，返回到"Creo Parametric选项"对话框。

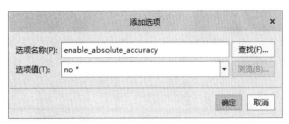

图15-3 "添加选项"对话框

此时"enable_absolute_accuracy"选项和值会出现在"选项"显示选项组中，如图15-4所示。

图15-4 设置选项

④ 单击该对话框底部的 确定 按钮，退出对话框。此时，系统将启用绝对精度功能。这样在装配参考零件过程中，可以将组件模型的精度设置为和参考模型精度相同。

提示：在模具设计过程中，如果不启用绝对精度功能，则有可能因为精度问题，而导致后续分割工件操作失败。

15.4.3 新建模具文件

① 单击""快速访问"工具栏上的 按钮，打开"新建"对话框。选中"类型"选项组中的"制造"单选按钮、"子类型"选项组中的"模具型腔"单选按钮。

② 在"名称"文本框中输入文件名"ex15"，取消选中"使用默认模板"复选框，如图15-5所示。单击对话框底部的 确定 按钮，打开"新文件选项"对话框。

③ 在该对话框中选择"mmns_mfg_mold"模板，如图15-6所示。单击对话框底部的 确定 按钮，进入模具设计模块。

图15-5　"新建"对话框

图15-6　"新文件选项"对话框

15.4.4　装配参考零件

① 单击"模具"选项卡中"参考模型和工件"面板上的 按钮，系统弹出"布局"对话框和"打开"对话框。

② 在"打开"对话框中，系统会自动选中"ex16.prt"文件。单击对话框底部的 打开 按钮，打开如图15-7所示的"创建参考模型"对话框。

③ 接受该对话框中默认的设置，单击对话框底部的 确定 按钮，返回"布局"对话框，如图15-8所示。单击对话框底部的 预览 按钮，参考零件在图形窗口中的位置如图15-9所示。从图中可以看出该零件的位置不对，需要重新调整。

图15-7　"创建参考模型"对话框

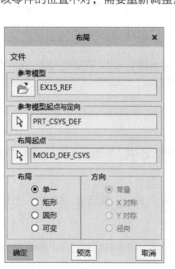

图15-8　"布局"对话框

图15-9　错误位置

注意：参考零件的正确位置是开模方向指向默认的拖动方向。在图形窗口中，系统用一个双组箭头来表示默认的拖动方向。

图15-10 "获得坐标系类型"菜单

④ 单击"参考模型起点与定向"选项中的 按钮，系统弹出如图15-10所示的"获得坐标系类型"菜单，并打开另外一个窗口。单击"获得坐标系类型"菜单中的"动态"命令，打开"参考模型方向"对话框。

⑤ 在"调整坐标系"选项组中的"角度"文本框中输入数值"-90"，如图15-11所示，并按"Enter"确认。接受其他选项默认的设置，单击对话框底部的 确定 按钮，返回"布局"对话框。

⑥ 单击该对话框底部的 预览 按钮，参考零件在图形窗口中的位置如图15-12所示。从图中可以看出该零件的位置现在是正确的。

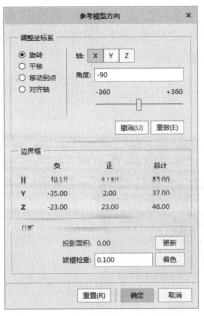

图15-11 "参考模型方向"对话框

图15-12 正确位置

⑦ 单击该对话框底部的 确定 按钮，退出对话框。系统弹出如图15-13所示的"警告"对话框，单击对话框底部的 确定 按钮，接受绝对精度值的设置。单击如图15-14所示的"型腔布置"菜单中的"完成/返回"命令，关闭该菜单。

图15-13 "警告"对话框

图15-14 "型腔布置"菜单

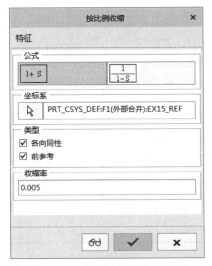

图15-15 "按比例收缩"对话框

15.4.5 设置收缩率

① 单击"模具"选项卡中"修饰符"面板上的 收缩 按钮，打开"按比例收缩"对话框。此时，系统将自动选择"坐标系"选项中的 按钮，要求用户选取坐标系。

② 在图形窗口中选取"PRT_CSYS_DEF"坐标系，然后在"收缩率"文本框中输入收缩值"0.005"，如图15-15所示。单击对话框底部

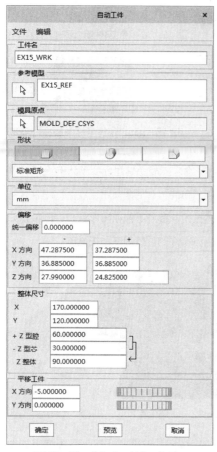

图15-16　"自动工件"对话框

的 ✓ 按钮，退出对话框。

15.4.6　创建工件

① 单击"模具"选项卡中"参考模型和工件"面板上的⬜按钮，打开"自动工件"对话框。此时，系统将自动选择"坐标系"选项中的▷按钮，要求用户选取坐标系。

② 在图形窗口中选取"MOLD_DEF_CSYS"坐标系为模具原点，然后在"整体尺寸"和"平移工件"选项组中输入如图15-16所示的尺寸，并接受其他选项默认的设置。单击对话框底部的 确定 按钮，退出对话框。此时，创建的工件如图15-17所示。

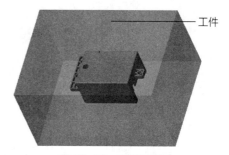

图15-17　创建的工件

15.4.7　创建分型曲面

1. 创建主分型曲面

（1）第一次复制曲面

① 单击"模具"选项卡中"分型面和模具体积块"面板上的⬜按钮，进入分型曲面设计界面。

② 在图形窗口中单击鼠标右键，在弹出的快捷菜单中选择"属性"命令，打开"属性"对话框。在"名称"文本框中输入分型曲面的名称"main"，如图15-18所示。单击对话框底部的 确定 按钮，退出对话框。

③ 在模型树中单击"EX15_WRK.PRT"元件，系统弹出如图15-19所示的快捷面板，然后单击 遮蔽 按钮，将其隐藏。

图15-18　"属性"对话框

图15-19　快捷面板

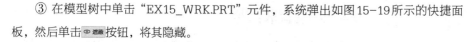

注意：本步骤主要是为了便于选取参考零件上的表面，从而将工件暂时隐藏。用户还可以将基准平面、基准轴、基准点、坐标系隐藏，以使窗口显示得更加清楚。

④ 在图形窗口中选取图15-20中的面为种子面，此时被选中的表面呈红色。

⑤ 单击 模具 按钮，切换到"模具"选项卡。单击"编辑"面板上的 复制 按钮，然后单击"编辑"面板上的 粘贴 按钮，打开"复制曲面"操控面板。

⑥ 按住"Shift"键，并在图形窗口中选取图15-21中的平面和孔的内表面为第一组边界面。松开"Shift"键，旋转参考零件至如图15-22所示的位置，然后按住"Shift"键，并选取图中的平面和槽的4个侧面为第二组边界面。

选取此面

选取平面和孔的内表面

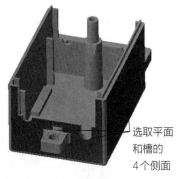

选取平面和槽的4个侧面

图15-20　选取种子面　　　　图15-21　选取第一组边界面　　　　图15-22　选取第二组边界面

⑦ 松开"Shift"键，完成种子和边界曲面集的定义。此时，系统将构建一个种子和边界曲面集，如图15-23所示。单击对话栏中的 选项 按钮，并在弹出的"选项"下滑面板中选中"排除曲面并填充孔"单选按钮。此时，系统将自动激活"排除轮廓"收集器，如图15-24所示。

选项	属性

○ 按原样复制所有曲面
● 排除曲面并填充孔
○ 复制内部边界
○ 取消修剪包络
○ 取消修剪定义域

排除轮廓　　　选择项

填充孔/曲面　　单击此处添加项

图15-23　种子和边界曲面集　　　　图15-24　"选项"下滑面板

⑧ 单击"填充孔/曲面"收集器，将其激活。旋转参考零件至如图15-25所示的位置，按住"Ctrl"键，并在图形窗口中选取图中的平面和边，此时，系统自动将所选平面中的破孔封闭。单击该操控面板右侧的 ✓ 按钮，完成复制曲面操作。

（2）第一次延伸操作

① 单击 分型面 按钮，切换到"分型面"选项卡。在图形窗口中选取图15-26中的直边。单击"编辑"面板上的 延伸 按钮，打开"延伸"操控面板。

注意：用户在选取延伸边时，必须选取复制曲面上的边，才能进行延伸操

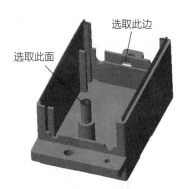

选取此边

选取此面

图15-25　选取平面和边

作。可以使用查询选取的方法来选取复制曲面上的边。

② 单击操控面板中的◢按钮，选中"将曲面延伸到参考平面"选项。单击操控面板右侧的▐按钮，并在弹出的下拉列表中单击◢按钮，打开"基准平面"对话框。在图形窗口中选取"MOLD_FRONT"基准平面作为创建基准平面的参考，并接受默认的约束类型为"偏移"。

③ 在"平移"文本框中输入偏移距离值"-30"，如图15-27所示，并按"Enter"键确认。单击对话框底部的 确定 按钮，返回"延伸"操控面板。

图15-26 选取延伸边

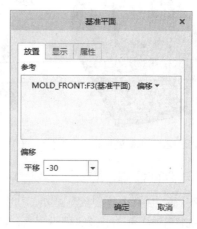

图15-27 "基准平面"对话框

④ 单击该操控面板右侧的▶按钮，退出暂停模式。此时，系统会自动选取刚创建的基准平面为延伸参考平面。单击操控面板右侧的✓按钮，完成延伸操作。

（3）第二次延伸操作

① 在图形窗口中选取图15-28中的直边，单击"编辑"面板上的 延伸 按钮，打开"延伸"操控面板。

② 单击操控面板中的◢按钮，选中"将曲面延伸到参考平面"选项。

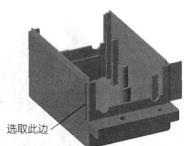

图15-28 选取延伸边

单击操控面板右侧的▐按钮，并在弹出的下拉列表中单击◢按钮，打开"基准平面"对话框。在图形窗口中选取"MOLD_FRONT"基准平面作为创建基准平面的参考，并接受默认的约束类型为"偏移"。

③ 在"平移"文本框中输入偏移距离值"-30"，并按"Enter"键确认。单击对话框底部的 确定 按钮，返回"延伸"操控面板。

④ 单击该操控面板右侧的▶按钮，退出暂停模式。此时，系统会自动选取刚创建的基准平面为延伸参考平面。单击操控面板右侧的✓按钮，完成延伸操作。

（4）第三次延伸操作

① 在模型树中单击"EX15_WRK.PRT"元件，并在弹出的快捷面板中单击 取消遮蔽 按钮，将其显示出来。

② 在图形窗口中选取图15-29中的直边1，单击"编辑"面板上的 延伸 按钮，打开"延伸"操控面板。

③ 单击对话栏中的 参考 按钮，并在弹出的下滑面板中单击 细节… 按钮，打开"链"对话框。然后选中"基于规则"单选按钮，并在"规则"选项组选中"部分环"单选按钮，如图15-30所示。

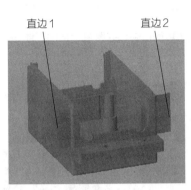

图15-29 选取延伸边和范围参考边

图15-30 "链"对话框

④ 在图形窗口中选取图15-29中的直边2为延伸参考边，单击"范围"选项组中 反向 按钮。此时，系统自动将直边1和直边2之间所有的边全部选中。单击对话框底部的 确定(O) 按钮，返回"延伸"操控面板。

⑤ 单击操控面板中的 按钮，选中"将曲面延伸到参考平面"选项，然后在图形窗口中选取图15-31中的面为延伸参考平面。单击操控面板右侧的 ✔ 按钮，完成延伸操作。

（5）第四次延伸操作

① 旋转参考零件至如图15-32所示的位置，并在图形窗口选取图中的直边1，单击"编辑"面板上的 ⟂延伸 按钮，打开"延伸"操控面板。

② 单击对话栏中的 参考 按钮，并在弹出的下滑面板中单击 细节... 按钮，打开"链"对话框。然后选中"基于规则"单选按钮，并在"规则"选项组选中"部分环"单选按钮。

③ 在图形窗口中选取图15-32中的直边2为延伸参考边，单击"范围"选项组中 反向 按钮。此时，系统自动将直边1和直边2之间所有的边全部选中。单击对话框底部的 确定(O) 按钮，返回"延伸"操控面板。

④ 单击操控面板中的 按钮，选中"将曲面延伸到参考平面"选项，然后在图形窗口中选取图15-33中的面为延伸参考平面。单击操控面板右侧的 ✔ 按钮，完成延伸操作。

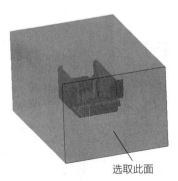

选取此面

图15-31 选取延伸参考平面

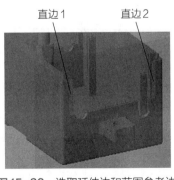

直边1　　直边2

选取此面

图15-32 选取延伸边和范围参考边

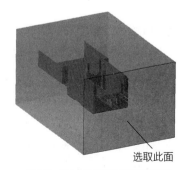

选取此面

图15-33 选取延伸参考平面

（6）倒圆角

① 单击"工程"面板上的 ![倒圆角] 按钮，打开"倒圆角"操控面板。

② 按住"Ctrl"键，并在图形窗口中选取图 15-34 中的两条边。在"半径"文本框中输入半径值"3"，并按"Enter"键确认。单击操控面板右侧的 ✓ 按钮，完成倒圆角操作。

（7）创建拉伸曲面

① 单击"形状"面板上的 按钮，打开"拉伸"操控面板。在图形窗口中选取图 15-35 中工件的侧面为草绘平面，系统将自动进入草绘模式。

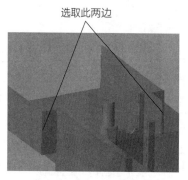

图15-34 选取倒圆角边

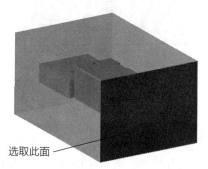

图15-35 选取草绘平面

② 绘制如图 15-36 所示的二维截面，并单击"草绘器工具"工具栏上的 按钮，完成草绘操作，返回"拉伸"操控面板。选择深度类型为 ，并在图形窗口中选取图 15-37 中的面为深度参考面。

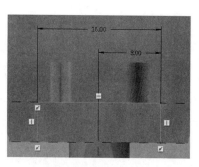

图15-36 二维截面

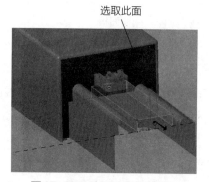

图15-37 选取深度参考平面

③ 单击操控面板右侧的 ✓ 按钮，完成创建拉伸曲面操作。此时，在模型树中系统会自动选中"拉伸1"特征。

（8）第二次复制曲面

① 在模型树中单击"EX15_WRK.PRT"元件，并在弹出的快捷面板中单击 ◎ 遮蔽 按钮，将其隐藏。

② 旋转参考零件至如图 15-38 所示的位置，并在图形窗口中选取图中的面，此时被选中的表面呈红色。

③ 单击 模具 按钮，切换到"模具"选项卡。单击"编辑"面板上

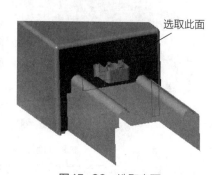

图15-38 选取表面

的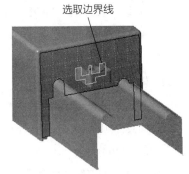按钮，然后单击"编辑"面板上的 按钮，打开"复制曲面"操
控面板。此时，系统将构建一个单个曲面集。

④ 单击对话栏中的 按钮，并在弹出的"选项"下滑面板中选中
"排除曲面并填充孔"单选按钮。此时，系统将自动激活"填充孔/曲面"
收集器。

⑤ 在图形窗口选取图15-39中加亮显示表面的边界线，此时，系统自
动将所选表面中的破孔封闭。此时，系统自动将所选表面中的破孔封闭。
单击该操控面板右侧的✓按钮，完成复制曲面操作。此时，在模型树中系统
会自动选中"复制2"特征。

选取边界线

图15-39　选取边界线

（9）第一次合并曲面

① 单击 分型面 按钮，切换到"分型面"选项卡。按住"Ctrl"键，并在模型树中选中"拉伸1"特征。单击
"编辑"面板上的 按钮，打开"合并"操控面板。

② 单击操控面板右侧的✓按钮，完成合并曲面操作。此时，在模型树中系统会自动选中"合并1"特征。

（10）第二次合并曲面

① 按住"Ctrl"键，并在模型树中选中"复制1"特征。单击"编辑"面板
上的 按钮，打开"合并"操控面板。单击对话栏中的 参考 按钮，打开"参考"
下滑面板

② 在该下滑面板的"面组"收集器中选中"面组：F7（MAIN）"，单击 按
钮，使"面组：F7（MAIN）"位于收集器顶部，成为主面组，如图15-40所示。
单击操控面板右侧的✓按钮，完成合并曲面操作。

（11）创建平整曲面

① 在模型树中单击"EX15_WRK.PRT"元件，并在弹出的快捷面板中单击
●取消遮蔽按钮，将其显示出来。

② 单击"曲面设计"面板上的 按钮，打开"填充"操控面板。

③ 单击对话栏中的 参考 按钮，并在弹出的"参考"下滑面板中单击
定义 按钮，打开"草绘"对话框。

| 参考 | 选项 | 属性 |

面组
面组：F7（MAIN）
面组：F16

图15-40　"参考"下滑面板

④ 在图形窗口中选取"MAIN_PARTING_PLN"基准平面为草绘平面，系统将自动选取"MOLD_RIGHT"
基准平面为"右"参考平面。单击对话框底部的 草绘 按钮，进入草绘模式。

⑤ 绘制如图15-41所示的二维截面，单击"草绘器工具"工具栏上
的 按钮，完成草绘操作，返回"填充"操控面板。单击操控面板右侧
的✓按钮，完成创建平整曲面操作。此时，在模型树中系统会自动选中
"填充1"特征。

（12）第三次合并曲面

① 按住"Ctrl"键，并在模型树中选中"复制1"特征。单击"编
辑"面板上的 按钮，打开"合并"操控面板。单击对话栏中的 参考 按
钮，打开"参考"下滑面板。

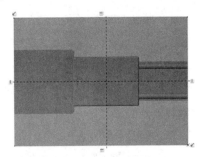

图15-41　二维截面

② 在该下滑面板的"面组"收集器中选中"面组：F7（MAIN）"，单击 按钮，使"面组：F7（MAIN）"位于收集器顶部，成为主面组。

③ 单击对话栏中的 选项 按钮，打开"选项"下滑面板。单击"联接"单选按钮，如图15-42所示。

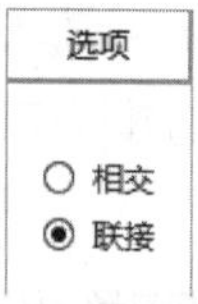

④ 单击对话栏中的 按钮，改变第二个面组要包括在合并曲面中的部分。单击操控面板右侧的 按钮，完成合并曲面操作。

图15-42 "选项"下滑面板

（12）着色分型曲面

① 单击"图形"工具栏上的 按钮，系统弹出如图15-43所示的"继续体积块选取"菜单，并将创建的分型曲面单独显示在图形窗口中，如图15-44所示。单击"继续体积块选取"菜单中的"完成/返回"命令，关闭该菜单。

② 单击"编辑"面板上的 按钮，完成分型曲面的创建操作。此时，系统将返回模具设计模块主界面。

图15-43 "继续体积块选取"菜单

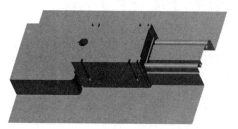

图15-44 着色的分型曲面

2. 创建定模型芯1分型曲面

（1）创建旋转曲面

① 单击"模具"选项卡中"分型面和模具体积块"面板上的 按钮，进入分型曲面设计界面。

② 在图形窗口中单击鼠标右键，在弹出的快捷菜单中选择"属性"命令，打开"属性"对话框。在"名称"文本框中输入分型曲面的名称"cavity_insert_1"，如图15-45所示。单击对话框底部的 确定 按钮，退出对话框。

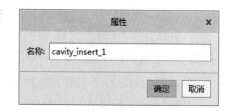

图15-45 "属性"对话框

③ 在模型树中单击"复制1"特征，并在弹出的快捷面板中单击 按钮，将主分型曲面遮蔽。

④ 单击"形状"面板上的 旋转 按钮，打开"旋转"操控面板。在图形窗口中选取"MOLD_FRONT"基准平面为草绘平面，系统将自动进入草绘模式。

⑤ 绘制如图15-46所示的二维截面，并单击"草绘器工具"工具栏上的 按钮，完成草绘操作，返回"旋转"操控面板。操控面板右侧的 按钮，完成创建旋转曲面操作。

（2）着色分型曲面

① 单击"图形"工具栏上的 按钮，系统弹出"继续体积块选取"菜单，并将创建的分型曲面单独显示在图形窗口中，如图15-47所示。单击"继续体积块选取"菜单中

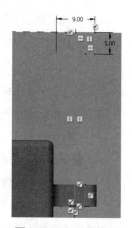

图15-46 二维截面

的"完成/返回"命令，关闭该菜单。

② 单击"编辑"面板上的✓按钮，完成分型曲面的创建操作。此时，系统将返回模具设计模块主界面。

（3）创建定模型芯2分型曲面

① 单击"模具"选项卡中"分型面和模具体积块"面板上的▢按钮，进入分型曲面设计界面。

② 在图形窗口中单击鼠标右键，在弹出的快捷菜单中选择"属性"命令，打开"属性"对话框。在"名称"文本框中输入分型曲面的名称"cavity_insert_2"，如图15-48所示。单击对话框底部的 确定 按钮，退出对话框。

图15-47 着色的分型曲面　　　　　　图15-48 "属性"对话框

③ 单击状态栏中的"过滤器"下拉列表框右侧的▾按钮，并在打开的列表中选择"面组"选项，将其设置为当前过滤器。

④ 在图形窗口中选取创建的定模型芯1分型曲面，此时被选中的面组呈红色。

⑤ 单击 模具 按钮，切换到"模具"选项卡。单击"编辑"面板上的 复制 按钮，然后单击"编辑"面板上的 粘贴 ▾按钮右侧的▾按钮，在弹出的下拉列表中单击 选择性粘贴 按钮，打开"复制曲面"操控面板。此时，系统要求用户选取方向参考。

⑥ 在图形窗口中选取"MOLD_RIGHT"基准平面为方向参考平面，然后输入移动值"–75.38"，并按"Enter"键确认。单击对话栏中的 变换 按钮，并在弹出的"变换"下滑面板中单击"新移动"，此时，系统要求用户选取方向参考。

⑦ 在图形窗口中选取"MOLD_RIGHT"基准平面为方向参考平面，然后输入移动值"5.03"，并按"Enter"键确认。单击对话栏中的 选项 按钮，并在弹出的"选项"下滑面板中取消选中"隐藏原始几何"复选框，如图15-49所示。单击操控面板右侧的✓按钮，完成复制曲面操作。

⑧ 单击 分型面 按钮，切换到"分型面"选项卡。单击"编辑"面板上的✓按钮，完成分型曲面的创建操作。此时，系统将返回模具设计模块主界面。

图15-49 "选项"下滑面板

15.4.8 创建模具体积块

1. 创建定模型芯3体积块

（1）使用旋转工具创建模具体积块

① 单击"模具"选项卡中"分型面和模具体积块"面板上的 按钮，进入模具体积块设计界面。

② 在图形窗口中单击鼠标右键，在弹出的快捷菜单中选择"属性"命令，打开"属性"对话框。在"名称"

文本框中输入模具体积块的名称"cavity_insert_3",如图15-50所示。单击对话框底部的 确定 按钮,退出对话框。

③ 按住"Ctrl"键,在模型树中单击"旋转1"和"已移动副本1"特征,并在弹出的快捷面板中单击 ◉ 按钮,将定模型芯1和定模型芯2遮蔽。

④ 单击"形状"面板上的 ❀ 旋转 按钮,打开"旋转"操控面板。在图形窗口中选取"MOLD_FRONT"基准平面为草绘平面,系统将自动进入草绘模式。

⑤ 绘制如图15-51所示的二维截面,并单击"草绘器工具"工具栏上的 按钮,完成草绘操作,返回"旋转"操控面板。操控面板右侧的 ✔ 按钮,完成旋转模具体积块操作。

(2)着色模具体积块

① 单击"图形"工具栏上的 按钮,系统弹出"继续体积块选取"菜单,并将创建的分型曲面单独显示在图形窗口中,如图15-52所示。单击"继续体积块选取"菜单中的"完成/返回"命令,关闭该菜单。

图15-51 二维截面

图15-52 着色的模具体积块

② 单击"编辑"面板上的 ✔ 按钮,完成模具体积块的创建操作。此时,系统将返回模具设计模块主界面。

2.创建定模型芯4体积块

(1)聚合法创建模具体积块

① 单击"模具"选项卡中"分型面和模具体积块"面板上的 按钮,进入模具体积块设计界面。

② 在图形窗口中单击鼠标右键,在弹出的快捷菜单中选择"属性"命令,打开"属性"对话框。在"名称"文本框中输入模具体积块的名称"cavity_insert_4",如图15-53所示。单击对话框底部的 确定 按钮,退出对话框。

图15-53 "属性"对话框

③ 在模型树中单击"旋转2"特征,并在弹出的快捷面板中单击 ◉ 按钮,将定模型芯3遮蔽。

④ 单击"体积块工具"面板上的 按钮,系统弹出如图15-54所示的"聚合步骤"菜单。接受菜单中默认的设置,并单击"完成"命令,系统又弹出"聚合选择"菜单,如图15-55所示。

⑤ 单击该菜单中的"曲面"→"完成"命令,旋转模型至如图15-56所示的位置,然后按住"Ctrl"键,并

图15-50 "属性"对话框

在图形窗口中选取图中的两个半圆柱面。

图15-54　"聚合步骤"菜单

图15-55　"聚合选择"菜单

图15-56　选取表面

⑥ 单击"特征参考"菜单中的"完成参考"命令，系统弹出如图15-57所示的"封合"菜单。

⑦ 接受顶环菜单中默认的设置，并单击"完成"命令，系统弹出"封闭环"菜单，并要求用户选取一个平面，以封闭模具体积块。旋转模型至如图15-58中的位置，在图形窗口中选取图中的平面为顶平面。此时，系统要求用户选取一条边，以封闭模具体积块。

⑧ 在图形窗口中选取图15-58中孔的边界线，单击"选取"对话框中的 确定 按钮，返回"封合"菜单。在菜单中选中"全部环"选项，单击"完成"命令，系统又弹出"封闭环"菜单，并要求用户选取一个平面，以封闭模具体积块。

⑨ 旋转模型至如图15-59中的位置，在图形窗口中选取图中工件的底面为顶平面，系统将返回"封合"菜单。单击菜单中的"退出"命令，返回"封闭环"菜单。

图15-57　"封合"菜单

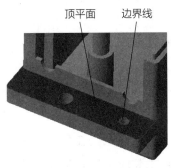
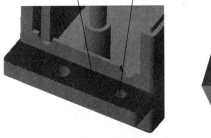

图15-58　选取顶平面和边界线

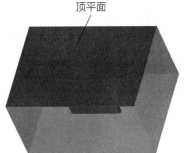

图15-59　选取顶平面

⑩ 单击该菜单中的"完成/返回"命令，返回"聚合体积块"菜单。单击菜单中的"完成"命令，完成聚合

法创建模具体积块的操作。

（2）使用拉伸工具创建模具体积块

① 单击"形状"面板上的 按钮，打开"拉伸"操控面板。在图形窗口中选取图15-59中工件的底面为草绘平面，系统将自动进入草绘模式。

② 绘制如图15-60所示的二维截面，并单击"草绘器工具"工具栏上的 按钮，完成草绘操作，返回"拉伸"操控面板。在"深度"文本框中输入深度值"5"，并按"Enter"键确认。单击"深度"文本框右侧的 按钮，改变拉伸方向。

③ 单击该操控面板右侧的 按钮，完成拉伸模具体积块操作。

（3）着色模具体积块

① 单击"图形"工具栏上的 按钮，系统弹出"继续体积块选取"菜单，并将创建的分型曲面单独显示在图形窗口中，如图15-61所示。单击"继续体积块选取"菜单中的"完成/返回"命令，关闭该菜单。

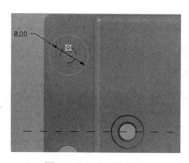

图15-60　二维截面

图15-61　着色的模具体积块

② 单击"编辑"面板上的 按钮，完成模具体积块的创建操作。此时，系统将返回模具设计模块主界面。

3. 创建斜顶块体积块

（1）使用拉伸工具创建模具体积块

① 单击"模具"选项卡中"分型面和模具体积块"面板上的 按钮，进入模具体积块设计界面。

② 在图形窗口中单击鼠标右键，在弹出的快捷菜单中选择"属性"命令，打开"属性"对话框。在"名称"文本框中输入模具体积块的名称"lifter"，如图15-62所示。单击对话框底部的 按钮，退出对话框。

图15-62　"属性"对话框

③ 在模型树中单击"聚合"特征，并在弹出的快捷面板中单击 按钮，将定模型芯4体积块遮蔽。

④ 单击"形状"面板上的 按钮，打开"拉伸"操控面板。在图形窗口中选取"MOLD_FRONT"基准平面为草绘平面，系统将自动进入草绘模式。

⑤ 绘制如图15-63所示的二维截面，并单击"草绘器工具"工具栏上的 按钮，完成草绘操作，返回"拉伸"操控面板。选择深度类型为 ，在其右侧的"深度"文本框中输入深度值"8"，并按"Enter"键确认。单击操控面板右侧的 按钮，完成拉伸模具体积块操作。

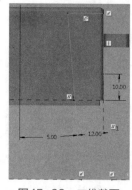

图15-63　二维截面

（2）修剪模具体积块

① 单击"体积块工具"面板上的 ⬛修剪到几何 按钮右侧的 ⋅ 按钮，在弹出的下拉列表中单击 ⬛参考零件切除 按钮，系统将自动从模具体积块中切除参考零件几何。

② 单击"图形"工具栏上的 ⬛ 按钮，系统弹出"继续体积块选取"菜单，并将创建的模具体积块单独显示在图形窗口中，如图15-64所示。单击"继续体积块选取"菜单中的"完成/返回"命令，关闭该菜单。

③ 单击"编辑"面板上的 ✓ 按钮，完成模具体积块的创建操作。此时，系统将返回模具设计模块主界面。

图15-64　着色的模具体积块

15.4.9　分割工件和模具体积块

1. 分割工件

① 单击"图形"工具栏上的 ⬛ 按钮，打开"遮蔽和取消遮蔽"对话框。单击对话框中的 取消遮蔽 按钮，然后单击"过滤"选项组中的 ⬛分型面 按钮，切换到"分型面"过滤类型。

② 单击该对话框中的 ⬛ 按钮，选中所有分型曲面，如图15-66所示，然后单击 取消遮蔽 按钮，将其显示出来。单击"过滤"选项组中的 ⬛体积块 按钮，切换到"体积块"过滤类型。

③ 单击该对话框中的 ⬛ 按钮，选中所有模具体积块，如图15-66所示，然后单击 取消遮蔽 按钮，将其显示出来。

图15-65　取消遮蔽分型曲面

图15-66　取消遮蔽模具体积块

④ 单击"模具"选项卡中"分型面和模具体积块"面板上的 ⬛参考零件切除 按钮，打开"参考零件切除"操控面板。此时，系统会自动选取工件和参考零件。单击该操控面板右侧的 ✓ 按钮，完成参考零件切除操作。此时，系统会自动选取"参考零件切除1"特征。

⑤ 单击"模具"选项卡中"分型面和模具体积块"面板上的 ⬛模具体积块 按钮，在弹出的下拉列表中单击 ⬛体积块分割 按钮，打开"体积块分割"操控面板。

⑥ 单击  收集器，在图形窗口中选取图15-67中的"CAVITY_INSERT_1""CAVITY _INSERT_2"
"CAVITY _INSERT_3""CAVITY _INSERT_4"和"LIFTER"体积块。

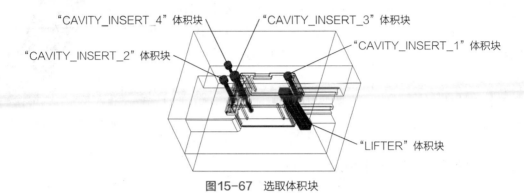

"CAVITY_INSERT_4"体积块　　"CAVITY_INSERT_3"体积块

"CAVITY_INSERT_2"体积块　　　　　　　　　"CAVITY_INSERT_1"体积块

"LIFTER"体积块

图15-67　选取体积块

⑦ 单击对话栏中的 ▭体积块 按钮，打开"体积块"下滑面板。取消
选中"体积块_2""体积块_6""和"体积块_11"，并改变体积块的名
称，如图15-68所示。单击操控面板右侧的 ☑按钮，完成分割体积块
操作。

2. 分割"TEMP_2"体积块

① 单击"模具"选项卡中"分型面和模具体积块"面板上的 ▭ 按
钮，打开"体积块分割"操控面板。

② 单击 ▭收集器，并在图形窗口中选取"TEMP_4"体积块。然
后单击 ▭收集器，并在图形窗口中选取图15-69中的"MAIN"分型曲面。

③ 单击该对话栏中的 ▭体积块 按钮，打开"体积块"下滑面板。改变体积块的名称，如图15-70所示。单击
操控面板右侧的 ☑按钮，完成分割体积块操作。

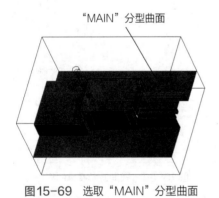

"MAIN"分型曲面

图15-69　选取"MAIN"分型曲面

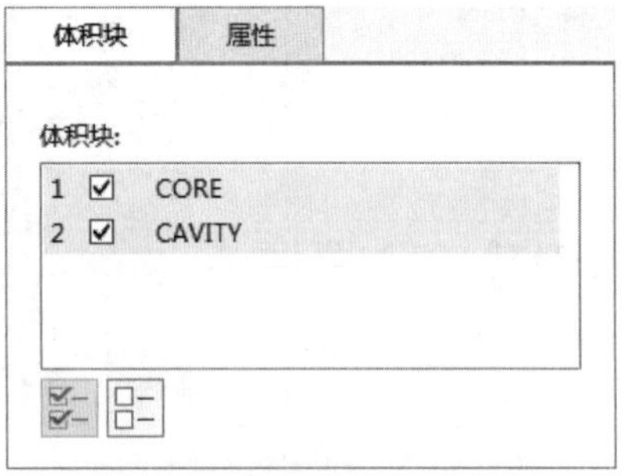

图15-68　"体积块"下滑面板

体积块	属性	
体积块:		
1 ☑	CORE	
2 ☑	CAVITY	

图15-70　"体积块"下滑面板

15.4.10　创建模具元件

① 单击"模具"选项卡中"元件"面板上的 ▭ 按钮，打开"创建模具元件"对话框。单击 ▤按钮，选中所
有模具体积块。

② 单击"高级"选项组前面的三角形符号，系统弹出"高级"选项组。改变模具体积块的名称，如图15-71

所示。然后单击■按钮，选中所有模具体积块。

③ 单击"复制自"选项组中的■按钮，打开"选择模板"对话框。改变目录到"mmns_part_solid.prt"模板文件所在的目录（如"D:\Program Files\PTC\Creo 4.0\M030\Common Files\templates"）。

④ 在"文件"列表中选中"mmns_part_solid.prt"模板文件，单击对话框底部的 打开 按钮，返回"创建模具元件"对话框。此时，系统会将"mmns_part_solid.prt"模板文件指定给模具元件。

注意：在抽取模具体积块时，如果不将模板文件指定给模具元件，将来对模具元件修改时，则没有任何基准平面、坐标系等可供使用。

----

⑤ 单击该对话框底部的 确定 按钮，此时，系统将自动将模具体积块抽取为模具元件。

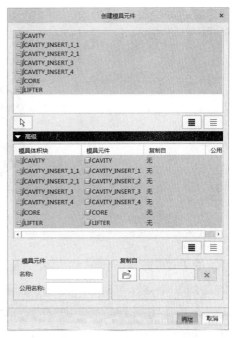

图 15-71　"创建模具元件"对话框

15.4.11　创建铸件

① 单击"模具"选项卡中"元件"面板上的 创建制模 按钮，在弹出的文本框中输入铸件名称"molding"，并单击右侧的 ✓ 按钮。

② 接受铸件默认的公用名称"molding"，并单击消息区右侧的 ✓ 按钮，完成创建铸件操作。

15.4.12　仿真开模

1.定义开模步骤

（1）移动"CAVITY_INSERT_1""CAVITY_INSERT_2""CAVITY_INSERT_3"和"CAVITY_INSERT_4"元件

① 单击"图形"工具栏上的■按钮，打开"遮蔽和取消遮蔽"对话框。按住"Ctrl"键，并在"可见元件"列表中选中"EX15_REF"和"EX15_WRK"元件，然后单击 遮蔽 按钮，将其遮蔽。

② 单击"过滤"选项组中的 分型面 按钮，切换到"分型面"过滤类型。单击■按钮，选中所有分型曲面，然后单击 遮蔽 按钮，将其遮蔽。单击对话框底部的 确定 按钮，退出对话框。

注意：用户还可以将曲线、基准平面、基准轴、基准点和坐标系隐藏，以使窗口显示得更加清楚。

----

③ 单击"模具"选项卡中"元件"面板上的■按钮，在弹出的"模具开模"菜单中单击"定义步骤"→"定义移动"命令。此时，系统要求用户选取要移动的模具元件。

④ 在图形窗口中选取图 15-72 中的"CAVITY_INSERT_1""CAVITY_INSERT_2""CAVITY_INSERT_3"和"CAVITY_INSERT_4"元件，单击"选取"对话框中的 确定 按钮。此时，系统要求用户选取一条直边、轴或

面来定义模具元件移动的方向。

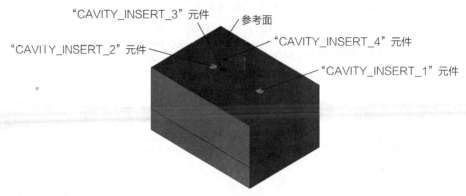

图15-72　移动模具元件

⑤ 在图形窗口中选取图15-72中的面，此时在图形窗口中会出现一个红色箭头，表示移动的方向。在弹出的文本框中输入数值"300"，单击右侧的✓按钮，返回"定义步骤"菜单。

⑥ 单击"定义步骤"菜单中的"完成"命令，返回"模具开模"菜单。此时，"CAVITY_INSERT_1""CAVITY_INSERT_2""CAVITY_INSERT_3"和"CAVITY_INSERT_4"元件将向上移动。

（2）移动"CAVITY"元件

① 单击"模具开模"菜单中的"定义步骤"→"定义移动"命令，在图形窗口中选取图15-73中的"CAVITY"元件，并单击"选取"对话框中的 确定 按钮。

② 在图形窗口中选取图15-73中的面，在弹出的文本框中输入数值"170"，然后单击右侧的✓按钮，返回"定义步骤"菜单。

③ 单击"定义步骤"菜单中的"完成"命令，返回"模具开模"菜单。此时，"CAVITY"元件将向上移动。

（3）移动"MOLDING"元件

① 单击"模具开模"菜单中的"定义步骤"→"定义移动"命令，在图形窗口中选取图15-74中的"MOLDING"元件，并单击"选取"对话框中的 确定 按钮。

② 在图形窗口中选取图15-74中的面，在弹出的文本框中输入数值"80"，然后单击右侧的✓按钮，返回"定义步骤"菜单。

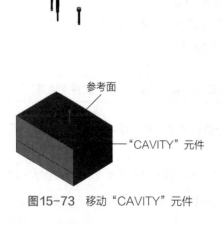

图15-73　移动"CAVITY"元件

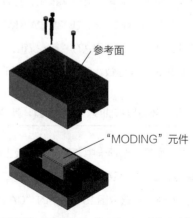

图15-74　移动"MOLDING"元件

③ 单击"定义步骤"菜单中的"完成"命令，返回"模具开模"菜单。此时，"MOLDING"元件将向上移动。

（4）移动"LIFTER"元件

① 单击"模具开模"菜单中的"定义步骤"→"定义移动"命令，在图形窗口中选取图15-75中的"LIFTER"元件，并单击"选取"对话框中的 确定 按钮。

② 在图形窗口中选取图15-75中的边，在弹出的文本框中输入数值"-80"，然后单击右侧的✔按钮，返回"定义步骤"菜单。

③ 单击"定义步骤"菜单中的"完成"命令，返回"模具开模"菜单。此时，"LIFTER"元件将向上移动。

2. 打开模具

① 单击"模具开模"菜单中的"分解"命令，系统弹出如图15-76所示的"逐步"菜单。此时，所有的模具元件将回到移动前的位置。

② 单击"逐步"菜单中的"打开下一个"命令，系统将打开定模型芯1、定模型芯2、定模型芯3和定模型芯4，如图15-77所示。

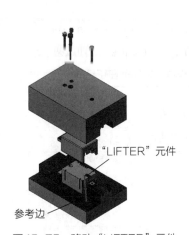
图15-75 移动"LIFTER"元件

图15-76 "逐步"菜单

图15-77 打开定模型芯

③ 再次单击"逐步"菜单中的"打开下一个"命令，系统将打开定模，如图15-78所示。

④ 再次单击"逐步"菜单中的"打开下一个"命令，系统将打开铸件，如图15-79所示。

⑤ 再次单击"逐步"菜单中的"打开下一个"命令，系统将打开斜顶块，如图15-80所示。

⑥ 单击"模具开模"菜单中的"完成/返回"命令，关闭菜单。此时，所有的模具元件又将回到移动前的位置。

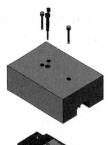

图15-78 打开定模

图15-79　打开铸件

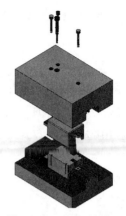

图15-80　打开斜顶块

15.4.13　保存模具文件

① 单击"快速访问"工具栏上的█按钮，打开"保存对象"对话框。单击"常用文件夹"列表中的 🗂工作目录 按钮，返回当前工作目录中。单击对话框底部的 █确定 按钮，保存模具文件。

注意：如果用户是第一次保存模具文件，由于此时系统默认的目录是"mmns_part_solid.prt"模板文件所在的目录（如"D:\Program Files\PTC\Creo 4.0\M030\Common Files\templates"），所以必须单击"公用文件夹"列表中的 🗂工作目录 按钮，返回当前工作目录中。这样，才能将模具文件保存在正确的位置。

----

② 单击窗口顶部的"文件"→"管理会话"→"拭除当前"命令，打开"拭除"对话框。单击█按钮，选中所有文件，如图15-81所示。单击对话框底部的 █确定 按钮，关闭当前文件，并将其从内存中拭除。

15.5　实例总结

本章详细介绍了盒体模具设计的过程，通过本章的学习，读者可以掌握通过复制曲面和创建旋转曲面来创建分型曲面的方法，以及使用聚合和草绘块功能来直接创建模具体积块的方法。

在创建定模型芯2分型曲面时，由于其形状与定模型芯分型曲面相同，只是位置不同。所以使用"选择性粘贴"功能来快速创建，从而提高设计效率。

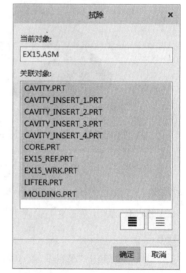

图15-81　"拭除"对话框

第16章

棱镜罩模具设计实例

本章介绍的实例为棱镜罩模具设计，最终效果如图16-1所示。

16.1 产品结构分析

由于产品零件是模具设计的重要依据，所以在设计模具前，首先需要对产品零件进行分析。棱镜罩的三维模型如图16-2所示，材料为压铸铝合金（牌号为YL113），壁厚不均匀，采用压铸成型。

本实例中的棱镜罩形状较复杂，侧面上有几处盲孔和通孔。在设计模具型腔时，需要设计侧向成型部分，压铸件才能顺利脱模。

图16-1　效果图

图16-2　棱镜罩三维模型

16.2 主要知识点

本实例的主要知识点如下。

（1）装配参考零件：使用参考零件布局功能装配参考零件。

（2）创建工件：使用自动工件功能来创建工件。

（3）直接创建体积块：使用聚合、草绘和滑块功能来直接创建体积块。

（4）创建分型曲面：通过复制曲面和创建拉伸曲面的方法来创建主分型曲面。

（5）创建体积块：通过分割工件来创建体积块。

（6）抽取模具元件：抽取创建的体积块，使其成为实体零件。

16.3　设计流程

本实例的主要知识点如下。

（1）设置工作目录；

（2）设置配置文件；

（3）新建模具文件；

（4）装配参考零件；

（5）设置收缩率；

（6）创建工件；

（7）创建分型曲面；

（8）分割工件和模具体积块；

（9）创建模具元件；

（10）创建铸件；

（11）仿真开模；

（12）保存模具文件。

16.4　具体的设计步骤

16.4.1　设置工作目录

① 单击窗口顶部的"文件"→"管理会话"→"选择工作目录"命令，打开"选择工作目录"对话框。改变目录到"ex16.prt"文件所在的目录（如"D:\实例源文件\第16章"）。

② 单击该对话框底部的 确定 按钮，即可将"ex16.prt"文件所在的目录设置为当前进程中的工作目录。

16.4.2　设置配置文件

① 单击窗口顶部的"文件"→"选项"命令，打开"Creo Parametric选项"对话框。单击底部的 配置编辑器 按钮，切换到"查看并管理Creo Parametric选项"。

② 单击对话框底部的 添加(A)... 按钮，打开"添加选项"对话框。在"选项名称"文本框中输入文字"enable_absolute_accuracy"，此时，在"选项值"编辑框会显示"no"选项，表示没有启用绝对精度功能，如图16-3所示。

③ 单击"选项值"编辑框右侧的 按钮，并在打开的下拉列表中选择"yes"选项。单击对话框底部的 确定 按钮，返回到"Creo Parametric选项"对话框。此时"enable_absolute_accuracy"选项和值会出现在"选项"显示选项组中，如图16-4所示。

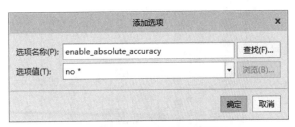

图16-3　"添加选项"对话框

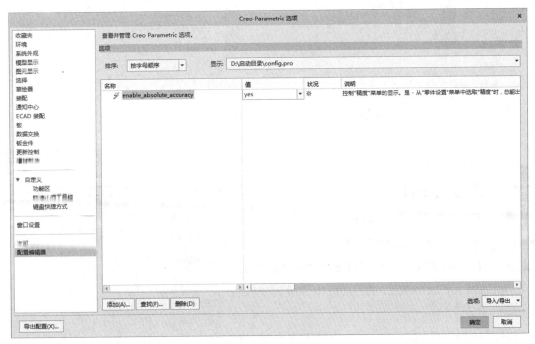

图16-4　设置选项

④ 单击该对话框底部的 确定 按钮，退出对话框。此时，系统将启用绝对精度功能。这样在装配参考零件过程中，可以将组件模型的精度设置为和参考模型精度相同。

提示：在模具设计过程中，如果不启用绝对精度功能，则有可能因为精度问题，而导致后续分割工件操作失败。

16.4.3　新建模具文件

① 单击"快速访问"工具栏上的 按钮，打开"新建"对话框。选中"类型"选项组中的"制造"单选按钮、"子类型"选项组中的"模具型腔"单选按钮。

② 在"名称"文本框中输入文件名"ex16"，取消选中"使用默认模板"复选框，如图16-5所示。单击对话框底部的 确定 按钮，打开"新文件选项"对话框。

③ 在该对话框中选择"mmns_mfg_mold"模板，如图16-6所示。单击对话框底部的 确定 按钮，进入模具设计模块。

图16-5 "新建"对话框

图16-6 "新文件选项"对话框

16.4.4 装配参考零件

① 单击"模具"选项卡中"参考模型和工件"面板上的
按钮，系统弹出"布局"对话框和"打开"对话框。

② 在"打开"对话框中，系统会自动选中"ex16.prt"文
件。单击对话框底部的 打开 按钮，打开如图16-7所示的"创
建参考模型"对话框。

③ 接受该对话框中默认的设置，单击对话框底部的 确定 按
钮，返回"布局"对话框，如图16-8所示。单击对话框底部
的 预览 按钮，参考零件在图形窗口中的位置如图16-9所示。从
图中可以看出该零件的位置不对，需要重新调整。

图16-7 "创建参考模型"对话框

图16-8 "布局"对话框

图16-9 错误位置

图16-10 "获得坐标系类型"菜单

图16-11 "参考模型方向"对话框

注意：参考零件的正确位置是开模方向指向默认的拖动方向。在图形窗口中，系统用一个双组箭头来表示默认的拖动方向。

④ 单击"参考模型起点与定向"选项中的 按钮，系统弹出如图16-10所示的"获得坐标系类型"菜单，并打开另外一个窗口。单击"获得坐标系类型"菜单中的"动态"命令，打开"参考模型方向"对话框。

⑤ 在"调整坐标系"选项组中的"角度"文本框中输入数值"90"，如图16-11所示，并按"Enter"确认。单击"调整坐标系"选项组中的 z 按钮，在"角度"文本框中输入数值"90"，并按"Enter"确认。接受其他选项默认的设置，单击对话框底部的 确定 按钮，返回"布局"对话框。

⑥ 单击该对话框底部的 预览 按钮，参考零件在图形窗口中的位置如图16-12所示。从图中可以看出该零件的位置现在是正确的。

图16-12 正确位置

⑦ 单击该对话框底部的 确定 按钮，退出对话框。系统弹出如图16-13所示的"警告"对话框，单击对话框底部的 确定 按钮，接受绝对精度值的设置。单击如图16-14所示的"型腔布置"菜单中的"完成/返回"命令，关闭该菜单。

图16-13 "警告"对话框

图16-14 "型腔布置"菜单

16.4.5 设置收缩率

① 单击"模具"选项卡中"修饰符"面板上的 收缩 按钮，打开"按比例收缩"对话框。此时，系统将自动选择"坐标系"选项中的 按钮，要求用户选取坐标系。

② 在图形窗口中选取"PRT_CSYS_DEF"坐标系，然后在"收缩率"文本框中输入收缩值"0.005"，如图16-15所示。单击对话框底部的 ✓ 按钮，退出对话框。

16.4.6　创建工件

① 单击"模具"选项卡中"参考模型和工件"面板上的 ▣ 按钮，打开"自动工件"对话框。此时，系统将自动选择"坐标系"选项中的 ▶ 按钮，要求用户选取坐标系。

② 在图形窗口中选取"MOLD_DEF_CSYS"坐标系为模具原点，然后在"整体尺寸"和"平移工件"选项组中输入如图16-16所示的尺寸，并接受其他选项默认的设置。单击对话框底部的 确定 按钮，退出对话框。此时，创建的工件如图16-17所示。

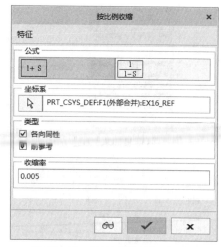

图16-15　"按比例收缩"对话框

图16-16　"自动工件"对话框

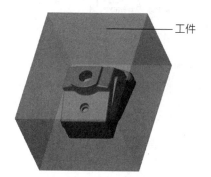

图16-17　创建的工件

16.4.7　创建分型曲面

1. 复制曲面

① 单击"模具"选项卡中"分型面和模具体积块"面板上的 ▣ 按钮，进入分型曲面设计界面。

② 在图形窗口中单击鼠标右键，在弹出的快捷菜单中选择"属性"命令，打开"属性"对话框。在"名称"文本框中输入分型曲面的名称"main"，如图16-18所示。单击对话框底部的 确定 按钮，退出对话框。

图16-18　"属性"对话框

③ 在模型树中单击"EX16_WRK.PRT"元件，系统弹出如图16-19所示的快捷面板，然后单击 ⊙遮蔽 按钮，将其隐藏。

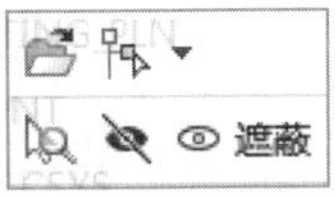

图16-19　快捷面板

注意：本步骤主要是为了便于选取参考零件上的表面，从而将工件暂时隐藏。用户还可以将基准平面、基准轴、基准点、坐标系隐藏，以使窗口显示得更加清楚。

------

④ 在图形窗口中选取图16-20中的面为种子面，此时被选中的表面呈红色。

⑤ 单击 模具 按钮，切换到"模具"选项卡。单击"编辑"面板上的 复制 按钮，然后单击"编辑"面板上的 粘贴 ▾ 按钮，打开"复制曲面"操控面板。

⑥ 按住"Shift"键，并在图形窗口中选取图16-21中的4个半圆柱面为第一组边界面。

选取此面

图16-20　选取种子面

第一组
边界面

图16-21　选取第一组边界面

⑦ 松开"Shift"键，旋转模型至如图16-22中的位置。然后按住"Shift"键，并选取图中的面为第二组边界面。松开"Shift"键，完成种子和边界曲面集的定义。此时，系统将构建一个种子和边界曲面集，如图16-23所示。

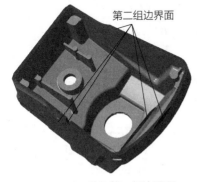

第二组边界面

图16-22　选取第一组边界面

种子和边界曲面

图16-23　种子和边界曲面集

⑧ 单击对话栏中的 选项 按钮，并在弹出的"选项"下滑面板中选中"排除曲面并填充孔"单选按钮。此时，系统将自动激活"填充孔/曲面"收集器，如图16-24所示。

⑨ 旋转参考零件至如图16-25所示的位置，并在图形窗口中分别选取图中3处平面。此时，系统自动将所选平面中的破孔封闭。单击该操控面板右侧的 ✓ 按钮，完成复制曲面操作。

图16-24　"选项"下滑面板

图16-25　选取面

图16-26　选取面

2. 创建关闭曲面

① 旋转参考零件至如图16-26所示的位置，并在图形窗口中选取图中的平面，此时被选中的面呈红色。

② 单击"曲面设计"面板上的按钮，打开"关闭"操控面板。然后选中"封闭所有内环"复选框，如图16-27所示。单击操控面板右侧的✓按钮，完成创建关闭曲面操作。此时，在模型树中系统会自动选中"关闭1"特征。

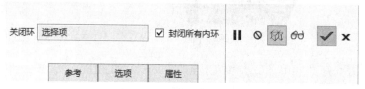

图16-27　"关闭"操控面板

3. 第一次合并曲面

① 单击 分型面 按钮，切换到"分型面"选项卡。按住"Ctrl"键，并在模型树中选中"复制1"特征。单击"编辑"面板上的按钮，打开"合并"操控面板。单击对话栏中的 参考 按钮，打开"参考"下滑面板。

② 在该下滑面板的"面组"收集器中选中"面组：F7（MAIN）"，单击按钮，使"面组：F7（MAIN）"位于收集器顶部，成为主面组，如图16-28所示。单击操控面板右侧的✓按钮，完成合并曲面操作。

4. 延伸曲面

① 在模型树中单击"EX16_WRK.PRT"元件，并在弹出的快捷面板中单击 取消遮蔽 按钮，将其显示出来。

② 旋转参考零件至如图16-29所示的位置，并在图形窗口中选取图中的边。单击"编辑"面板上的 延伸 按钮，打开"延伸"操控面板。

图16-28　"参考"下滑面板

注意：用户在选取延伸边时，必须选取复制曲面上的边，才能进行延伸操作。可以使用查询选取的方法来选取复制曲面上的边。

③ 单击对话栏中的 参考 按钮，并在弹出的下滑面板中单击 细节... 按钮，打开"链"对话框。然后选中"基于规则"单选按钮，并接受系统自动选中的"相切"单选按钮，如图16-30所示。单击对话框底部的 确定(O) 按钮，返回"延伸"操控面板。

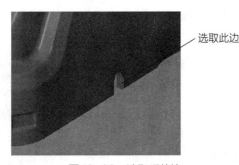

图16-29 选取延伸边

图16-30 "链"对话框

④ 单击操控面板中的 按钮，选中"将曲面延伸到参考平面"选项，然后在图形窗口中选取图16-31中的面为延伸参考平面，单击操控面板右侧的 ✓ 按钮，完成延伸曲面操作。

5. 创建拉伸曲面

① 单击"形状"面板上的 按钮，打开"拉伸"操控面板。在图形窗口中选取图16-32中工件的侧面为草绘平面，系统将自动进入草绘模式。

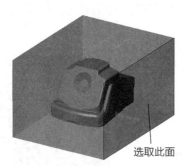

图16-31 选取延伸参考平面

图16-32 选取草绘平面

② 绘制如图16-33所示的二维截面，并单击"草绘器工具"工具栏上的 ✓ 按钮，完成草绘操作，返回"拉伸"操控面板。在"深度"文本框中输入深度值"60"，并按"Enter"键确认。单击"深度"文本框右侧的 按钮，改变拉伸方向。

③ 单击操控面板右侧的 ✓ 按钮，完成创建拉伸曲面操作。此时，在模型树中系统会自动选中"拉伸1"特征。

6. 第二次合并曲面

① 按住"Ctrl"键，并在模型树中选中"复制1"特征。单击"编辑"面板上的 按钮，打开"合并"操控面板。单击对话栏中的 参考 按钮，打开"参考"下滑面板。

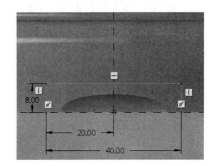

图16-33 二维截面

② 在该下滑面板的"面组"收集器中选中"面组：F7（MAIN）"，单击■按钮，使"面组：F7（MAIN）"位于收集器顶部，成为主面组。

③ 单击对话栏中的✕按钮，改变第一个面组要包括在合并曲面中的部分。然后单击对话栏中的✕按钮，改变第二个面组要包括在合并曲面中的部分。单击操控面板右侧的✔按钮，完成合并曲面操作。

7. 创建平整曲面

① 单击"曲面设计"面板上的□按钮，打开"填充"操控面板。单击对话栏中的 参考 按钮，并在弹出的"参考"下滑面板中单击 定义 按钮，打开"草绘"对话框。

② 在图形窗口中选取"MAIN_PARTING_PLN"基准平面为草绘平面，系统将自动选取"MOLD_RIGHT"基准平面为"右"参考平面。单击对话框底部的 草绘 按钮，进入草绘模式。

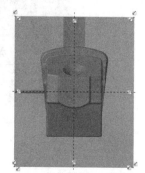

图16-34　二维截面

③ 绘制如图16-34所示的二维截面，单击"草绘器工具"工具栏上的✔按钮，完成草绘操作，返回"填充"操控面板。单击操控面板右侧的✔按钮，完成创建平整曲面操作。此时，在模型树中系统会自动选中"填充1"特征。

8. 第三次合并曲面

① 按住"Ctrl"键，并在模型树中选中"复制1"特征。单击"编辑"面板上的□按钮，打开"合并"操控面板。单击对话栏中的 参考 按钮，打开"参考"下滑面板。

② 在该下滑面板的"面组"收集器中选中"面组：F7（MAIN）"，单击■按钮，使"面组：F7（MAIN）"位于收集器顶部，成为主面组。

③ 单击对话栏中的✕按钮，改变第二个面组要包括在合并曲面中的部分。单击操控面板右侧的✔按钮，完成合并曲面操作。

9. 着色分型曲面

① 单击"图形"工具栏上的□按钮，系统弹出如图16-35所示的"继续体积块选取"菜单，并将创建的分型曲面单独显示在图形窗口中，如图16-36所示。单击"继续体积块选取"菜单中的"完成/返回"命令，关闭该菜单。

② 单击"编辑"面板上的✔按钮，完成分型曲面的创建操作。此时，系统将返回模具设计模块主界面。

图16-35　"继续体积块选取"菜单

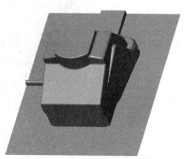

图16-36　着色的分型曲面

16.4.8　创建模具体积块

1. 创建定模型芯1体积块

（1）聚合法创建模具体积块

① 单击"模具"选项卡中"分型面和模具体积块"面板上的 ▣ 按钮，进入模具体积块设计界面。

② 在图形窗口中单击鼠标右键，在弹出的快捷菜单中选择"属性"命令，打开"属性"对话框。在"名称"文本框中输入模具体积块的名称"cavity_insert_1"，如图16-37所示。单击对话框底部的 确定 按钮，退出对话框。

③ 在模型树中单击"复制1"特征，并在弹出的快捷面板中单击 ◉ 按钮，将主分型曲面遮蔽。

④ 单击"体积块工具"面板上的◉按钮，系统弹出如图16-38所示的"聚合步骤"菜单。接受菜单中默认的设置，并单击"完成"命令，系统又弹出"聚合选择"菜单，如图16-39所示。

⑤ 单击该菜单中的"曲面"→"完成"命令，然后按住"Ctrl"键，并在图形窗口中选取图16-40中平面和孔的内表面。

图16-37　"属性"对话框

图16-38　"聚合步骤"菜单

图16-39　"聚合选择"菜单

图16-40　选取表面

⑥ 单击"特征参考"菜单中的"完成参考"命令，系统弹出如图16-41所示的"封合"菜单。

⑦ 接受该菜单中默认的设置，并单击"完成"命令。系统弹出"封闭环"菜单，并要求用户选取一个平面，以封闭模具体积块。旋转模型至如图16-42所示的位置，在图形窗口中选取图中的平面为顶平面。此时，系统要求用户选取一条边，以封闭模具体积块。

图16-41　"封合"菜单

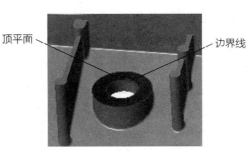

图16-42　选取顶平面和边界线

⑧ 在图形窗口中选取图16-42中孔的边界线，单击"选取"对话框中的 确定 按钮，返回"封合"菜单。在菜单中选中"全部环"选项，单击"完成"命令，系统又弹出"封闭环"菜单，并要求用户选取一个平面，以封闭模具体积块。

⑨ 旋转模型至如图16-43所示的位置，在图形窗口中选取图中工件的底面为顶平面，系统将返回"封合"菜单。单击菜单中的"退出"命令，返回"封闭环"菜单。

⑩ 单击该菜单中的"完成/返回"命令，返回"聚合体积块"菜单。单击菜单中的"完成"命令，完成聚合法创建模具体积块的操作。

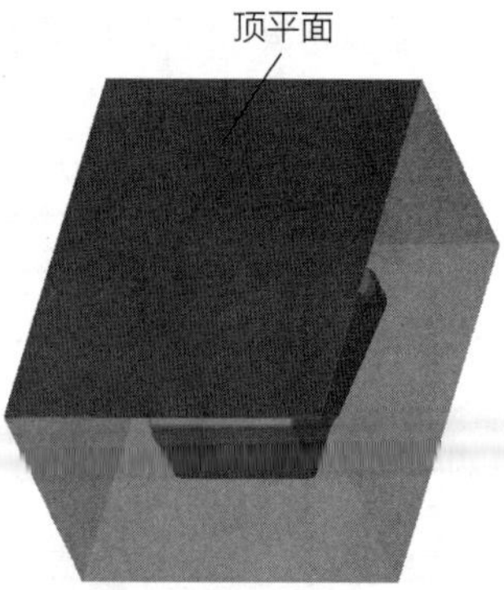

（2）使用拉伸工具创建模具体积块

① 单击"形状"面板上的 按钮，打开"拉伸"操控面板。在图形窗口中选取图16-43中工件的底面为草绘平面，系统将自动进入草绘模式。

② 绘制如图16-44所示的二维截面，并单击"草绘器工具"工具栏上的 按钮，完成草绘操作，返回"拉伸"操控面板。在"深度"文本框中输入深度值"5"，并按"Enter"键确认。单击"深度"文本框右侧的 按钮，改变拉伸方向。

③ 单击该操控面板右侧的 按钮，完成拉伸模具体积块操作。

（3）着色模具体积块

① 单击"图形"工具栏上的 按钮，系统弹出"继续体积块选取"菜单，并将创建的模具体积块单独显示在图形窗口中，如图16-45所示。单击"继续体积块选取"菜单中的"完成/返回"命令，关闭该菜单。

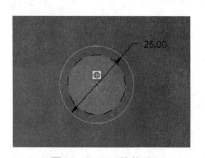

图16-44　二维截面

图16-43　选取顶平面

图16-45　着色的模具体积块

② 单击"编辑"面板上的 按钮，完成模具体积块的创建操作。此时，系统将返回模具设计模块主界面。

2. 创建定模型芯2体积块

（1）第一次使用自动体积块工具创建模具体积块

① 单击"模具"选项卡中"分型面和模具体积块"面板上的 按钮，进入模具体积块设计界面。

② 在图形窗口中单击鼠标右键，在弹出的快捷菜单中选择"属性"命令，打开"属性"对话框。在"名称"文本框中输入模具体积块的名称"cavity_insert_2"，如图16-46所示。单击对话框底部的 确定 按钮，退出对话框。

③ 在模型树中单击"聚合"特征，并在弹出的快捷面板中单击 按钮，将定模型芯1体积块遮蔽。

④ 单击"体积块工具"面板上的 自动体积块 按钮，打开"自动体积块"操控面板。按住"Ctrl"键，并在图形窗口中选取图16-47中的2个半圆柱面。

⑤ 单击对话栏中的 按钮，创建圆形镶块形状。单击对话栏中的 选项 按钮，并在弹出的"选项"下滑面板中的"长度+"文本框中输入数值"31.51"，并按"Enter"键确认。单击操控面板右侧的 按钮，完成自动创建体积块操作。

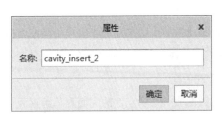

图16-46　"属性"对话框

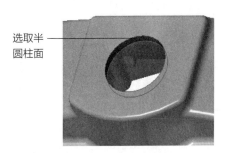

选取半圆柱面

图16-47　选取半圆柱面

（2）第二次使用自动体积块工具创建模具体积块

① 单击"体积块工具"面板上的 自动体积块 按钮，打开"自动体积块"操控面板。在图形窗口中选取图16-48中的平面，然后单击对话栏中的 按钮，创建圆形镶块形状。

② 单击对话栏中的 选项 按钮，并在弹出的"选项"下滑面板中的"半径+"文本框中输入数值"2.93"，并按"Enter"键确认。"长度-"文本框中输入数值"5"，并按"Enter"键确认。单击操控面板右侧的 按钮，完成自动创建体积块操作。

（3）着色模具体积块

① 单击"图形"工具栏上的 按钮，系统弹出"继续体积块选取"菜单，并将创建的模具体积块单独显示在图形窗口中，如图16-49所示。单击"继续体积块选取"菜单中的"完成/返回"命令，关闭该菜单。

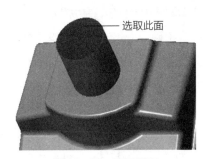

选取此面

图16-48　选取平面

图16-49　着色的模具体积块

② 单击"编辑"面板上的 按钮，完成模具体积块的创建操作。此时，系统将返回模具设计模块主界面。

3. 创建左侧型2型芯体积块

（1）创建滑块

① 单击"模具"选项卡中"分型面和模具体积块"面板上的 按钮，进入模具体积块设计界面。

② 在图形窗口中单击鼠标右键，在弹出的快捷菜单中选择"属性"命令，打开"属性"对话框。在"名称"文本框中输入模具体积块的名称"slide_core_4_insert"，单击对话框底部的 确定 按钮，退出对话框。

③ 在模型树中单击"自动体积块1"特征，并在弹出的快捷面板中单击 按钮，将定模型芯2体积块遮蔽。

④ 单击"体积块工具"面板上的 滑块 按钮，打开"滑块体积块"对话框。单击对话框中的 计算底切边界 按钮，系统将自动进行计算。计算完成后，按住"Ctrl"键，并单击"排除"列表中的"面组2"和"面组3"，将其选中。单击 按钮，将其放置到"包括"列表中，如图16-50所示。

⑤ 单击对话框底部"投影平面"选项中的 按钮，并在图形窗口中选取图16-51中工件的侧面为投影平面。

图16-50　"滑块体积块"对话框

然后单击对话框底部的 ✓ 按钮，退出对话框。

（2）拉伸模具体积块

① 单击"形状"面板上的 按钮，打开"拉伸"操控面板。然后在图形窗口中单击鼠标右键，并在弹出的快捷菜单中选择"定义内部草绘"命令，打开"草绘"对话框。

② 在图形窗口中选取图16-51中工件的侧面为草绘平面，基准平面"MAIN_PRATING_PLN"为"上"参考平面。单击对话框底部的 草绘 按钮，进入草绘模式。

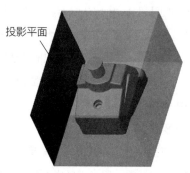

图16-51　选取投影平面

③ 绘制如图16-52所示的二维截面，并单击"草绘器工具"工具栏上的 按钮，完成草绘操作，返回"拉伸"操控面板。在"深度"文本框中输入深度值"5"，并按"Enter"键确认。单击"深度"文本框右侧的 按钮，改变拉伸方向。

④ 单击该操控面板右侧的 ✓ 按钮，完成拉伸模具体积块操作。

（3）着色模具体积块

① 单击"图形"工具栏上的 按钮，系统弹出"继续体积块选取"菜单，并将创建的模具体积块单独显示在图形窗口中，如图16-53所示。单击"继续体积块选取"菜单中的"完成/返回"命令，关闭该菜单。

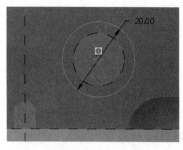

图16-52　二维截面

图16-53　着色的模具体积块

② 单击"编辑"面板上的 ✓ 按钮，完成模具体积块的创建操作。此时，系统将返回模具设计模块主界面。

4. 创建右侧型1体积块

（1）拉伸模具体积块

① 单击"模具"选项卡中"分型面和模具体积块"面板上的 按钮，进入模具体积块设计界面。

② 在图形窗口中单击鼠标右键，在弹出的快捷菜单中选择"属性"命令，打开"属性"对话框。在"名称"文本框中输入模具体积块的名称"slide_core_1"，如图16-54所示。单击对话框底部的 <kbd>确定</kbd> 按钮，退出对话框。

③ 在模型树中单击"滑块体积块"特征，并在弹出的快捷面板中单击 👁 按钮，将左侧型2型芯体积块遮蔽。

④ 单击"形状"面板上的 按钮，打开"拉伸"操控面板。在图形窗口中选取"MAIN_PARTING_PLN"基准平面为草绘平面，系统将自动进入草绘模式。

⑤ 绘制如图16-55所示的二维截面，并单击"草绘器工具"工具栏上的 按钮，完成草绘操作，返回"拉伸"操控面板。在"深度"文本框中输入深度值"17"，并按"Enter"键确认。单击操控面板右侧的 ✓ 按钮，完成拉伸模具体积块操作。

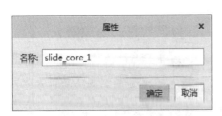

图16-54　"属性"对话框

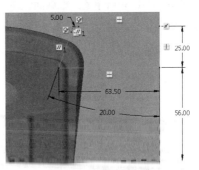

图16-55　二维截面

（2）修剪模具体积块

① 单击"体积块工具"面板上的 <kbd>修剪到几何</kbd> 按钮，打开"修剪到几何"对话框，如图16-56所示。

② 在图形窗口中选取参考零件，系统弹出"一般选择方向"菜单。在图形窗口中选取基准平面"MOLD_RIGHT"为参考平面。并在弹出的"方向"菜单中单击"确定"命令，返回"修剪到几何"对话框。单击对话框底部的 ✓ 按钮，退出对话框。

（3）着色模具体积块

① 单击"图形"工具栏上的 按钮，系统弹出"继续体积块选取"菜单，并将创建的模具体积块单独显示在图形窗口中，如图16-57所示。单击"继续体积块选取"菜单中的"完成/返回"命令，关闭该菜单。

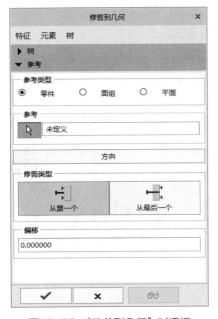

图16-56　"修剪到几何"对话框

图16-57　着色的模具体积块

② 单击"编辑"面板上的 ✓ 按钮，完成模具体积块的创建操作。此时，系统将返回模具设计模块主界面。

5. 创建右侧型2体积块

（1）拉伸模具体积块

① 单击"模具"选项卡中"分型面和模具体积块"面板上的 按钮，进入模具体积块设计界面。

② 在图形窗口中单击鼠标右键，在弹出的快捷菜单中选择"属性"命令，打开"属性"对话框。在"名称"文本框中输入模具体积块的名称"slide_core_2"，如图16-58所示。单击对话框底部的 按钮，退出对话框。

③ 在模型树中单击"拉伸4"特征，并在弹出的快捷面板中单击 按钮，将右侧型1体积块遮蔽。

④ 单击"形状"面板上的 按钮，打开"拉伸"操控面板。在图形窗口中选取"MAIN_PARTING_PLN"基准平面为草绘平面，系统将自动进入草绘模式。

⑤ 绘制如图16-59所示的二维截面，并单击"草绘器工具"工具栏上的 按钮，完成草绘操作，返回"拉伸"操控面板。在"深度"文本框中输入深度值"37"，并按"Enter"键确认。单击操控面板右侧的 按钮，完成拉伸模具体积块操作。

图16-58 "属性"对话框

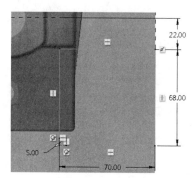

图16-59 二维截面

（2）修剪模具体积块

① 单击"体积块工具"面板上的 修剪到几何 按钮，打开"修剪到几何"对话框。

② 在图形窗口中选取参考零件，系统弹出"一般选择方向"菜单。在图形窗口中选取基准平面"MOLD_RIGHT"为参考平面。并在弹出的"方向"菜单中单击"确定"命令，返回"修剪到几何"对话框。单击对话框底部的 按钮，退出对话框。

（3）着色模具体积块

① 单击"图形"工具栏上的 按钮，系统弹出"继续体积块选取"菜单，并将创建的模具体积块单独显示在图形窗口中，如图16-60所示。单击"继续体积块选取"菜单中的"完成/返回"命令，关闭该菜单。

② 单击"编辑"面板上的 按钮，完成模具体积块的创建操作。此时，系统将返回模具设计模块主界面。

6. 创建左侧型1体积块

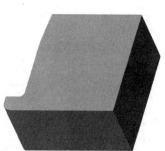

图16-60 着色的模具体积块

（1）拉伸模具体积块

① 单击"模具"选项卡中"分型面和模具体积块"面板上的 按钮，进入模具体积块设计界面。

② 在图形窗口中单击鼠标右键，在弹出的快捷菜单中选择"属性"命令，打开"属性"对话框。在"名称"文本框中输入模具体积块的名称"slide_core_3"，如图16-61所示。单击对话框底部的 按钮，退出对话框。

③ 在模型树中单击"拉伸5"特征，并在弹出的快捷面板中单击 👁 按钮，将右侧型2体积块遮蔽。

④ 单击"形状"面板上的 按钮，打开"拉伸"操控面板。在图形窗口中选取"MAIN_PARTING_PLN"基准平面为草绘平面，系统将自动进入草绘模式。

⑤ 绘制如图16-62所示的二维截面，并单击"草绘器工具"工具栏上的 按钮，完成草绘操作，返回"拉伸"操控面板。在"深度"文本框中输入深度值"17"，并按"Enter"键确认。单击操控面板右侧的 ✓ 按钮，完成拉伸模具体积块操作。

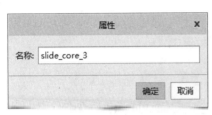

图16-61　"属性"对话框

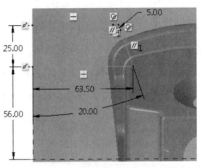

图16-62　二维截面

（2）修剪模具体积块

① 单击"体积块工具"面板上的 按钮，打开"修剪到几何"对话框。

② 在图形窗口中选取参考零件，系统弹出"一般选择方向"菜单。在图形窗口中选取基准平面"MOLD RIGHT"为参考平面。并在弹出的"方向"菜单中单击"反向"→"确定"命令，返回"修剪到几何"对话框。单击对话框底部的 ✓ 按钮，退出对话框。

（3）着色模具体积块

① 单击"图形"工具栏上的 按钮，系统弹出"继续体积块选取"菜单，并将创建的模具体积块单独显示在图形窗口中，如图16-63所示。单击"继续体积块选取"菜单中的"完成/返回"命令，关闭该菜单。

② 单击"编辑"面板上的 ✓ 按钮，完成模具体积块的创建操作。此时，系统将返回模具设计模块主界面。

图16-63　着色的模具体积块

7. 创建左侧型2体积块

（1）第一次拉伸模具体积块

① 单击"模具"选项卡中"分型面和模具体积块"面板上的 按钮，进入模具体积块设计界面。

② 在图形窗口中单击鼠标右键，在弹出的快捷菜单中选择"属性"命令，打开"属性"对话框。在"名称"文本框中输入模具体积块的名称"slide_core_4"，如图16-64所示。单击对话框底部的 确定 按钮，退出对话框。

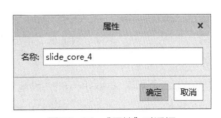

图16-64　"属性"对话框

③ 在模型树中单击"拉伸6"特征，并在弹出的快捷面板中单击 👁 按钮，将左侧型1体积块遮蔽。

④ 单击"形状"面板上的 按钮，打开"拉伸"操控面板。在图形窗口中选取"MAIN_PARTING_PLN"

基准平面为草绘平面，系统将自动进入草绘模式。

⑤ 绘制如图16-65所示的二维截面，并单击"草绘器工具"工具栏上的✓按钮，完成草绘操作，返回"拉伸"操控面板。在"深度"文本框中输入深度值"37"，并按"Enter"键确认。单击操控面板右侧的✓按钮，完成拉伸模具体积块操作。

（2）第一次切除模具体积块

① 单击"形状"面板上的▣按钮，打开"拉伸"操控面板。单击对话栏中的◿按钮，然后在图形窗口中单击鼠标右键，并在弹出的快捷菜单中选择"定义内部草绘"命令，打开"草绘"对话框。

② 在图形窗口中选取图16-66中工件的侧面为草绘平面，基准平面"MAIN_PRATING_PLN"为"上"参考平面，如图16-67所示。单击对话框底部的 草绘 按钮，进入草绘模式。

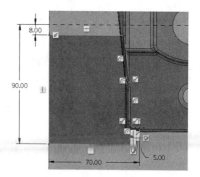

图16-65　二维截面

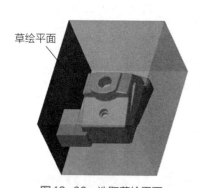

图16-66　选取草绘平面

图16-67　"草绘"对话框

③ 绘制如图16-68所示的二维截面，并单击"草绘器工具"工具栏上的✓按钮，完成草绘操作，返回"拉伸"操控面板。选择深度类型为▦，单击操控面板右侧的✓按钮，完成切除模具体积块操作。

（3）第二次切除模具体积块

① 单击"形状"面板上的▣按钮，打开"拉伸"操控面板。单击对话栏中的◿按钮，然后在图形窗口中单击鼠标右键，并在弹出的快捷菜单中选择"定义内部草绘"命令，打开"草绘"对话框。单击对话框中的 使用先前的 按钮，系统将自动进入草绘模式。

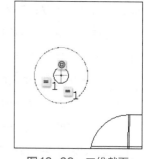

图16-68　二维截面

② 绘制如图16-69所示的二维截面，并单击"草绘器工具"工具栏上的✓按钮，完成草绘操作，返回"拉伸"操控面板。在"深度"文本框中输入深度值"5"，并按"Enter"键确认。单击操控面板右侧的✓按钮，完成切除模具体积块操作。

（4）修剪模具体积块

① 单击"体积块工具"面板上的 修剪到几何 按钮右侧的▾按钮，在弹出的下拉列表中单击 参考零件切除 按钮，系统

将自动从模具体积块中切除参考零件几何。

　　② 单击"图形"工具栏上的■按钮，系统弹出"继续体积块选取"菜单，并将创建的模具体积块单独显示在图形窗口中，如图16-70所示。单击"继续体积块选取"菜单中的"完成/返回"命令，关闭该菜单。

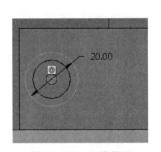

图16-69　二维截面

图16-70　着色的模具体积块

　　③ 单击"编辑"面板上的✓按钮，完成模具体积块的创建操作。此时，系统将返回模具设计模块主界面。

16.4.9　分割工件和模具体积块

1. 分割工件

　　① 单击"图形"工具栏上的■按钮，打开"遮蔽和取消遮蔽"对话框。单击对话框中的 取消遮蔽 按钮，然后单击"过滤"选项组中的 分型面 按钮，切换到"分型面"过滤类型。

　　② 单击该对话框中的■按钮，选中所有分型曲面，如图16-71所示，然后单击 取消遮蔽 按钮，将其显示出来。单击"过滤"选项组中的 体积块 按钮，切换到"体积块"过滤类型。

　　③ 单击该对话框中的■按钮，选中所有模具体积块，如图16-72所示，然后单击 取消遮蔽 按钮，将其显示出来。单击对话框底部的 确定 按钮，退出对话框。

图16-71　取消遮蔽分型曲面

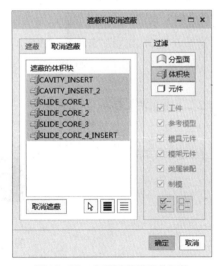

图16-72　取消遮蔽模具体积块

　　④ 单击"模具"选项卡中"分型面和模具体积块"面板上的 参考零件切除 按钮，打开"参考零件切除"操控面板。此时，系统会自动选取工件和参考零件。单击该操控面板右侧的✓按钮，完成参考零件切除操作。此时，系

统会自动选取"参考零件切除1"特征。

⑤ 单击"模具"选项卡中"分型面和模具体积块"面板上的 [模具体积块] 按钮,在弹出的下拉列表中单击 [体积块分割] 按钮,打开"体积块分割"操控面板。

⑥ 单击 收集器,在图形窗口中选取图16-73中的"CAVITY_INSERT_1""CAVITY_INSERT_2"和"SLIDE_ CORE _4_INSERT"体积块。

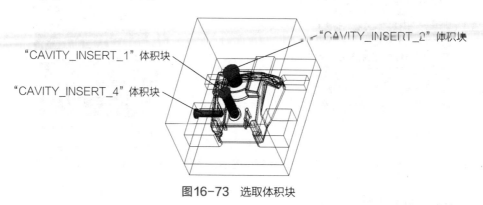

图16-73　选取体积块

提示:用户可以设置模型显示方式为"无隐藏线",这样可以准确地选取分型曲面。

---

⑦ 单击对话栏中的 [体积块] 按钮,打开"体积块"下滑面板。取消选中"体积块_2""体积块_6"和"体积块_7",并改变体积块的名称,如图16-74所示。单击操控面板右侧的 按钮,完成分割体积块操作。

2. 分割"TEMP_1"体积块

① 单击"模具"选项卡中"分型面和模具体积块"面板上的 按钮,打开"体积块分割"操控面板。

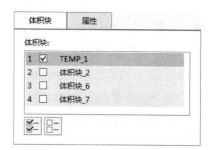

图16-74　"体积块"下滑面板

② 单击 收集器,并在图形窗口中选取图16-75中的"SLIDE_CORE_1""SLIDE_CORE_2""SLIDE_CORE_3"和"SLIDE_CORE_4"体积块。

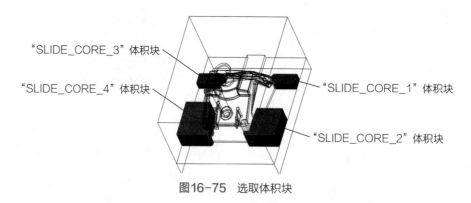

图16-75　选取体积块

③ 单击该对话栏中的 [体积块] 按钮,打开"体积块"下滑面板。取消选中"体积块_4""体积块_5""体积块_8"和"体积块_9",并改变体积块的名称,如图16-76所示。单击操控面板右侧的 按钮,完成分割体积块操作。

3. 分割"TEMP_2"体积块

① 单击"模具"选项卡中"分型面和模具体积块"面板上的 ◇ 按钮，打开"体积块分割"操控面板。

② 单击 📥 收集器，并在图形窗口中选取图16-77中的"MAIN"分型曲面。

图16-76 "体积块"下滑面板

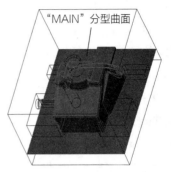

图16-77 选取"MAIN"分型曲面

③ 单击该对话栏中的 体积块 按钮，打开"体积块"下滑面板。改变体积块的名称，如图16-78所示。单击操控面板右侧的 ✔ 按钮，完成分割体积块操作。

图16-78 "体积块"下滑面板

10.4.10 创建模具元件

① 单击"模具"选项卡中"元件"面板上的 🔧 按钮，打开"创建模具元件"对话框。单击 ☰ 按钮，选中所有模具体积块。然后按住"Ctrl"键，单击"TEMP_1"体积块，将其排除。

② 单击"高级"选项组前面的三角形符号，系统弹出"高级"选项组。改变模具体积块的名称，如图16-79所示。然后单击 ☰ 按钮，选中所有模具体积块。

③ 单击"复制自"选项组中的 📂 按钮，打开"选择模板"对话框。改变目录到"mmns_part_solid.prt"模板文件所在的目录（如"D:\Program Files\PTC\Creo 4.0\M030\Common Files\templates"）。

④ 在"文件"列表中选中"mmns_part_solid.prt"模板文件，单击对话框底部的 打开 按钮，返回"创建模具元件"对话框。此时，系统会将"mmns_part_solid.prt"模板文件指定给模具元件。

- -

注意：在抽取模具体积块时，如果不将模板文件指定给模具元件，将来对模具元件修改时，则没有任何基准平面、坐标系等可供使用。

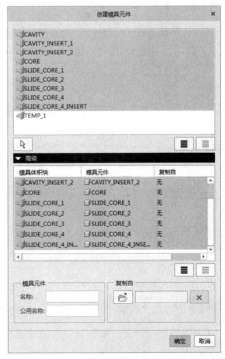

图16-79 "创建模具元件"对话框

⑤ 单击该对话框底部的 ▇确定 按钮，此时，系统将自动将模具体积块抽取为模具元件。

16.4.11　创建铸件

① 单击"模具"选项卡中"元件"面板上的 ▢创建制模 按钮，在弹出的文本框中输入铸件名称"molding"，并单击右侧的 ✓ 按钮。

② 接受铸件默认的公用名称"molding"，并单击消息区右侧的 ✓ 按钮，完成创建铸件操作。

16.4.12　仿真开模

1. 定义开模步骤

（1）移动"CAVITY_INSERT_1"和"CAVITY_INSERT_2"元件

① 单击"图形"工具栏上的 ▤ 按钮，打开"遮蔽和取消遮蔽"对话框。按住"Ctrl"键，并在"可见元件"列表中选中"EX16_REF"和"EX16_WRK"元件，然后单击 ▇遮蔽 按钮，将其遮蔽。

② 单击"过滤"选项组中的 ▢分型面 按钮，切换到"分型面"过滤类型。单击 ▤ 按钮，选中所有分型曲面，然后单击 ▇遮蔽 按钮，将其遮蔽。

③ 单击"过滤"选项组中的 ▢体积块 按钮，切换到"体积块"过滤类型。单击 ▤ 按钮，选中所有体积块，然后单击 ▇遮蔽 按钮，将其遮蔽。单击对话框底部的 ▇确定 按钮，退出对话框。

- -

注意：用户还可以将曲线、基准平面、基准轴、基准点和坐标系隐藏，以使窗口显示得更加清楚。

- -

④ 单击"模具"选项卡中"元件"面板上的 ▤ 按钮，在弹出的"模具开模"菜单中单击"定义步骤"→"定义移动"命令。此时，系统要求用户选取要移动的模具元件。

⑤ 在图形窗口中选取图16-80中的"CAVITY_INSERT_1"和"CAVITY_INSERT_2"元件，单击"选取"对话框中的 ▇确定 按钮。此时，系统要求用户选取一条直边、轴或面来定义模具元件移动的方向。

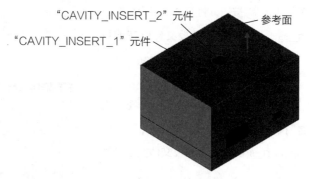

"CAVITY_INSERT_2"元件　　　　　　参考面
"CAVITY_INSERT_1"元件

图16-80　移动"CAVITY_INSERT_1"和"CAVITY_INSERT_2"元件

⑥ 在图形窗口中选取图16-80中的面，此时在图形窗口中会出现一个红色箭头，表示移动的方向。在弹出的文本框中输入数值"300"，单击右侧的 ✓ 按钮，返回"定义步骤"菜单。

⑦ 单击"定义步骤"菜单中的"完成"命令，返回"模具开模"菜单。此时，"CAVITY_INSERT_1"和"CAVITY_INSERT_2"元件将向上移动。

（2）移动"CAVITY"元件

① 单击"模具开模"菜单中的"定义步骤"→"定义移动"命令，在图形窗口中选取图16-81中的"CAVITY"元件，并单击"选取"对话框中的 <u>确定</u> 按钮。

② 在图形窗口中选取图16-81中的面，在弹出的文本框中输入数值"200"，然后单击右侧的 ✓ 按钮，返回"定义步骤"菜单。

③ 单击"定义步骤"菜单中的"完成"命令，返回"模具开模"菜单。此时，"CAVITY"元件将向上移动。

（3）移动"SLIDE_CORE_1"和"SLIDE_CORE_2"元件

① 单击"模具开模"菜单中的"定义步骤"→"定义移动"命令，在图形窗口中选取图16-82中的"SLIDE_CORE_1"和"SLIDE_CORE_2"元件，并单击"选取"对话框中的 <u>确定</u> 按钮。

② 在图形窗口中选取图16-82中的面，在弹出的文本框中输入数值"80"，然后单击右侧的 ✓ 按钮，返回"定义步骤"菜单。

图16-81　移动"CAVITY"元件

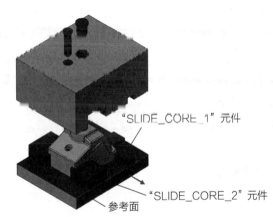

图16-82　移动"SLIDE_CORE_3"和"SLIDE_CORE_4"元件

③ 单击"定义步骤"菜单中的"完成"命令，返回"模具开模"菜单。此时，"SLIDE_CORE_1"和"SLIDE_CORE_2"元件将向右移动。

（4）移动"SLIDE_CORE_4_INSERT"元件

① 单击"模具开模"菜单中的"定义步骤"→"定义移动"命令，在图形窗口中选取图16-83中的"SLIDE_CORE_4_INSERT"元件，并单击"选取"对话框中的 <u>确定</u> 按钮。

② 在图形窗口中选取图16-83中的面，在弹出的文本框中输入数值"-170"，然后单击右侧的 ✓ 按钮，返回"定义步骤"菜单。

③ 单击"定义步骤"菜单中的"完成"命令，返回"模具开模"菜单。此时，"SLIDE_CORE_4_INSERT"元件将向左移动。

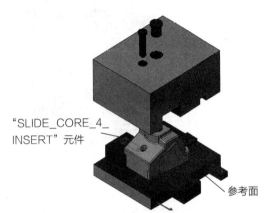

图16-83　移动"SLIDE_CORE_4_INSERT"元件

（5）移动"SLIDE_CORE_3"和"SLIDE_CORE_4"元件

① 单击"模具开模"菜单中的"定义步骤"→"定义移动"命令，在图形窗口中选取图16-84中的"SLIDE_CORE_3"和"SLIDE_CORE_4"元件，并单击"选取"对话框中的 [确定] 按钮。

② 在图形窗口中选取图16-84中的面，在弹出的文本框中输入数值"-80"，然后单击右侧的 ✓ 按钮，返回"定义步骤"菜单。

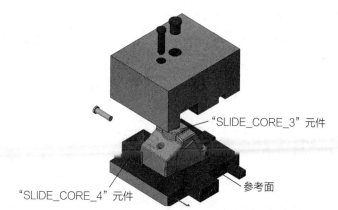

图16-84 移动"SLIDE_CORE_3"和"SLIDE_CORE_4"元件

③ 单击"定义步骤"菜单中的"完成"命令，返回"模具开模"菜单。此时，"SLIDE_CORE_3"和"SLIDE_CORE_4"元件将向左移动。

（6）移动"MOLDING"元件

① 单击"模具开模"菜单中的"定义步骤"→"定义移动"命令，在图形窗口中选取图16-85中的"MOLDING"元件，并单击"选取"对话框中的 [确定] 按钮。

② 在图形窗口中选取图16-85中的面，在弹出的文本框中输入数值"80"，然后单击右侧的 ✓ 按钮，返回"定义步骤"菜单。

③ 单击"定义步骤"菜单中的"完成"命令，返回"模具开模"菜单。此时，"MOLDING"元件将向上移动。

2. 打开模具

① 单击"模具开模"菜单中的"分解"命令，系统弹出如图16-86所示的"逐步"菜单。此时，所有的模具元件将回到移动前的位置。

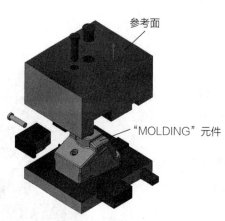

图16-85 移动"MOLDING"元件

图16-86 "逐步"菜单

② 单击"逐步"菜单中的"打开下一个"命令，系统将打开定模型芯1和定模型芯2，如图16-87所示。

③ 再次单击"逐步"菜单中的"打开下一个"命令，系统将打开定模，如图16-88所示。

图16-87　打开定模型芯

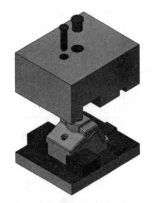

图16-88　打开定模

④ 再次单击"逐步"菜单中的"打开下一个"命令，系统将打开右侧型1和右侧型2，如图16-89所示。

⑤ 再次单击"逐步"菜单中的"打开下一个"命令，系统将打开左侧型型芯，如图16-90所示。

图16-89　打开右侧型

图16-90　打开左侧型型芯

⑥ 再次单击"逐步"菜单中的"打开下一个"命令，系统将打开左侧型1和左侧型2，如图16-91所示。

⑦ 再次单击"逐步"菜单中的"打开下一个"命令，系统将打开铸件，如图16-92所示。

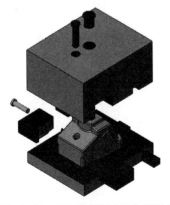

图16-91　打开左侧型1和左侧型2

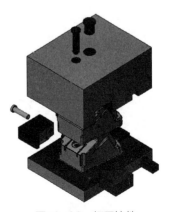

图16-92　打开铸件

⑧ 单击"模具开模"菜单中的"完成/返回"命令，关闭菜单。此时，所有的模具元件又将回到移动前的位置。

16.4.13　保存模具文件

① 单击"快速访问"工具栏上的 🔲 按钮，打开"保存对象"对话框。单击"常用文件夹"列表中的 🔲工作目录 按钮，返回当前工作目录中。单击对话框底部的 确定 按钮，保存模具文件。

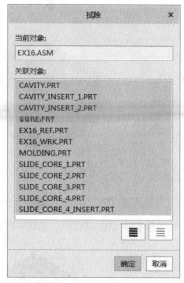

图16-93　"拭除"对话框

注意：如果用户是第一次保存模具文件，由于此时系统默认的目录是"mmns_part_solid.prt"模板文件所在的目录（如"D:\Program Files\PTC\Creo 4.0\M030\Common Files\templates"），所以必须单击"公用文件夹"列表中的 🔲工作目录 按钮，返回当前工作目录中。这样，才能将模具文件保存在正确的位置。

----

② 单击窗口顶部的"文件"→"管理会话"→"拭除当前"命令，打开"拭除"对话框。单击 ▤ 按钮，选中所有文件，如图16-93所示。单击对话框底部的 确定 按钮，关闭当前文件，并将其从内存中拭除。

16.5　实例总结

本章详细介绍了棱镜罩模具设计的过程，通过本章的学习，读者可以掌握通过复制曲面来创建分型曲面，使用聚合、草绘、自动体积块和滑块来直接创建模具体积块的方法。

在创建分型曲面过程中，应该根据产品的特点选用简单、快速的方法来创建。本实例创建的是定模的分型曲面。这是因为在复制外曲面时，通过构建种子和边界曲面集可以快速、准确地选取所需表面，从而可以提高设计效率。